普通高等学校计算机教育“十三五”规划教材

大学计算机基础实验教程

A Coursebook on Fundamentals Experiment of Computer

张菁 杨松 主编
王颖 张鑫 王其华 刘威 奚海波 王建彬 副主编
吴俊峰 参编

人 民 邮 电 出 版 社
北 京

图书在版编目（CIP）数据

大学计算机基础实验教程 / 张菁，杨松主编. -- 北京 : 人民邮电出版社，2016.9
普通高等学校计算机教育“十三五”规划教材
ISBN 978-7-115-42821-9

Ⅰ. ①大… Ⅱ. ①张… ②杨… Ⅲ. ①电子计算机－高等学校－教材 Ⅳ. ①TP3

中国版本图书馆CIP数据核字(2016)第204590号

内 容 提 要

本书是《大学计算机基础》的配套实验教材，是对教学内容的必要补充。全书分为两部分。第1部分涵盖计算机基本操作、Windows 7操作系统、Office 2010办公软件基本操作、计算机网络技术、软件技术、数据库系统基础和信息安全等内容，同时针对全国计算机等级考试（二级）新大纲中对公共基础部分的要求设计了相应基础实验内容。第2部分与主教材内容对应，包括各章的练习题和模拟练习题，便于学生自主练习，巩固学习效果。

本书内容实用，讲解细致清晰，不仅可以作为高等学校计算机基础课程的实验指导教材，也可以作为计算机初学者的自学参考书。

◆ 主　　编　张　菁　杨　松
责任编辑　张　斌
责任印制　沈　蓉　彭志环
◆ 人民邮电出版社出版发行　　北京市丰台区成寿寺路11号
邮编　100164　　电子邮件　315@ptpress.com.cn
网址　http://www.ptpress.com.cn
三河市祥达印刷包装有限公司印刷
◆ 开本：787×1092　1/16
印张：12.75　　2016年9月第1版
字数：334千字　　2024年8月河北第11次印刷

定价：32.00元

读者服务热线：(010)81055256　印装质量热线：(010)81055316
反盗版热线：(010)81055315

前 言

随着信息技术的发展，计算机应用能力已成为人们最基本的技能之一，而此能力的培养和提高要靠大量的上机实践来实现。在计算机基础教育中，实践操作是教学的核心环节。只有通过有效的上机实践，才能使学生深入理解基本概念，掌握实际操作方法，切实提高计算机应用技能。

本书按照教育部高等学校计算机基础教学指导委员会提出的“大学计算机基础教学基本要求”编写，内容上力求体现计算机应用领域的最新技术，同时强调内容的实用性，目标是使学生掌握最新、最实用的计算机应用技能。作为《大学计算机基础》的配套实践教材，本书对教学内容做了适当的补充，进一步丰富了教学内容。

本书设计了大量的范例，并对范例的操作方法做了翔实的讲解，力求提高学生举一反三、独立解决问题的能力。为了满足不同层次学生学习的要求，本书还在基本应用的基础上对知识做了必要的加深和拓展。

本书可分为两部分。第 1 部分为第 1~9 章，涵盖计算机基本操作、Windows 7 操作系统、Office 办公软件基本操作、计算机网络技术、软件技术、数据库系统基础、信息安全等内容，同时针对全国计算机等级考试（二级）大纲中对公共基础部分的要求设计了相应基础实验内容。第 2 部分为第 10、11 章，与主教材内容对应，主要是各章的练习题和模拟练习题，便于学生自主练习，巩固学习效果。

本书由大连海洋大学张菁、杨松担任主编，由王颖、张鑫、王其华、刘威、王建彬、奚海波、吴俊峰共同编写。全书由张菁统稿。

由于编者水平有限，加之时间仓促，不当之处在所难免，恳请广大读者批评指定。

编　者

2016 年 6 月

目　录

第 1 章 计算机基本操作

实验 1 了解计算机系统

一、实验目的

（1）了解微型计算机系统的基本组成。

（2）掌握计算机系统的启动和关闭。

（3）掌握键盘的基本操作。

二、实验范例

【范例 1-1】 认识微型计算机硬件系统的基本组成。

（1）观察微型计算机硬件系统的组成。微型计算机硬件系统由主机和外部设备组成。对用户来说，主机一般指安装在主机箱内的部件，主要包括主板、微处理器、内存条、显卡、硬盘、光驱等。外部设备通过输入/输出接口与主机相连，外部设备除常见的键盘、显示器、鼠标外，还包括打印机、扫描仪、内存盘、摄像头及耳机等。

（2）断开键盘、鼠标、打印机等外部设备与主机之间的连接。

（3）观察主机上的键盘、鼠标、打印机接口，比较其插口形状的异同。

（4）重新连接键盘、鼠标和打印机。

（5）观察 USB 接口的形状，将闪存盘插入 USB 接口。

【范例 1-2】 计算机系统的启动和关闭。

操作步骤如下。

（1）打开显示器、打印机等外部设备的电源开关，然后打开主机的电源开关。

（2）系统硬件自检，然后进入 Windows 操作系统。

（3）关闭计算机系统时，要单机“开始”按钮，在“开始”菜单中选择“关闭计算机”选项，即可关闭计算机系统。Windows7 的关机项目列表框中，还包括“切换用户”“注销”“锁定”“重新启动”“睡眠”等。

（4）关闭显示器、打印机等外部设备的电源。

【范例 1-3】 键盘的基本操作。

操作步骤如下。

（1）观察键盘上键位区域的划分。

（2）打开一个 Word 文档，按键盘上的不同按键，在文档中操作，熟悉键盘按键的作用。

键盘基本知识如下。

（1）计算机的键盘一般分为主键盘区、功能键区、编辑键区和辅助键区（亦称小键盘区）4 个区，如图 1-1 所示。有些键盘右上角还有状态指示区，是信号灯区域。

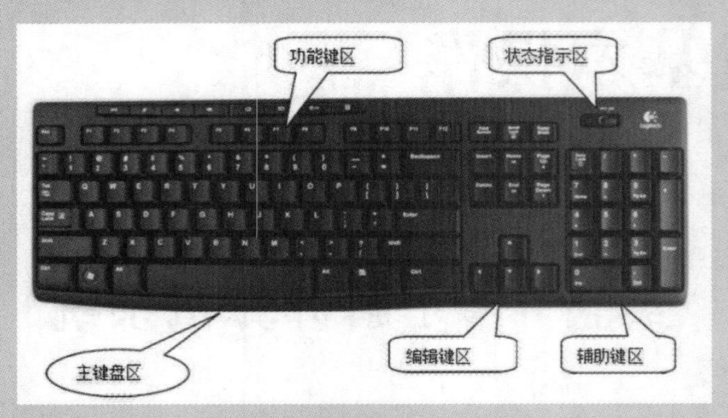

图 1-1　键盘功能区示意图

（2）主键盘区。主键盘也称标准打字键盘，此键区除包含 26 个英文字母、10 个数字符号、各种标点符号、数学符号、特殊符号等 47 个字符键外，还有若干基本的功能控制键。

字母键：由 26 个英文字母组成字母键。

数字键：由 0～9 组成的 10 个数字键。要注意数字键“0”和字母键“o”的差别，不能混淆。

符号键：符号键包括常用的一些字符。符号键都是双字符键。直接击双字符键，输入的是键面的下挡字符，如减号“–”、分号“；”、数字“1”等。如果要输入键面的上挡字符，如下划线“_”、冒号“:”、问号“？”、感叹号“！”等字符，就要用到换挡键 Shift，即先按住 Shift 键不放，再双击字符键，然后松开 Shift 键。

特殊控制键：由回车键、退格键、大小写字母锁定键、字符换挡键、控制键和空格键等组成。

Enter（回车键）：位于主键盘区右侧。当输入的命令结束，或输入的字符需要另起一行时，按一下回车键。

Esc（强行退出键）：位于键盘顶行最左边。在 DOS 状态下按此键，当前输入的命令作废（在未按回车键之前），光标处显示“\”，光标移到下行之行首，回到系统提示符状态“>”下，此时可重新输入正确的命令和字符串；在文字编辑时，按此键为中止当前操作状态。

Backspace（退格键）：位于主键盘区回车键上方。按一下退格键，可擦除一个字符。

Caps Lock（大小写字母锁定键）：位于主键盘区左侧。系统默认输入的是小写字母。按一下大小写字母锁定键，键盘右上方的“Caps Lock”信号灯亮，此时输入的是大写字母；再按一下大小写字母锁定键，“Caps Lock”信号灯灭，则输入的又是小写字母。

Shift（上下挡字符换挡键），主键盘区下方的左右侧各有一个，作用相同，配合双字符键输入键面的上挡字符。

Ctrl（控制键）：位于主键盘区最下行，左右各一个，作用相同。控制键不能单独使用，而是和其他键组合在一起使用，例如在“我的电脑”窗口单击菜单栏“编辑(E)”，其中有一个“全部选定(A)”命令，除可以用鼠标器选定该命令外，也可以直接使用该命令的组合键“Ctrl+A”，操作方法是：先按住 Ctrl 键不放，再按一下“A”键，然后松开 Ctrl 键。

空格键：位于最下行，按一下空格键，输入一个空格。

Alt（切换键）：与其他键一起，切换功能，很少单独使用。

Tab（制表键）：向下向右移动一个制表位（默认为 8 个字符，就是 8 个空格），或者跳跃到下一个同类对象。

Windows 键：也称 Windows 徽标键。在 Ctrl 键和 Alt 键之间，主键盘左右各一个，因键面的标识符号是 Windows 操作系统的徽标而得名。此键通常和其他键配合使用，单独使用时的功能是打开“开始”菜单。

（3）功能键区也称专用键区，包含 F1～F12 共 12 个功能键，主要用于扩展键盘的输入控制功能。各个功能键的作用在不同的软件中通常有不同的定义。

（4）编辑键区也称光标控制键区，主要用于控制或移动光标。

Delete（删除键）：删除当前光标所在位置的字符，同时光标后面的字符依次前移一个字符位置。

Insert（插入键）：在编辑状态时，用做插入/改写状态的切换键。在插入状态下，输入的字符插入光标处，同时光标右边的字符依次后移一个字符位置，在此状态下按 Insert 键后变为改写状态，这时在光标处输入的字符覆盖原来的字符。系统默认为插入状态。

Home（光标归首键）：快速移动光标至当前编辑行的行首。

End（光标归尾键）：快速移动光标至当前编辑行的行尾。

Page Up（上翻页键）：光标快速上移一页，所在列不变。

Page Down（下翻页键）：光标快速下移一页，所在列不变。

Scroll Lock（滚屏锁定键）：按一下此键，屏幕停止滚动。

Print Screen（打印屏幕键）：按此键后打开“开始”→“程序”→“附件”→“画图”，按“Ctrl+V”组合键或者“菜单”→“编辑”→“粘贴”，就可看到桌面的截图。如用“Alt+Print Screen”组合键，是截取当前窗口的图像而不是整个屏幕。

Pause/Break（暂停键/中断键）：可中止某些程序的执行，特别是 DOS 程序。在还没进入操作系统之前的 DOS 界面的自检显示的内容，按 Pause Break，会暂停信息翻滚，之后按任意键可以继续。在 Windows 下按“Windows+Pause/Break”可以弹出系统属性窗口。

（5）辅助键区也称小键盘或数字键盘，主要用于数字符号的快速输入。在辅助键区，各个数字符号键的分布紧凑、合理，适于单手操作。在录入内容为纯数字符号的文本时，使用数字键盘比使用主键盘更方便，更有利于提高输入速度。

Num lock（数字锁定键）：此键用来控制数字键区的数字/光标控制键的状态。这是一个反复键。按该键，键盘上的“Num lock”灯亮，此时可用小键盘上的数字键输入数字；再按一次 Num lock 键，该指示灯灭，数字键作为光标移动键使用。故数字锁定键又称“数字/光标移动”转换键。

Ins（插入键）：即 Insert 键。

Del（删除键）：即 Delete 键。

三、实战练习

【练习 1-1】 自己将计算机系统外部设备与主机连接起来。

【练习 1-2】 启动计算机系统，进入操作系统界面，然后关闭系统。

【练习 1-3】 练习键盘的基本操作。

实验2　计算机中英文录入

一、实验目的

（1）掌握键盘输入的正确方法和标准的键盘指法。

（2）掌握中英文录入的基本方法。

二、实验范例

预备知识：打字练习前的准备工作。

1. 打字姿势

打字之前一定要端正坐姿。如果坐姿不正确，不但会影响打字速度的提高，而且还会很容易疲劳，打字出错甚至危害身体健康，如对腰椎和颈椎产生伤害。

正确的坐姿应该是：两脚平放，腰部挺直，两臂自然下垂，两肘贴于腋边，要尽量保证手的位置低于肘的位置高度。身体可略倾斜，离键盘的距离为20～30cm。打字文稿放在键盘左边，或用专用夹，夹在显示器旁边。打字时眼观文稿或屏幕，身体不要跟着倾斜。

2. 打字指法

（1）：准备打字时，除拇指外其余的八个手指分别放在基本键上，两个拇指轻放在空格键上，十指分工，包键到指，分工明确，如图1-2所示。

每个手指除了指定的基本键外，还分工有其他字键，称为它的范围键，如图1-3所示。

图1-2　基本键

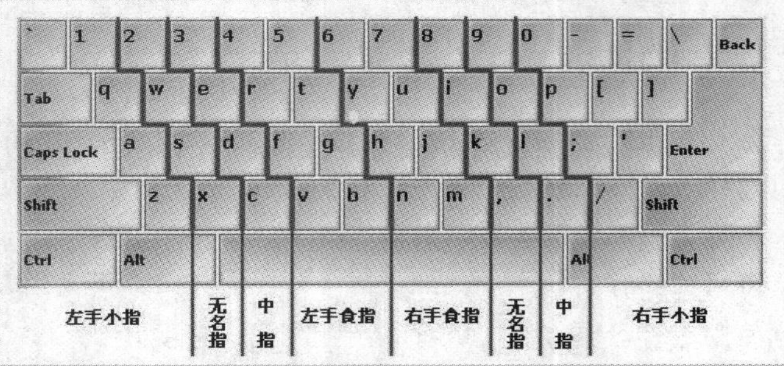

图1-3　键盘指法分布

键盘左半部分由左手负责，右半部分由右手负责。每一只手指都有其固定对应的按键。

左小指：【`】、【1】、【Q】、【A】、【Z】。

左无名指：【2】、【W】、【S】、【X】。

左中指：【3】、【E】、【D】、【C】。

左食指：【4】、【5】、【R】、【T】、【F】、【G】、【V】、【B】。

左、右拇指：Space键。

右食指：【6】、【7】、【Y】、【U】、【H】、【J】、【N】、【M】。

右中指：【8】、【I】、【K】、【,】。

右无名指：【9】、【O】、【L】、【.】。

右小指：【0】、【-】、【=】、【P】、【[】、【]】、【;】、【'】、【/】、【\】。

【A】、【S】、【D】、【F】、【J】、【K】、【L】、【;】：8 个按键称为“导位键”，可以帮助使用者经由触觉取代眼睛，用来定位手或键盘上其他的键，即所有的键都能经由导位键来定位。

【Enter】键：在键盘的右边，使用右手小指按键。

有些键具有两个字母或符号，如数字键常用来键入数字及其他特殊符号，用右手打特殊符号时，左手小指按住 Shift 键，若以左手打特殊符号时，则用右手按住 Shift 键。

辅助键盘的基准键位是“4，5，6”，分别由右手的食指、中指和无名指负责。在基准键位基础上，小键盘左侧自上而下的“7，4，1”三键由食指负责；同理，中指负责“8，5，2”；无名指负责“9，6，3”和“．”；右侧的“-、+、·”由小指负责；大拇指负责“0”。

（2）练习击键。

例如要击 D 键，首先，提起左手约离键盘 2cm；其次，向下击键时中指向下弹击 D 键，其他手指同时稍向上弹开，击键要能听见响声。击其他键类似打法，请多体会。形成正确的习惯很重要，而错误的习惯则很难改。

（3）练习熟悉 8 个基本键的位置（请保持第二步正确的击键方法）。

（4）练习非基本键的打法。

例如要击 E 键，首先，提起左手约离键盘 2cm；其次，整个左手稍向前移，同时用中指向下弹击 E 键，同一时间其他手指稍向上弹开，击键后四个手指迅速回位，注意右手不要动，其他键类似打法，注意体会。

（5）继续练习，达到即见即打水平（前提是动作要正确）。

3．打字练习的方法

初学打字，掌握正确的练习方法，对提高打字速度，成长为打字高手是非常重要的。最重要的是一定要把手指按照分工放在正确的键位上方，并且确保使用规定的手指去击打相应的键。有意识地记忆键盘各字符的位置，同时体会不同键位上的键被敲击时手指的感觉，直到最后养成不看键盘也能正确输入的习惯。在打字练习时要集中注意力，努力做到手、脑、眼协调一致，尽量避免看键盘打字的习惯，只看稿打，兼顾屏幕，如果盲打水平较高，或把握较大，基本不会存在重码造字的问题，就可不用看屏幕。这样可以更好地保护视力，减缓视觉疲劳。初学打字，击键会非常慢，但是，即使速度再慢，也一定要保证打字姿势的正确性和指法的准确性。

【范例 1-4】　键盘基本指法。

操作步骤如下。

（1）选择“开始”菜单中的“所有程序”选项，再选择“Microsoft Office”级联菜单中的“Microsoft Word 2010”选项，启动 Word 应用程序，进行键盘指法练习。

（2）将左右手手指放在基准键位上，键盘的“A,S,D,F”和“J,K,L,;”8 个键位基准键位，输入时，左右手的 8 个手指（大拇指除外）从左到右依次放在这 8 个键位上，双手大拇指轻放在 Space 键上。

（3）左右手手指由基准键位出发分工击打各自键位。

（4）输入下面的英文。

What I believe, what I value most, is transitoriness.

But is not transitoriness-the perishableness of life-something very sad? No! It is the very soul of existence. It imparts value, dignity, interest to life. Transitoriness creates time – and "time is the essence." Potentially at least, time is the supreme, most useful gift.

Time is related to-yes, identical with-everything creative and active, every process toward a higher goal.

Without transitoriness, without beginning or end, birth or death, there is no time, either. Timelessness-in the sense of time never ending, never beginning-is a stagnant nothing. It is absolutely uninteresting.

Life is possessed by tremendous tenacity. Even so its presence remains conditional, and as it had a beginning, so it will have an end. I believe that life, just for this reason, is exceedingly enhanced in value, in charm.

One of the most important characteristics distinguishing man from all other forms of nature is his knowledge of transitoriness, of beginning and end, and therefore of the gift of time.

In man transitory life attains its peak of animation, of soul power, so to speak. This does not mean alone would have a soul. Soul quality pervades all beings. But man's soul is most awake in his knowledge of the interchangeability of the term "existence" and "transitoriness".

To man time is given like a piece of land, as it were, entrusted to him for faithful tilling; a space in which to strive incessantly, achieve self-realization, more onward and upward. Yes, with the aid of time, man becomes capable of wresting the immortal from the mortal.

Deep down, I believe-and deem such belief natural to every human soul-that in the university prime significance must be attributed to this earth of ours. Deep down I believe that creation of the universe out of nothingness and of life out of inorganic state ultimately aimed at the creation of man. I believe that man is meant as a great experiment whose possible failure of man's own guilt would be paramount to the failure of creation itself.

Whether this belief be true or not, man would be well advised if he behaved as though it were.

【范例 1-5】 中文录入。

预备知识：汉字输入法。

26 个英文字母也是我们的拼音文字。这 26 个字母排列整齐，有规律。所以，要将一篇英文资料输入计算机是比较容易的。但要想输入一篇汉字文章就完全不同了，汉字的字形结构复杂，同音字多，汉字输入法随之出现了。

一般情况下，Windows 操作系统都带有几种输入法，在系统装入时就已经安装了一些默认的汉字输入法，例如，微软拼音输入法、智能 ABC 输入法、全拼输入法等。用户可以自己选择添加或者删除输入法，通过 Windows 的控制面板可以实现该功能。具体操作如下：“开始”→“设置”→“控制面板”→“输入法”，之后可以看到输入法属性窗口。通过其上的添加、删除按钮，可对列表中已有的输入法删除，同时还可以装入新的输入法。通过属性按钮可对各个输入法进行详细设定。

输入法的切换：“Ctrl+Shift”组合键，通过它可在已安装的输入法之间进行切换。

打开/关闭输入法：“Ctrl+Space”组合键，通过它可以实现英文输入法和中文输入法的切换。

全角/半角切换：“Shift+Space”组合键，通过它可以进行全角和半角的切换。

操作步骤如下。

（1）同范例 1-4 操作，启动 Microsoft Word 2010 程序。

（2）选择中文输入法。单击任务栏右侧的输入法图标，弹出中文输入法菜单。选择要使用的输入法，打开输入法工具栏。也可以按“Ctrl+Shift”组合键在各种输入法之间切换。

（3）使用所选择的输入法输入下面的中文。

青春很有限，你是如何描述自己的青春呢？

青春，流露着浓浓的诗情画意；青春，散发出淡淡的清香幽情。青春里拥有难以忘怀的篇目，也有不堪回首的章节。拥有青春的朋友，我想送你一句话：青春是生命之晨，是日之黎明，懂得珍惜，不轻言放弃，让你的青春绽放出绚烂光彩！每个人都经历过青春，相信在你的青春中也有那么一段美丽的回忆。但是，你是否可以毫不犹豫地说：我没有辜负青春！我想那并不是一件简单的事。如今，我们的青春就在眼前，该怎么办？随波逐流，得过且过，还是争分夺秒，开拓奋进？我想，只要稍有头脑的人，谁都会选择后者。诚然，人生能有几回搏？也许有人会这样想：花有重开日，人无再少年。此生难得有这个好机会，何不无牵无挂地快乐一阵子，来个“今朝有酒今朝醉”呢。然而，你可曾想过：一失足成千古恨，再回头已百年身。奥斯特洛夫斯基在《钢铁是怎样炼成的》这部名著中有这么一段话：“生活赋予我们一种巨大的和无限高贵的礼品，这就是青春：充满着力量，充满着期待、志愿，充满着求知和斗争的志向，充满着希望和信心的青春。”每个人都要珍惜青春，因为，青春逝去就不再回来了，等到你后悔的时候，已经无法挽回了。青春是短暂的，同时也是最美好的。我们也应为此而更加明白青春的珍贵，然后懂得去珍惜。正如北宋文学家欧阳修说过：“羡子年少正得路，有如扶桑初日升。”许许多多的革命先辈就已在青春时立大志，做大事了。少年的时候，周恩来就立志为中华的崛起而读书；青年的毛泽东，就在湖南第一师范大展自己的宏图，书写自己的远大抱负；狼牙山五壮士，为革命英勇跳下山去……革命先辈用他们的青春为新中国的成立抛头颅，洒热血，为我们创造了良好的条件，而作为新时代大学生的我们，是在幸福年代接过建设者的任务的幸运者，又有什么理由可以蹉跎岁月呢？人人都知道：迷人的彩虹出自大雨的洗礼，丰硕的果实来自辛勤的耕耘。朋友，今天我们正处在优胜劣汰竞争激烈的时代，前有师长掌舵，后有父母加油，可谓“天时地利人和”。我们必须像海绵吸水一样，在学习上永不知足。面对挑战，我们怎能被一些挫折和失败吓倒呢？握住青春，学那穿云破雾的海燕去搏击八方的风雨，学那高大挺拔的青松去经霜傲雪吧。只有如此，才能在你的青春史上谱下无怨无悔的一页。不要怕输，青春是不能服输的，只要你肯努力，相信梦想终会实现！我们既被称为朝阳，就理应拥有光彩照人的青春。青春，短暂而珍贵。爱惜青春吧，别让青春过早流逝；为青春自豪吧，切不要虚度光阴，青春毕竟是我们一生中最光辉的时刻！

朋友们，我们风华正茂，我们英姿勃发，让我们用青春拥抱时代，用生命点燃未来，就此努力吧，以无悔的青春去谱写中国的历史新篇章！让我们放飞梦想，飞扬青春吧！

三、实战练习

【练习 1-4】 英文打字练习。

The story of life

Sometimes people come into your life and you know right away they were meant to be there , to serve some sort of purpose ,teach you a lesson,or to help you figure out who you are or who you want to become.You never know who these people maybe (possibly your roommate , neighbor , coworker , long lost friend , lover , or even a complete stranger),but when you lock eyes with them,you know at that very moment they will affect your life in some profound way .

And sometimes things happen to you that may seem horrible , painful. and unfair at first , but in reflection you find that without overcoming those obstacles you would have never realized your potential , strength , willpower , or heart.

Everything happens for a reason.Nothing happens by chance or by means of good luck. Illness , injury, love, lost moments of true greatness and sheer stupidity all occur to test the limits of your soul. Without these small test whatever they may be ,life would be like a smoothly paved, straight, flat road to nowhere. It would be safe and comfortable, but dull and utterly pointless.The people you meet who affect your life ,and the success and downfalls you experience , help to create who you are and who you become.

Even the bad experiences can be learned from. In fact ,they are probably the most poignant and important ones.If someone hurts you , betrays you ,or breaks your heart,forgive them,for they have helped you learn about trust and the importance of being cautious when you open your heart. If someone loves you ,love them back unconditionally, not only because they love you ,but because in a way , they are teaching you to love and how to open your heart and eyes to things.

Make every day count.Appreciate every moment and take from those moments everything that you possibly can for you may never be able to experience it again. Talk to people that you have never talked to before, and actually listen.Let yourself fall in love, break free, and set your sights high.Hold your head up because you have every right to.Tell yourself you are a great individual and believe in yourself, for if you don't believe in yourself , it will be hard for others to believe in you . You can make of your life anything you wish. Create your own life and then go out and live it with absolutely no regrets.

【练习 1-5】 中文打字练习。

大自然的杰作——黄山

人称黄山有五大奇观，那就是奇松、怪石、温泉、云海、冰雪，可以说黄山把其他名山的风景几乎包览了。因此古人有“五岳归来不看山，黄山归来不看岳”之说。喜欢山水者，黄山值得一去，绝不会像某些景点那样，不看一辈子后悔，看了后悔一辈子。从我个人的感受说，黄山有以下之奇。

首先说，黄山的松为第一奇。一方面奇在它的形状上，什么迎客松、黑虎松、联理松等等——惟妙惟肖，简直就像人工修剪的一样；另一方面奇在它的生命力上，在几乎没有土壤的山峰的石缝中它也能生长，远远望去那树简直是挂在陡峭的山峰上。我分析其原因，不是它不需要土壤和水分，而是黄山一年四季百分之八九十的时间处在阴雨天，足以供给它生长所需的水分，但这在我们北方是不可想象的。三奇是在它的生理特征上。据专家考证，黄山松是为了适应其高寒的气候环境，由马尾松衍化而来的树种，它的松针比马尾松的松针短一半多，树皮也比马尾松为厚，都是为了适应环境才有这独一无二的“黄山松”。这一物种的出现体现了自然的力量，是黄山独特的自然环境创造了黄山松。其实黄山松的松针并不比北方的松针短，足有六七厘米长。刚开始我还有些疑问，这么长的松针还说比不上马尾松的一半？但是等你看到山下的马尾松那接近二十厘米的松针时，你就不得不信了。

黄山的二奇为险峰。之所以称之为险峰，是为了区别于奇松，否则称之为奇峰更为准确。一方面奇在它的陡峭上。黄山峰的陡峻简直无法形容，用数字来表示就是坡度接近或等于九十度。走在登山的石阶上，胆小的人不敢向下看；当你提心吊胆地走过一段石阶，回头再看后面的游人，简直就是贴着石壁踩着云雾行走。因此，有人说“黄山有华山之险”，这句话一点也不错。另一方面奇在它的峰松合一上。一般的山峰尽管形状各异，但多为岩石突起，而黄山的山峰则神奇地生长着生命力极强的黄山松，这些形状各异，姿态万千的黄山松，给古峰增添了活力，增添了神韵。三奇体现在由于自然的神功，使黄山峰的石体被雕塑成不同的形象，加上后人的想象，更增加了它的神秘色彩（我不同意怪石的说法，因为那样就把黄山峰的神秘给贬低了），像鳌鱼峰、莲花峰、猪悟能等都是活灵活现。

黄山的三奇为云雾。我认为，大凡高山都会有云海，这不足为奇。但黄山的云雾却较其他山峰为奇特。由于黄山多阴雨天气，云雾量大，再加上风大、峰尖（空气阻力小），云雾移动速度非常快，眼见偌大一座山峰，正要对着它拍照，等你刚摆好姿势，那山峰却不见了（被云雾所掩盖），没过几分钟它又出现了。刚才还是漫天飞雪，能见度不过三百米，没一会儿又出了太阳。导游有些吹嘘地说，冬季游黄山，一天过四季，这话也不无道理。

温泉并不是只有黄山才有。但黄山的温泉奇在它生在黄山脚下，如果你冬季登黄山，赶上山顶下雪，享受了冬天景致；下到山下就是春天和秋天的感觉；再进温泉一泡就立刻可以感受到夏天的酣畅。使你能够真正体验到一日过四季的感觉，这也可算是一奇吧？

黄山的四奇就是冰雪。黄山处于亚热带与温带之间，每年最冷的时候也就是零上十摄氏度左右。但是当我于十二月中旬登黄山时，山下只是看到阴云密布，可是山上却是漫天飞雪，能见度不足三百米。导游风趣地说，下雪时游黄山，就是抬头看雪，低头看路，两旁看松树（所有的奇峰都被掩埋在云雾里）。对于广东的游客来说，在黄山看到冰雪是比较神奇的，可是对于我这生活在黑龙江的北方人来说，冰雪是不足为奇的。但是我说的冰雪，不是单纯的冰雪，更准确地说应该是“松雪”，是大自然用冰雪在树枝上为人们创造出的奇景。纷飞的雪花被疾风吹动，挂在树枝上形成冰凌，冰凌在树枝上面沿风吹来的方向生长，依靠树枝的托力，可长到二至三厘米，火树银花，其壮观简直超过北方的“雾松”。更让人不可思议的是，飞雪落在黄山松的松针上，在环形生长的松针上长出白色的冰凌环，每一簇松针都像是一朵绿心白瓣儿的花朵，远远望去每棵松树都是一个大花篮，一棵连一棵，真是美极了。其神奇不仅在于好看，而更在于它是用绿叶与冰雪扎成的花朵。

总之，黄山是大自然的杰作，是大自然赐予我们的瑰宝。耳听为虚，眼见为实。有兴趣的朋友还是找机会亲自去黄山亲自体验一次吧，我保你不虚此行。

第2章 Windows 7操作系统

实验1 Windows 7 的基本操作

一、实验目的

（1）掌握 Windows 7 系统中鼠标的基本操作。

（2）掌握 Windows 7 的桌面及桌面图标的相关操作。

（3）掌握窗口和对话框的操作方法。

（4）掌握“开始”菜单“任务栏”的功能及使用技巧。

（5）掌握中文输入法和屏幕图像的截取。

（6）掌握 Windows 帮助系统的使用。

二、实验范例

【范例 2-1】 鼠标的基本操作。

鼠标是 Windows 中主要的也是最基本的输入设备。鼠标操作练习如下。

（1）指向：在桌面上滑动鼠标，计算机屏幕上的鼠标指针将随之移动。指向就是指将鼠标指针移动到某一对象上（如“计算机”图标）。

（2）单击鼠标左键（简称“单击”）：就是将鼠标指针指向某一对象，例如“计算机”图标，按鼠标左键一次后释放。“计算机”图标将以蓝底反白显示。

（3）双击鼠标左键（简称“双击”）：就是将鼠标指针指向桌面上某一对象，例如“计算机”图标，连续按两下鼠标左键，将打开“计算机”窗口。

（4）拖动：就是将鼠标指向某一对象，如“计算机”窗口的标题栏，按住鼠标左键移动至某个位置后，释放鼠标，则“计算机”窗口移动到新的位置。

（5）单击鼠标右键（简称“右键单击”）：就是将鼠标指针指向不同的对象，按鼠标右键一次并放开，将打开不同的快捷菜单，显示针对该对象的一些常用操作命令，其中“属性”命令中包含该对象的有关信息。图 2-1 所示为右键单击“计算机”时打开的快捷菜单，图 2-2 所示为右键单击桌面空白处时打开的桌面快捷菜单。

【范例 2-2】 Windows 7 桌面图标的有关操作。

① 添加新图标：在 Windows 桌面上添加“计算器”程序的快捷方式图标。

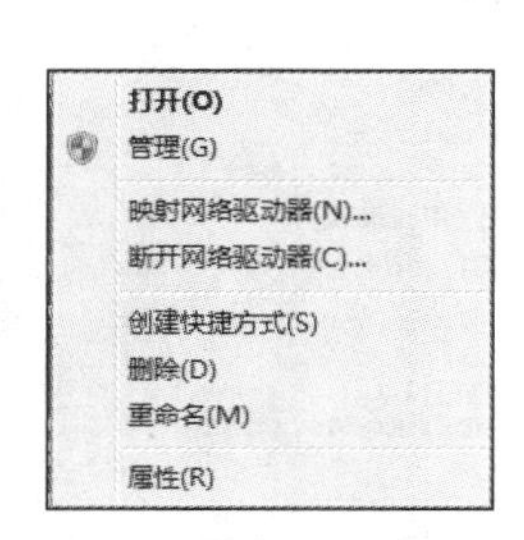

图 2-1 “计算机”快捷菜单

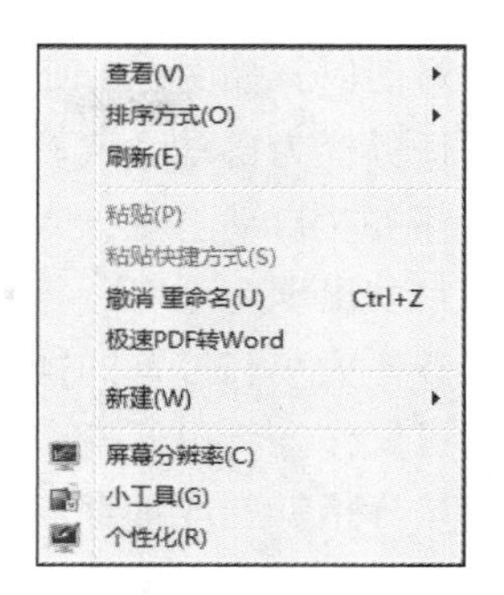

图 2-2 “桌面”快捷菜单

② 桌面图标的移动和排列：移动桌面图标到不同的位置，然后设置桌面图标自动排列整齐。

操作步骤如下。

（1）鼠标依次单击“开始” → “所有程序” → “附件”，找到“计算器”命令。鼠标右键单击“计算器”，在弹出的快捷菜单中选择“发送到” → “桌面快捷方式”，如图 2-3 所示，即在桌面上建立了“计算器”程序的快捷方式图标。

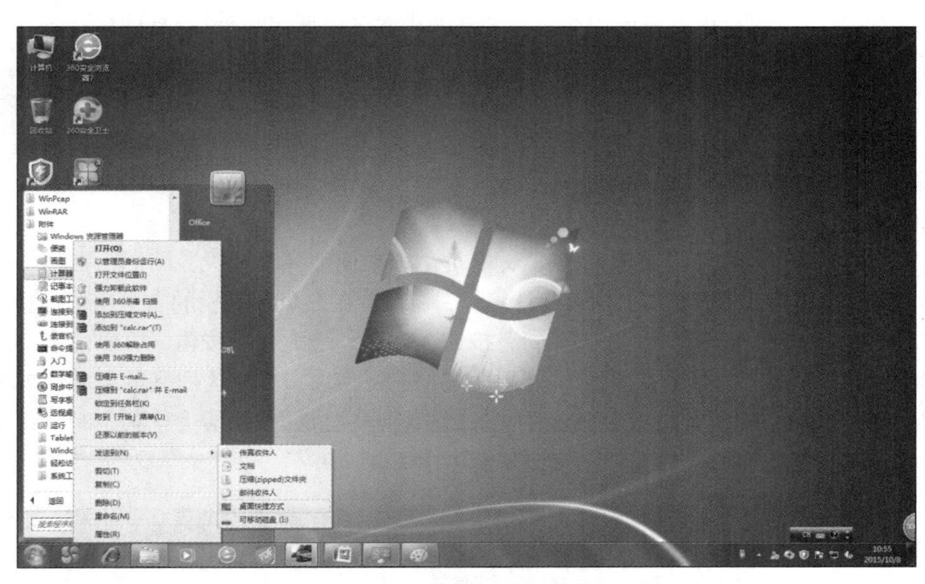

图 2-3 建立“计算器”桌面快捷方式图标

（2）单击桌面图标，按住不动将其拖动到不同位置。右键单击桌面空白处，在弹出的快捷菜单中选择“查看”中的“自动排列图标”命令，桌面图标将自动排列整齐。

【范例 2-3】 “开始”菜单和任务栏的有关操作。

1. 通过“开始”菜单打开“画图”程序

操作步骤如下。

“开始” → “所有程序” → “附件” → “画图”即可。

2. 任务栏的操作

查看任务栏属性设置，调整任务栏大小及位置。

操作步骤如下。

（1）鼠标右键单击任务栏空白处，在弹出的快捷菜单中选择“属性”命令，打开“任务栏和开始菜单属性”对话框，如图 2-4 所示。

例如，设置任务栏为自动隐藏。选中“自动隐藏任务栏”选项，任务栏自动隐藏，当鼠标指向任务栏位置时，任务栏自动出现。

（2）调整任务栏大小和位置的操作在“锁定任务栏”未选中时才可操作。将鼠标指向任务栏靠近屏幕中央的边框，当鼠标指针变成垂直双箭头后，按住左键拖动即可改变任务栏大小。鼠标指向任务栏的空白处，拖动鼠标可将任务栏移动到屏幕的四边。

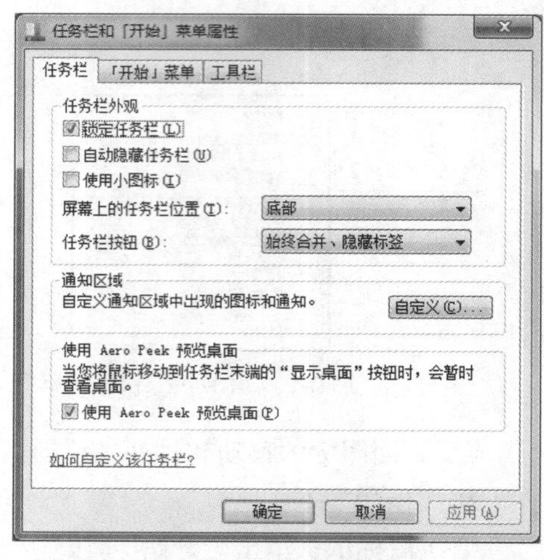

图 2-4 “任务栏和开始菜单属性”对话框

【范例 2-4】 打开“计算机”窗口，进行窗口的最大化、还原、最小化、缩放、切换、层叠、堆叠、并排等操作。

① 打开“计算机”窗口，将其进行窗口最大化、最小化、还原，并将窗口移动到屏幕的右上方。

② 将“计算机”窗口进行缩放操作，调整其大小使之出现滚动条，通过滚动显示窗口内容。

③ 打开“计算机”“网络”“回收站”等多个窗口，在不同窗口之间进行切换。

④ 设置所有打开的窗口分别以“层叠窗口”“堆叠显示窗口”和“并排显示窗口”方式排列。

⑤ 关闭所有打开的窗口。

操作步骤如下。

（1）双击桌面上“计算机”图标，或鼠标右键单击桌面上“计算机”图标，在弹出的快捷菜单中选择“打开”命令，打开图 2-5 所示“计算机”窗口。在窗口标题栏的右上角依次排列有“最小化”“最大化”（或“还原”）和“关闭”按钮，单击“最大化”按钮，可以使窗口充满整个屏幕，“最大化”变成“还原”；单击“还原”按钮，可使窗口恢复为原来的大小；单击“最小化”按钮，则窗口缩小成任务按钮，显示在任务栏上；当窗口处于非最大化状态时，将鼠标指向窗口标题栏，按住鼠标左键，将窗口拖动到屏幕右上方。

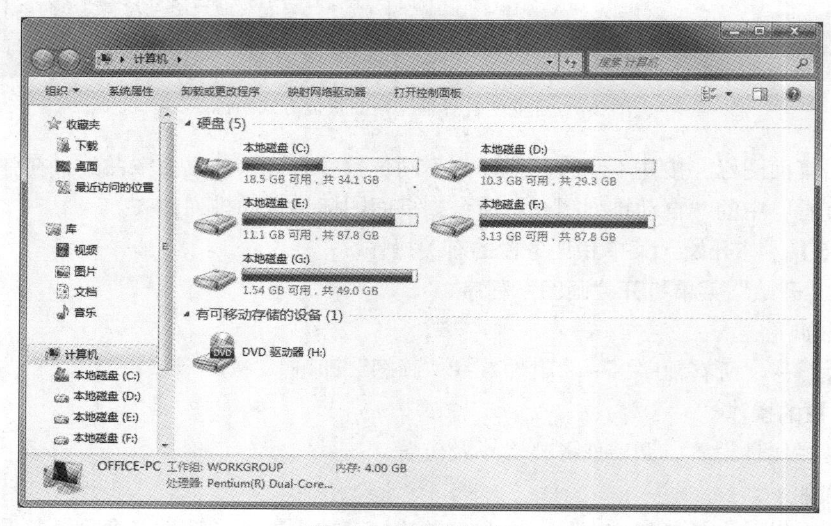

图 2-5 “计算机”窗口

（2）当“计算机”窗口处于非最大化状态时，将鼠标指向窗口四角上的任意一个边角，鼠标指针变为斜向的双向箭头时，按住鼠标左键沿对角线方向拖动，则窗口在保持宽和高比例不变的情况下，大小随之调整。当窗口处于非最大化状态时，将鼠标指向窗口上、下、左、右四个边框上，鼠标指针变为双向箭头时，按住鼠标左键拖动，则窗口大小随之调整，至所需高度或宽度时可释放鼠标。适当缩小窗口，当窗口中出现滚动条，拖动滚动条即可显示窗口内容。

（3）分别双击打开“计算机”“网络”“回收站”窗口，最后打开的窗口为当前活动窗口，此时，每个窗口按钮都显示在任务栏上。单击哪个窗口按钮哪个窗口就会成为当前窗口。另外，按“Alt+Esc”或“Alt+Tab”组合键（或单击各窗口空白处），同样能在各个窗口之间进行切换。

（4）右键单击任务栏空白处，打开任务栏快捷菜单，分别单击层叠窗口、堆叠显示窗口、并排显示窗口，注意观察窗口排列方式的变化情况。

（5）单击窗口右上角的关闭按钮，或单击窗口“文件”→“关闭”命令，或双击“计算机”窗口左上角（窗口标题栏左端）的控制菜单图标，或在任务栏对应窗口按钮右键选择“关闭”命令，或按“Alt+F4”组合键，都可关闭窗口。

【范例 2-5】　打开“计算机”，进入 C:\Windows 文件夹，完成如下操作。

① 设置图标排列方式，以“详细信息”的形式显示文件和文件夹。

② 将“菜单栏”隐藏，然后再将其显示出来。

③ 设置在窗口中显示所有文件和文件夹（包括隐藏文件），设置在显示文件时不要隐藏文件的扩展名。

操作步骤如下。

（1）在“计算机”窗口中双击 C 盘图标，打开 C 盘，双击“Windows”文件夹进入 Windows 目录，执行菜单命令“查看”下的“详细信息”命令，或者在工具栏右侧选择 按钮下的“详细信息”命令，则 Windows 文件夹中的文件和文件夹将按照“详细信息”的形式显示图标，如图 2-6 所示。

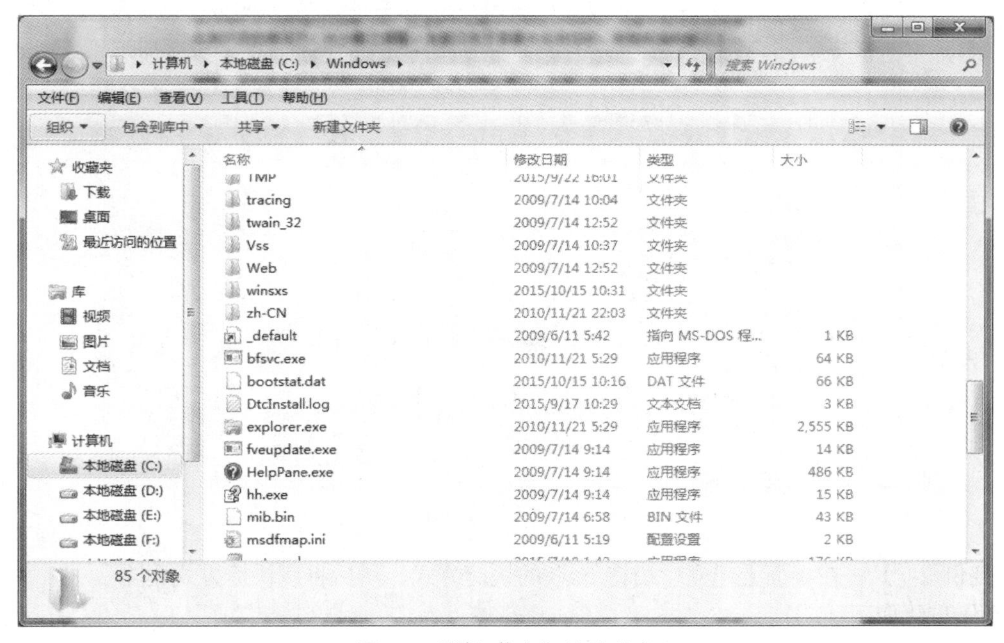

图 2-6　“详细信息”显示形式

（2）执行工具栏中“组织”→“布局”，在弹出的子菜单中选择“菜单栏”（前面的“√”消失，表示取消选中），可以将窗口上方的菜单栏隐藏。再次执行选中命令，则又会重新显示出来。

（3）执行菜单命令“工具”→“文件夹选项”，在“文件夹选项”对话框中选择“查看”选项卡，选中“显示隐藏的文件、文件夹或驱动器”；然后将“隐藏已知文件类型的扩展名”前面的“√”取消，然后单击“确定”按钮，则在窗口中将显示包含隐藏文件在内的所有文件和文件夹，并在显示文件时显示包含扩展名的完整文件名，如图 2-7 所示。

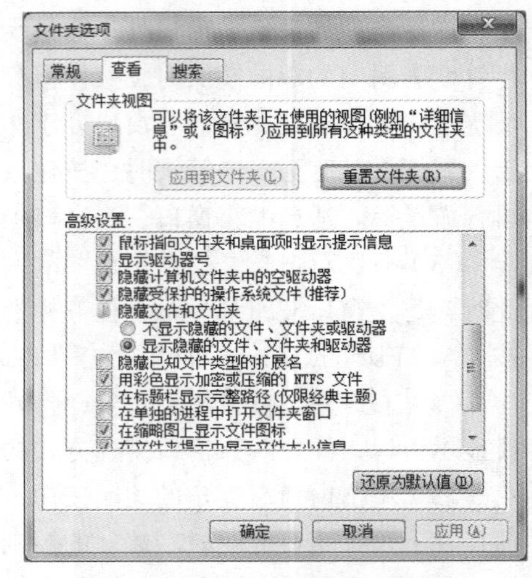

图 2-7 “文件夹选项”对话框

【范例 2-6】 启动“记事本”应用程序，使用“微软拼音输入法”在记事本中输入一首你熟悉的唐诗，并以“唐诗.txt”为文件名保存在计算机的 E 盘中。

操作步骤如下。

（1）单击“开始”按钮，执行“开始”→“所有程序”→“附件”→“记事本”，打开“记事本”窗口。

（2）按“Ctrl+Shift”组合键切换输入法，选择“微软拼音输入法”，然后在“记事本”窗口中输入一首唐诗。

（3）选择“记事本”的“文件”菜单下的“保存”命令，打开“另存为”对话框，在“保存在”后的下拉列表框中选择“本地磁盘 E：”，在“文件名”后的文本框中输入“唐诗”，然后单击“保存”按钮，如图 2-8 所示，记事本的名字就会变为“唐诗.txt”，最后关闭即可。

图 2-8 “另存为”对话框

【范例 2-7】 在桌面上建立“唐诗.txt”的快捷方式，然后将该快捷方式删除。

操作步骤如下。

（1）在“唐诗.txt”图标上单击鼠标右键，在弹出的快捷菜单中选择“发送到”→“桌面快捷方式”命令。

（2）右键单击该快捷方式图标，在快捷菜单中选择“删除”，或者单击选中该图标后按 Delete 键，将其删除至“回收站”。

注意　快捷方式的删除只是删除图标，不会影响应用程序。

【范例 2-8】　使用剪贴板获取整个屏幕图像，并将屏幕图像复制到“画图”程序中。

操作步骤如下。

（1）设置一个要获取的屏幕图像，将其显示出来。

（2）按键盘上的 Print Screen 键，将整屏图像复制到剪贴板中。

（3）单击“开始”→“所有程序”→“附件”→“画图”命令，打开“画图”窗口。

（4）单击“编辑”→“粘贴”命令，将剪贴板中的图像复制到画图面板中。

（5）单击窗口标题栏的关闭按钮，关闭“画图”窗口（也可选择保存文件）。

【范例 2-9】　使用剪贴板获取活动窗口图像，并将屏幕图像复制到“画图”程序中。

操作步骤如下。

（1）双击桌面上“计算机”图标，打开“计算机”窗口，调整窗口至合适大小。

（2）同时按“Alt+Print Screen”组合键，将“计算机”窗口复制到剪贴板中。

（3）重复上例的 3～5 步骤，完成操作。

三、实战练习

【练习 2-1】　完成以下操作。

（1）将“计算机”图标移至屏幕右上角，再还原到桌面左上角。

（2）按“修改日期”排列桌面图标。

（3）隐藏桌面上所有图标。

（4）显示桌面上所有图标。

（5）将桌面图标变成大图标，再还原成原来大小。

（6）在桌面图标添加“时钟”小工具，并将秒针显示出来。

（7）将“时钟”拖到右下角，将“时钟”不透明度设为 80%。

（8）设置自动隐藏任务栏，取消锁定任务栏，并使用小图标，将窗口画面保存为“任务栏设置.jpg”。

实验 2　Windows 7 文件和文件夹管理

一、实验目的

（1）掌握资源管理器的启动方法，了解“资源管理器”窗口的组成及文件、文件夹的浏览方式。

（2）掌握“资源管理器”中文件和文件夹的基本操作：选中、建立、移动、复制、删除、恢复、重命名、设置文件属性等。

（3）掌握 Windows 7 中文件搜索的方法

（4）掌握 Windows 7 中磁盘的基本操作。

二、实验范例

【范例 2-10】 资源管理器的启动和基本操作。完成如下操作。

① 启动资源管理器。

② 使用“资源管理器”浏览计算机资源。

③ 分别使用不同的图标和不同的图标排列方式来显示文件和文件夹，观察其区别。

操作步骤如下。

1. 启动资源管理器

在 Windows 7 中启动资源管理器有以下三种方法。

（1）单击“开始”按钮，打开“开始”菜单，单击“所有程序”→“附件”→“Windows 资源管理器”命令，即可启动图 2-9 所示“资源管理器”窗口。

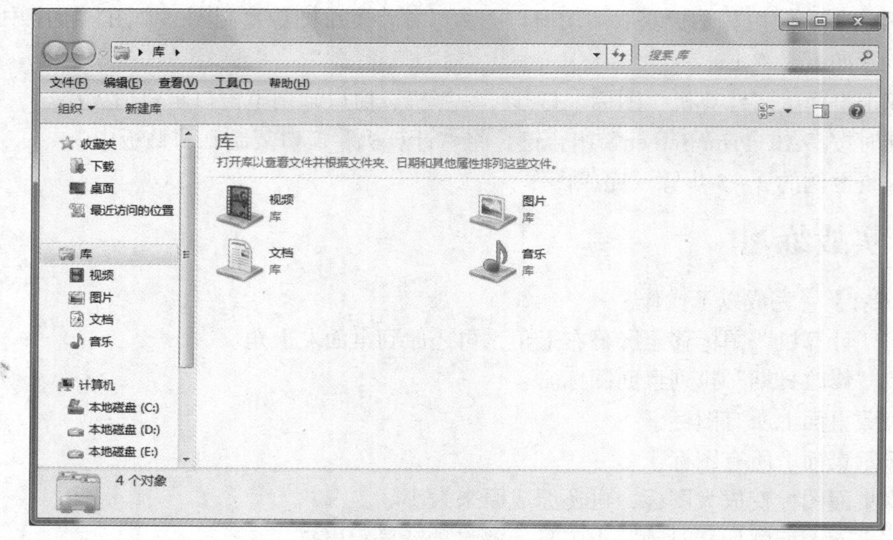

图 2-9 Windows 资源管理器窗口

（2）鼠标右键单击“开始”按钮，选择快捷菜单中的“资源管理器”命令。

（3）在桌面上双击“计算机”，即可打开“资源管理器”窗口。

2. 使用资源管理器浏览计算机资源

（1）在 “资源管理器”窗口中，单击左窗格的上、下滚动按钮或拖动垂直滚动条，可上下移动来浏览左窗格中的显示内容。

（2）如果要访问、浏览的对象在某个文件夹的子文件夹中，可通过单击文件夹左边的“▷”，逐级展开文件夹结构，直到目标文件夹显示出来（当单击“▷”展开文件夹结构的同时，文件夹左侧的“▷”变为“◢”；单击“◢”可以关闭文件夹结构）。

注意

在展开“▷”和关闭“◢”过程中，右边窗口的显示内容没有变化。

（3）单击左窗格中的某一文件夹，如“Program Files”文件夹，使该文件夹处于打开状态，在右窗格中将显示该文件夹中的内容。

（4）单击工具栏上的“后退”按钮，则回到当前文件夹“Program Files”的上一级文件夹（例如 C 盘文件夹），此时右窗格内显示 C 盘文件夹的内容。

（5）在右窗格中双击“Program Files”文件夹图标，则同样可打开“Program Files”文件夹，右窗格显示“Program Files”文件夹中的内容。

3. 利用“查看”菜单来完成显示和排列图标操作

（1）在“资源管理器”窗口中，单击“查看”菜单（或单击工具栏的“查看”下拉按钮）在其下拉菜单中，分别单击其中的“超大图标”“大图标”“中等图标”“小图标”“列表”“详细资料”命令，观察右窗口中显示方式的变化，命令项前有“●”标记的为当前显示方式。

（2）在“查看”下拉菜单中，将鼠标指向“排列方式”命令，在弹出的级联菜单中，可以看到各项命令，分别单击其中名称、修改日期、类型、大小和递增、递减命令，可以看到右窗格中内容按命令重新进行排列。

【范例 2-11】　设置文件、文件夹的属性。将范例 2-6 中在 E 盘中创建的“唐诗.txt”的文件属性设置为“隐藏”和“只读”，然后将其显示和隐藏。

操作步骤如下。

（1）在资源管理器中打开 E 盘，找到“唐诗.txt”文件。

（2）鼠标右键单击“唐诗.txt”文件，在弹出的快捷菜单中选择“属性”命令，打开如图 2-10 所示文件属性对话框。

（3）分别单击“隐藏”和“只读”复选按钮，将其选中，单击“确定”按钮，则该文件已被设置成只读和隐藏属性文件。

（4）右键单击窗口空白处，在弹出的快捷菜单中选择“刷新”命令，会发现“NOTEPAD.exe”文件已经被隐藏了。

（5）执行菜单命令“工具”→“文件夹选项”，在“文件夹选项”对话框中选择“查看”选项卡，选中“显示隐藏的文件、文件夹或驱动器”，则在窗口中又会显示出“唐诗.txt”

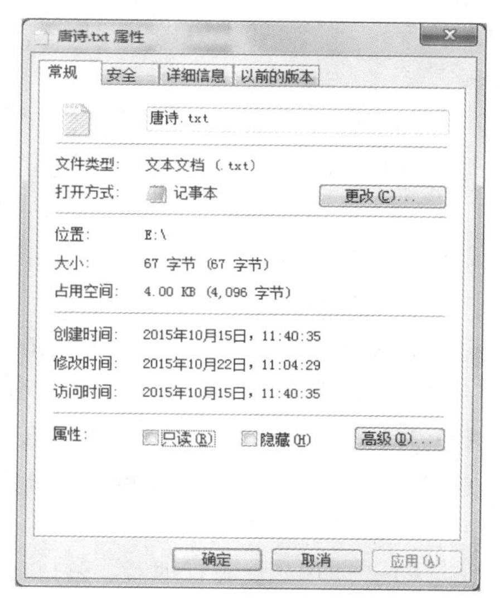

图 2-10　文件属性对话框

【范例 2-12】　文件或文件夹的操作。

1. 文件或文件夹的选定

打开“计算机”，进入“C:\Program Files”目录，分别进行文件或文件夹的单选、连续选定、不连续选定、矩形框选定、全部选定及反向选定等操作。

操作步骤如下。

（1）依次双击鼠标左键打开“计算机”→“本地磁盘（C：）”→“Program Files”文件夹。

（2）选定单个文件或文件夹：单击“Program Files”右窗格中的某个文件或文件夹的图标即可选定该文件或文件夹。

（3）选定多个连续的文件或文件夹：在“Program Files”窗口，单击右窗格中的第一个要选定的文件或文件夹的图标，然后按住 Shift 键不放，再单击最后一个要选定的文件或文件夹图标。

（4）选定多个不连续的文件或文件夹：在“Program Files”窗口，单击第一个要选定的文件或文件夹，按住 Ctrl 键不放，再逐一单击要选定的文件或文件夹图标。

（5）选定某个区域的文件或文件夹：在“Program Files”窗口，按住鼠标左键，拖动鼠标形成一个矩形框，则矩形框中的文件将被选中，如图 2-11 所示。

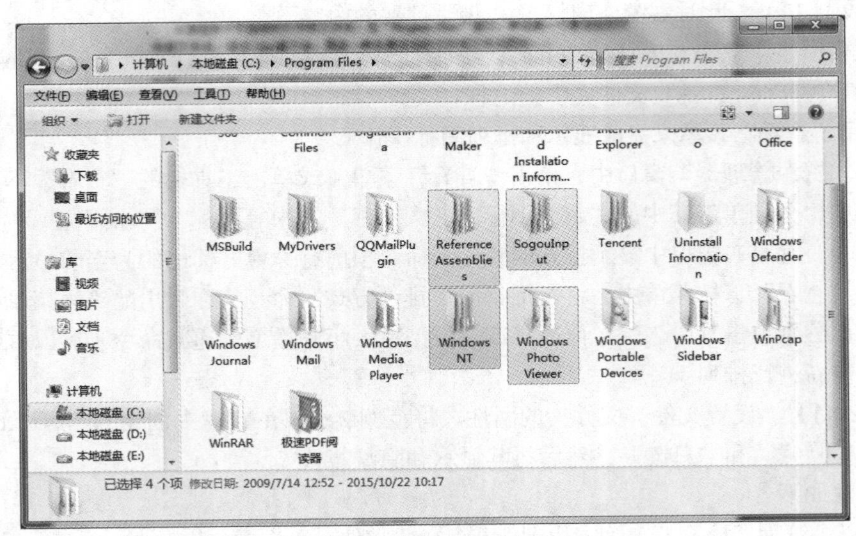

图 2-11　选择文件或文件夹区域

（6）选定全部文件和文件夹：在“Program Files”窗口，单击“编辑”菜单中的“全选”命令，或按“Ctrl+A”组合键，可选定全部文件和文件夹。

（7）选定大部分文件和文件夹：先选择少数不需选择的文件和文件夹，然后单击“编辑”菜单中的“反向选择”命令，即可选定多数所需的文件或文件夹。

2. 建立新文件夹和文件

使用“资源管理器”在 D 盘文件夹里新建如图 2-12 所示的文件夹结构。然后在 D:\user1\实验 1 中分别建立文本文件 t1.txt、Word 文档 w1.doc、Excel 文档 e1.xls 和位图文件 p1.bmp，打开 t1.txt 文件，任意输入一些文字，打开 p1.bmp，任意画一个椭圆形。

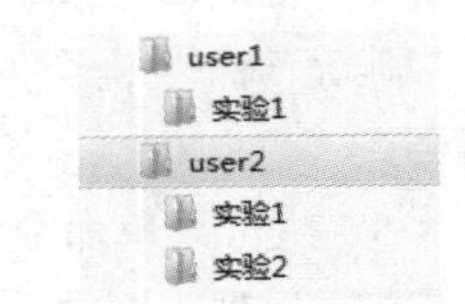

图 2-12　新建文件夹效果图

操作方法如下。

（1）打开“资源管理器”窗口，在左窗格中找到 D 盘并单击。

（2）单击“文件”→“新建”→“文件夹”命令，或者鼠标右键单击右窗格的空白处，打开快捷菜单，单击“新建”→“文件夹”命令，将生成“新建文件夹”。

（3）输入文字“user1”，按回车键或鼠标单击其他任意位置完成“user1”文件夹的建立。

（4）双击打开刚建立的“user1”文件夹，使用同样方法建立下级文件夹“实验 1”。

（5）重复上述 3 步操作建立“user2”文件夹和其子文件夹“实验 1”和“实验 2”。

（6）进入 D:\user1\实验 1 文件夹，鼠标右键单击右窗格空白处，在弹出的快捷菜单中选择“新建”→“文本文档”命令创建一个文本文件，输入文件名“t1.txt”，然后按回车键或在窗口空白处单击即可。使用同样方式，分别选择“新建”中的“Microsoft Word 文档”“Microsoft Excel 工作表”和“Bitmap 图像”，来完成 w1.doc、e1.xls 和 p1.bmp 文件的建立。

（7）双击打开 t1.txt，任意输入一些文字。使用“附件”中“画图”应用程序打开 p1.bmp，任意画一个椭圆形。

3. 文件或文件夹的复制

使用菜单命令将 t1.txt 复制到 D:\user2 中，使用快捷键方式将 w1.doc 复制到 D:\user2\实验 1 中，使用鼠标拖曳方式将 e1.xls 复制到 D:\user2\实验 2 中。

操作步骤如下。

（1）进入 D:\user1\实验 1 中，单击 t1.txt 文件，将目标文件选中，单击“编辑”菜单中的“复制”命令或右键单击右窗格空白处，从弹出的快捷菜单中选“复制”命令完成复制，打开目标文件夹 D:\user 2，单击“编辑”→“粘贴”命令或右键单击右窗格空白处，从弹出的快捷菜单中选“粘贴”命令，完成粘贴。

（2）进入 D:\user1\实验 1 中，单击 w1.doc 文件，将目标文件选中，按“Ctrl+C”组合键完成复制，打开目标文件夹 D:\user2\实验 1，按“Ctrl+V”组合键，完成粘贴。

（3）打开“资源管理器”窗口，在左窗格浏览打开文件夹“D:\user1\实验 1”，将鼠标指向右窗格选中的 e1.xls 文件上，按住鼠标左键不放的同时按住 Ctrl 键，拖动鼠标至目标文件夹“实验 2”（此时“实验 2”文件夹呈蓝底反白显示，鼠标右侧有一个“+”号，表示复制），完成复制；或按右键拖动目标文件到“实验 2”文件夹后，释放鼠标，在弹出的快捷菜单中选择“复制到当前位置”，也可进行复制。图 2-13 所示为拖动复制时的样图。

若是在同一个磁盘中实施复制操作，在拖放鼠标时需要同时按住 Ctrl 键；若是在不同的磁盘中实施复制操作，在拖放鼠标时则不需要同时按住 Ctrl 键。

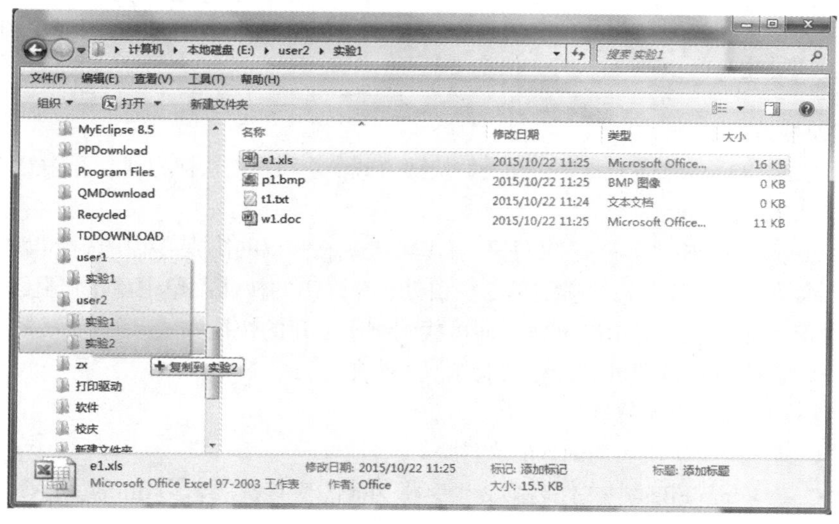

图 2-13　拖动复制操作样图

4. 文件和文件夹的移动

分别使用鼠标拖动方法移动对象和利用剪贴板移动对象两种方法将“D:\user2\实验 1”文件夹中的所有文件移动到“D:\user2\实验 2”中。

操作步骤如下。

（1）使用鼠标拖动方法移动对象。在资源管理器中，打开“D:\user2\实验 1”文件夹，选中全部文件，将鼠标指向被选中的文件，按住鼠标左键不放，拖动鼠标指针至目标文件夹“D:\user2\实验 2”后释放鼠标左键；或按住鼠标右键拖动文件到“user4”文件夹释放鼠标，在弹出的快捷菜单中选“移动到当前位置”，完成文件的移动。

若是在不同磁盘中实施移动操作，在拖放鼠标时需要同时按住 Shift 键。

使用鼠标拖动的方法复制或移动文件、文件夹时，注意观察鼠标指针下方的“+复制到”和“→移动到”标记，分别表示“复制”操作和移动操作。

（2）利用剪贴板移动对象。在资源管理器中，选中“D:\user2\实验 1”文件夹中的全部文件，单击“编辑”→“剪切”命令，也可右键单击快捷菜单中“剪切”命令或按“Ctrl+X”组合键，将文件剪切到剪贴板中，然后打开目标文件夹 D:\user2\实验 2，单击“编辑”→“粘贴”命令，也可右键单击右窗格空白处，从弹出的快捷菜单中选“粘贴”命令或按“Ctrl+V”组合键，完成文件的移动。

5. 文件和文件夹的删除和还原

删除 D:\user2 中“实验 2”文件夹，然后再将其还原。

操作步骤如下。

（1）选定要删除的文件夹“实验 2”，单击鼠标右键，在弹出的快捷菜单中选择“删除”命令；或单击“文件”→“删除”命令；或按 Delete 键；在弹出的“确认删除文件”对话框中，单击“是”按钮，即可将“实验 2”文件夹删除到“回收站”当中。

（2）从桌面双击打开“回收站”，找到“实验 2”文件夹右键单击，在弹出的快捷菜单中选择“还原”命令，即可将“实验 2”文件夹还原到原来的位置。

若在执行删除操作时，按住 Shift 键不放，可彻底从计算机中删除文件或文件夹，而放入“回收站”中。

6. 创建快捷方式

在桌面上创建“D:\user2\实验 1”文件夹的快捷方式，并利用该快捷方式打开“实验 1”文件夹。

操作步骤如下。

（1）在 D:\user2 中选中“实验 1”文件夹，右键单击，在弹出的快捷菜单中选择“发送到”→“桌面快捷方式”命令，在“任务栏”右键单击空白处，在弹出的快捷菜单中单击“显示桌面”命令，使所有打开的窗口最小化，显示出桌面，即可找到刚刚创建的快捷方式。

（2）双击该快捷方式，即可打开“实验 1”文件夹。

【范例 2-13】 文件搜索操作。

① 搜索 C 盘中所有扩展名为.exe 的文件。

② 搜索 C:\Program Files 中文件名第 2 个字母为 a 的所有扩展名为 dll 的文件。

操作步骤如下。

（1）依次双击“计算机”→“本地磁盘 C”，在窗口右上侧的搜索栏中输入“*.exe”，则系统自动开始搜索文件，搜索结果显示在下方窗口中。如图 2-14 所示。

（2）从“计算机”进入 C:\Program Files 文件夹，在右上侧搜索栏中输入“? a*.dll”，单击“搜索”按钮，则系统自动开始搜索文件，搜索结果显示在下方窗口中。

在输入搜索文件名时，可使用通配符“*”和“?”。“*”可表示任意多个任意字符；“?”可表示一个任意字符。如：“*.*”表示所有文件，“?A*.*”表示第二个字符为 A 的所有文件。

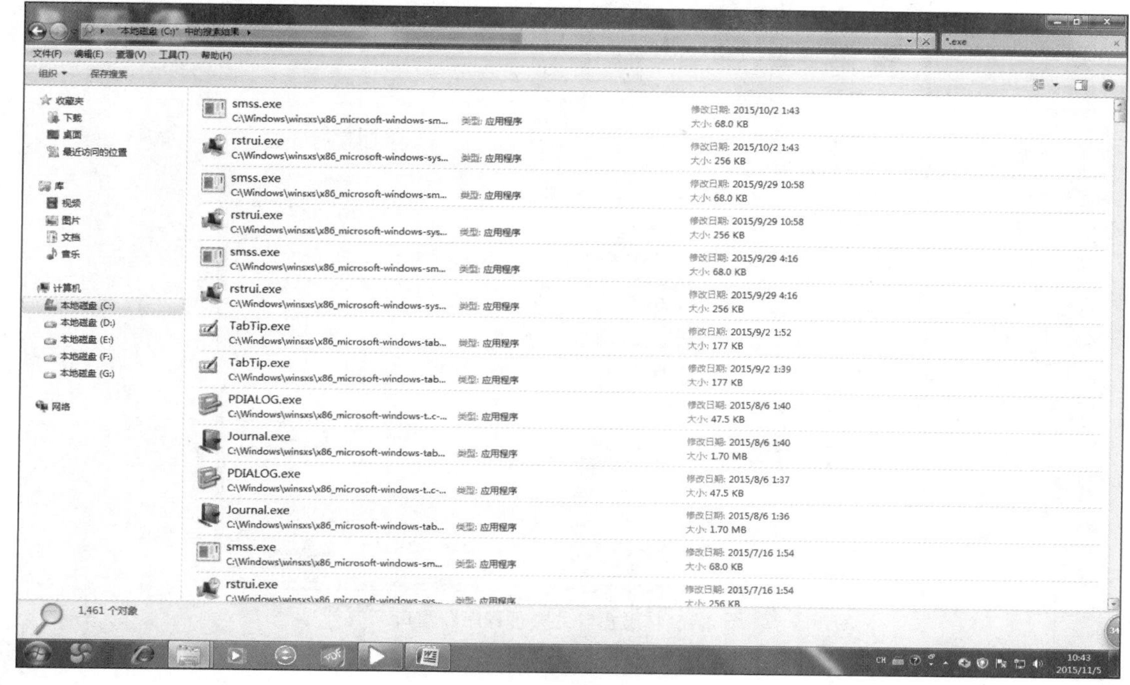

图 2-14　“搜索结果”窗口

【范例 2-14】　磁盘操作。

① 查看本地磁盘（C:）的磁盘属性，包括磁盘容量、已用和可用空间大小。

② 对本地磁盘（C:）进行磁盘错误检查和磁盘碎片整理。

操作步骤如下。

（1）在“计算机”窗口中的“本地磁盘（C:）”图标上单击鼠标右键，在弹出的快捷菜单中选择“属性”命令，打开“本地磁盘（C:）属性”对话框，即可在“常规”选项卡中查看到 C 盘的容量、已用空间和可用空间大小的情况。

（2）在“本地磁盘（C:）属性”对话框中，单击“工具”选项卡，单击“查错”页面的“开始检查”按钮，打开“检查磁盘”对话框，然后单击“开始”按钮完成磁盘错误检查操作。如图 2-15 所示。

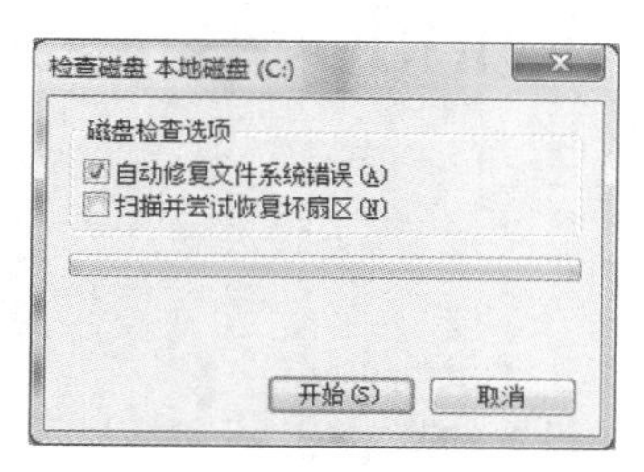

图 2-15　“检查磁盘”对话框

（3）在“工具”选项卡中，单击“碎片整理”页面中的“立即进行碎片整理”按钮，弹出“磁盘碎片整理程序”窗口，单击“碎片整理”按钮来完成磁盘碎片整理操作。如图 2-16 所示。

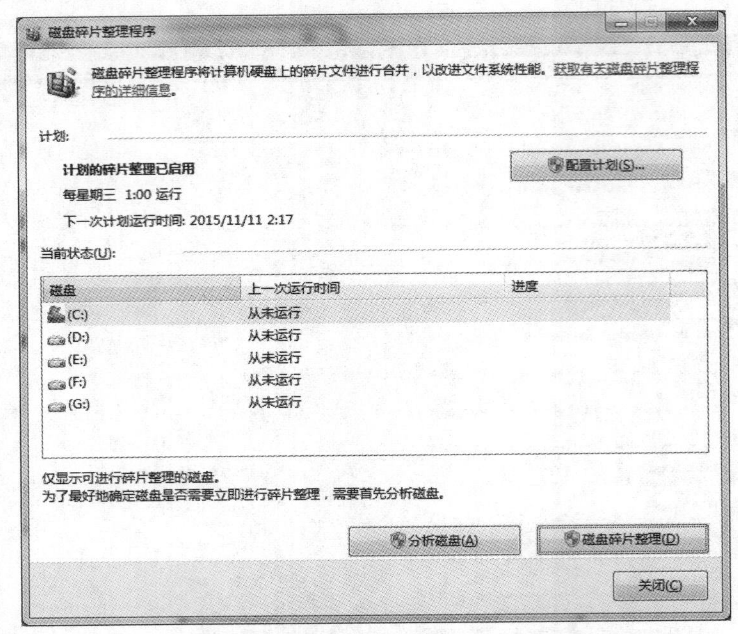

图 2-16 “磁盘碎片整理程序”窗口

三、实战练习

【练习 2-2】 完成以下操作。

（1）更改 D:\盘下文件和文件夹的查看方式为“中等图标”。

（2）显示已知文件类型的扩展名。

（3）在 D:\盘根目录下建立一级文件夹 name1，在 name1 下建立文件夹 name2。

（4）将 C:\盘中以 A 开头的任意三个文件复制到 name2 文件夹中。

（5）查看 name2 文件夹中文件的详细信息。

（6）在 name2 文件夹中创建一个 bmp 位图文件，并将文件名更名为 mypic.bmp。

（7）将 mypic.bmp 文件移动到 name1 中，并将其设置为“只读”和“隐藏”属性。

（8）删除 name1 文件夹到回收站，再将其还原。

实验 3 Windows 7 控制面板

一、实验目的

（1）掌握启动控制面板的方法。

（2）掌握在控制面板中进行系统设置的基本方法，包括显示属性设置和添加/删除程序的方法。

二、实验范例

【范例 2-15】 启动控制面板操作。

操作步骤如下。

单击“开始”→“控制面板”命令，打开图 2-17 所示“控制面板”窗口，进行相关设置。

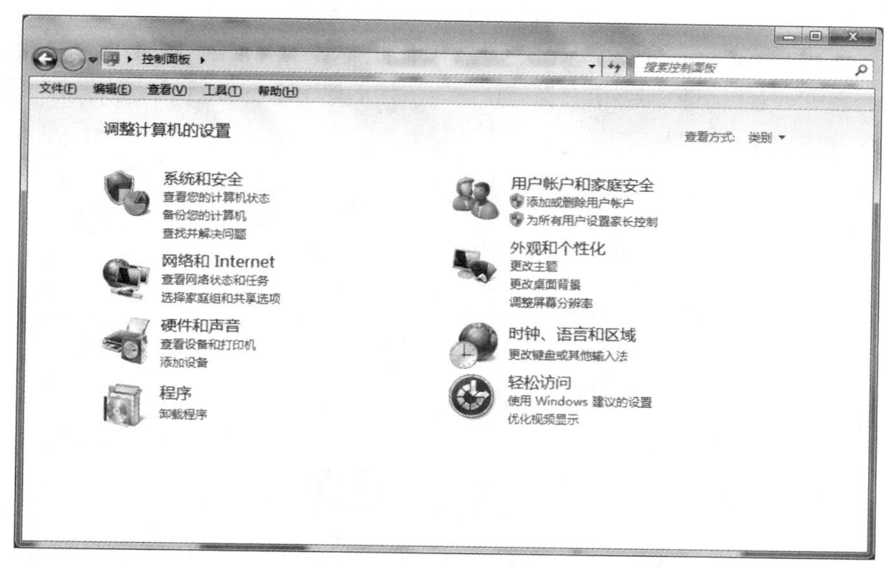

图 2-17　“控制面板”窗口

【范例 2-16】　显示属性设置。打开“显示属性”对话框，完成如下操作。

① 主题设置。将桌面主题设置为“Windows 经典”。

② 背景设置。将桌面显示背景设置为任意图片。

③ 屏幕保护程序设置。将屏幕保护程序设置为“变幻线”。

操作步骤如下。

（1）双击“控制面板”窗口中的“外观和个性化”下方的“更改主题”命令，打开图 2-18 所示“个性化”窗口。从中可以进行桌面背景（墙纸和图案）、屏幕保护程序、窗口的外观、更改桌面图标和显示效果、调整分辨率等设置。

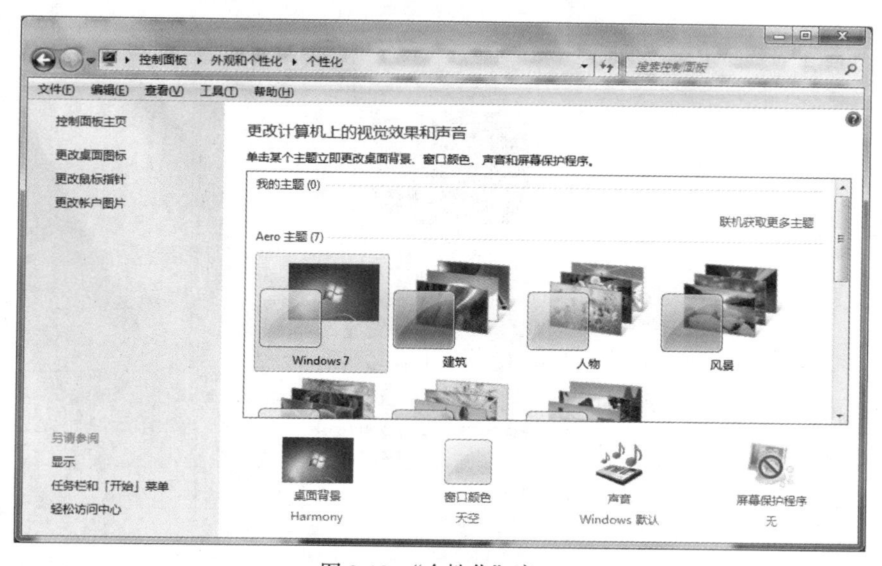

图 2-18　“个性化”窗口

（2）设置主题。在“主题”栏中找到 “Windows 经典”并单击，则系统自动完成更改主题操作。

（3）背景设置。单击“个性化”窗口下方的“桌面背景”，打开“桌面背景”窗口，任意选择一幅图片，在“位置”下拉列表中选择“拉伸”，然后单击右下方的“保存修改”按钮，则完成桌面背景图片的设置。如图 2-19 所示。

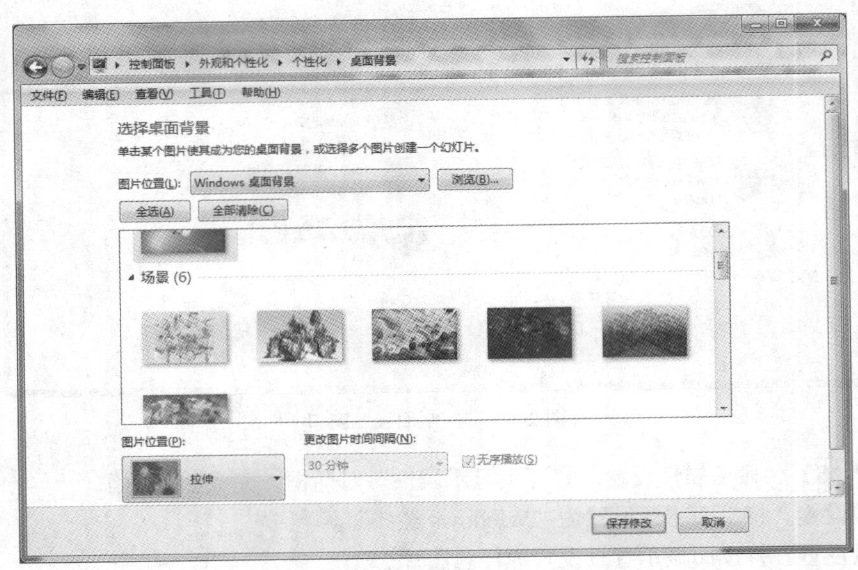

图 2-19 “桌面背景设置”窗口

（4）屏幕保护程序设置。单击“个性化”窗口下方的“屏幕保护程序”，在“屏幕保护程序”下拉列表框中选择“变幻线”，在“等待”栏内输入“1”，单击“确定”按钮。如图 2-20 所示。这样，只要鼠标和键盘保持 1 分钟没有任何操作，屏幕保护程序就会运行。

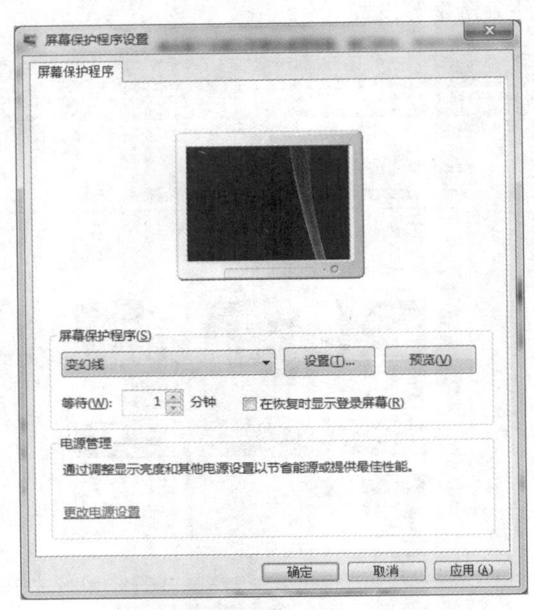

图 2-20 “屏幕保护程序”对话框

【范例 2-17】　添加/删除程序。

利用控制面板中的“程序”项，也可以添加新程序或更改、删除已有的应用程序（包括打开和关闭 Windows 功能），操作步骤如下。

（1）查看本机安装的程序。单击控制面板主页中的“程序”下面的“卸载程序”，打开图 2-21 所示“卸载或更改程序”窗口。

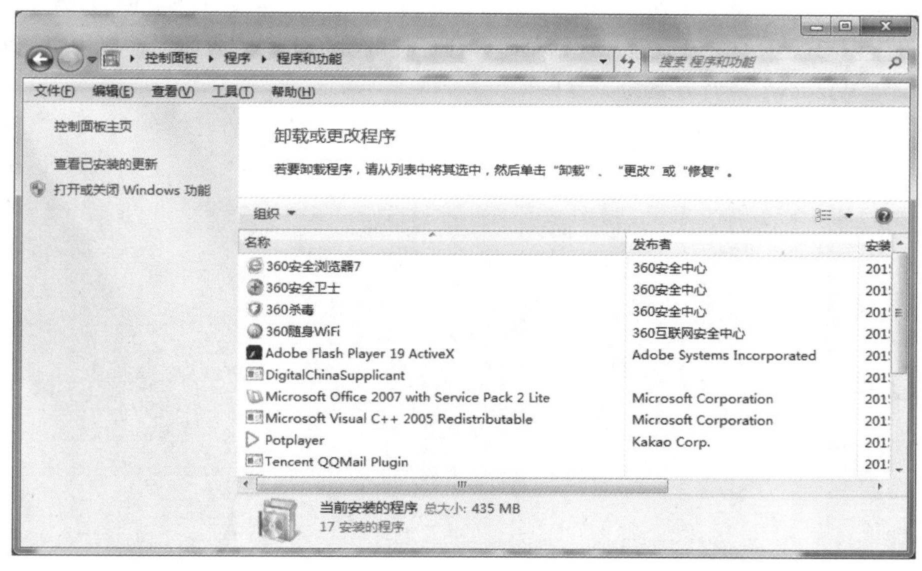

图 2-21　“卸载或更改程序”窗口

（2）从 Windows 7 中卸载应用程序。在“卸载或更改程序”窗口右侧列表中单击选中需卸载删除的程序，然后单击上方出现的“卸载/更改”命令，然后按照系统提示来进行删除程序。

（3）打开或关闭 Windows 功能。单击“卸载或更改程序”窗口左侧的“打开或关闭 Windows 功能”命令，打开“Windows 功能”窗口，如图 2-22 所示。在列表框中选择要打开或关闭的 Windows 功能，如“Internet 信息服务”，单击其左边的复选项，单击“确定”按钮，系统开始并完成安装。

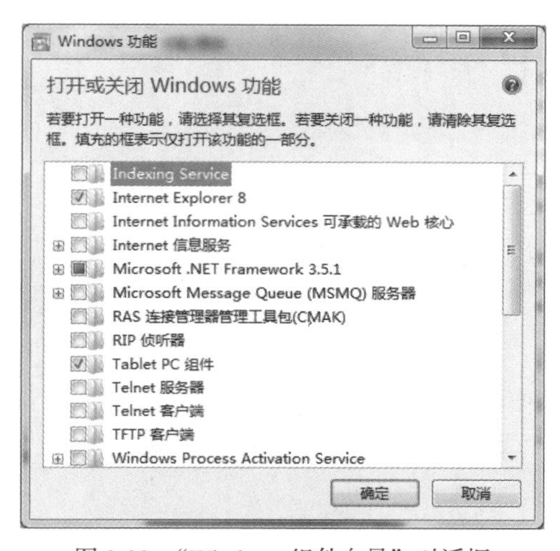

图 2-22　“Windows 组件向导”对话框

三、实战练习

【练习 2-3】 完成以下操作。

（1）改变屏幕保护为“三维文字”，显示的文字为“欢迎来到大连海洋大学”，旋转类型为“摇摆式”，等待时间为“3 分钟”，选择“在恢复时显示登录界面”。

（2）桌面背景为“风景”系列 6 张图片，图片位置为“居中”，更改图片时间间隔为“20 分钟”。

（3）设置窗口颜色（窗口边框、开始菜单和任务栏的颜色）为“大海”，启用半透明效果。

（4）设置 Windows 声音方案为“节日”。

第3章 文字处理软件 Word 2010

实验1 文档的建立与编辑

一、实验目的

（1）熟悉 Microsoft Word 2010 的窗口界面。

（2）掌握 Word 2010 文档的启动、建立、文本输入及保存方法。

（3）掌握 Word 2010 文档的基本编辑方法，包括插入、修改、删除、复制、移动等操作。

（4）掌握 Word 2010 文档内容查找和替换的操作方法。

二、实验范例

【范例 3-1】 Word 2010 文档的建立范例。

启动 Word 2010 文档，输入图 3-1 所示的文本内容，以“W11.docx”为文件名保存在“D:\ Word 2010”文件夹中，然后关闭该文档。

> 冰心说：“爱在左，同情在右，走在生命的两旁，随时撒种，随时开花，将这一径长途，点缀得香花弥漫，使穿枝拂叶的行人，踏着荆棘，不觉得痛苦，有泪可落，却不是悲凉。”这爱情，这友谊，再加上一份亲情，便一定可以使你的生命之树翠绿茂盛，无论是阳光下，还是风雨里，都可以闪耀出一种读之即在的光荣了。
>
> 亲情是一种深度，友谊是一种广度，而爱情则是一种纯度。
>
> 亲情是一种没有条件、不求回报的阳光沐浴；友谊是一种浩荡宏大、可以随时安然栖息的理解堤岸；而爱情则是一种神秘无边、可以使歌至忘情泪至潇洒的心灵照耀。

图 3-1 样张 1

操作步骤如下。

（1）单击“开始”按钮，执行“开始”→“所有程序”→“Microsoft Office” →“Microsoft Office Word 2010”命令，启动 Word 2010 应用程序，打开 Word 2010 文字处理软件窗口。

（2）进入 Word 2010 界面，熟悉其工作界面和各个组成部分。

（3）选择一种中文输入方法，在 Word 2010 窗口中的编辑区输入图 3-1 所示的内容。

（4）输入完成后，执行“文件”→“保存”或“文件”→“另存为”命令，将文件保存在指定的位置（D:\ Word 文件夹）。如果此文件夹不存在，可以在“另存为”对话框中创建此文件夹，并以“W11.docx”为文件名命名。

（5）选择“文件”→“退出”命令，关闭应用程序窗口。

【范例 3-2】 Word 2010 文档的编辑操作。

打开文档“W11.docx”，完成下列操作。

① 在文本前插入标题“领悟人生”。

② 修改文档录入时存在的错误，练习文本的选定、修改、插入和删除等操作。

③ 将文档中的所有“友谊”替换为“友情”。

④ 将“W11.docx”文档以文件名“W11—back.docx”为文件名保存在“库”→“文档”中。

操作步骤如下。

（1）打开“计算机”或“资源管理器”找到文档“W11.docx”并双击该文件，启动 Word 2010 并打开此文档。

（2）将插入点移至文档首行行首并单击，使插入点处于文档的起始位置，按 Enter 键，这样就在文档的首行前插入一个空行。

（3）将插入点切换到空行行首，输入标题“领悟人生”。

（4）通过选定、复制、移动、删除、剪切等基本操作，修改文中的错误。

① 选定：在要选定的字符前单击并按住鼠标左键拖动。

② 复制：选定字符后，在 Word 2010 功能区中选择 “开始”→“剪贴板”→“复制”，将插入点移至目标位置，然后单击“粘贴”→“粘贴选项”→“保留源格式”即可。此外，也可将鼠标光标指向选中的部分，同时按 Ctrl 键和鼠标左键将选中的字符拖动到指定的位置。

③ 剪切：选定字符后，在 Word 2010 功能区中选择 “开始”→“剪贴板”→“剪切”，删除选定的字符。

④ 移动：选定字符后，先进行“剪切”操作，然后在目标位置处进行“粘贴”命令。此外，可将鼠标指向选中的部分，并按住左键将其拖动到指定位置。对于这些基本编辑操作，均需先“选定”，然后才能进行其他各种操作。

此外，这些操作也可以在相应位置单击鼠标右键，在弹出的快捷菜单来实现。

（5）在 Word 2010 功能区中选择“开始”→“编辑”→“替换”，在弹出的“查找和替换”对话框中，选择“替换”选项卡，输入查找内容“友谊”及要替换的内容“友情”，然后单击“全部替换”按钮，如图 3-2 所示。

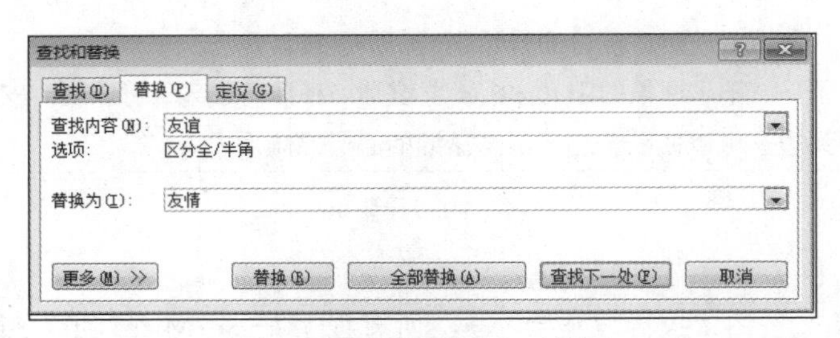

图 3-2 “查找和替换”对话框

（6）在 Word 2010 功能区中选择“文件”→“另存为”，出现“另存为”对话框，选择“保存位置”为“库”→“文档”，并输入文件名“W11—back.docx”，将修改后的文档保存在指定的文件夹中，如图 3-3 所示。

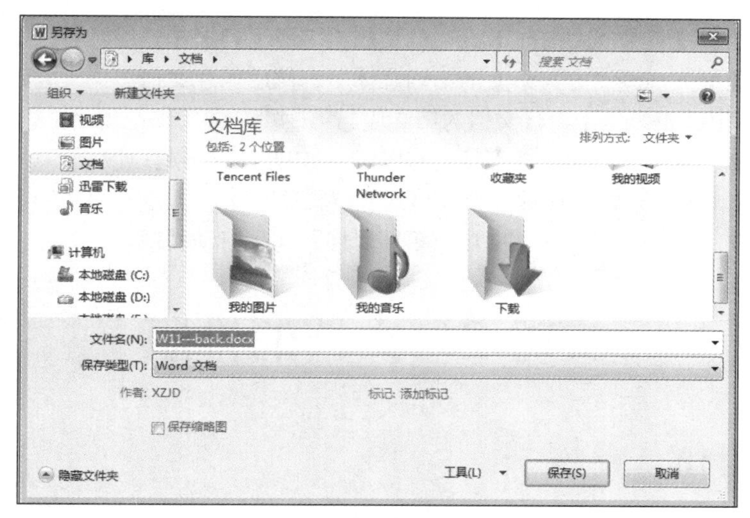

图 3-3　“另存为”对话框

三、实战练习

【练习 3-1】　建立一个名为“Ex1.docx”的 Word 文档，将其保存在 D：\Word 文件夹中，内容如图 3-4 所示。

信息社会人类生存的必需品是媒体。报纸、广播和电视代表着传统的三大媒体。因特网特别是万维网一经出现，立即被称为“新一代媒体”。

“新一代媒体”是时髦的，然而，浩如烟海的互联网络渐渐成为让人头痛的地方，要找到自己需要的东西实在是太难了。即将有了搜索引擎，这项工作的难度也因万维网页面的高速增加而有增无减。我们可以做个实验：在著名中英文搜索引擎 Google 上，搜索英文关键词“Computer”，你将会发现，回应给你的结果是 4490 万个网页；搜索“Internet”，回应结果将是 8620 万个网页。这些仍只占万维网相关网页的一小部分，而且每天还在高速增加其内容。此外，网络信息也存在大量重复现象，相互转贴严重，以致有人把 ICP（网络内容提供商）讥讽为“Internet Copy and Paste”（网络复制和粘贴），充斥着平面化的冗余信息。

在这种态势下，用户需要应付四面八方数不尽的链接，忍耐网络拥挤和蜗牛式的缓慢，承受徒劳往返的错误。一旦费尽心思找到了所需的信息站点，还必须花大量时间对它进行浏览，检查这些信息是否已经更新，是否值得下载。在万维网信息迷宫里东游西逛“寻宝”的网民越来越多，这个网络总有一天会不堪重负而崩溃。

“新一代媒体”面临严峻的挑战，它正在寻找各种方便用户接收解决信息过载的途径。其中，一个热门的软件技术叫做“推”（Push）技术。

互联网上的“推”技术又叫“主动定时服务”。它把万维网上每个人需要的不同内容，自动“推送”到用户面前，而不需要用户亲自上网寻找。

有了全新的技术，传统的新闻媒体，包括报纸、电台、电视台、杂志社等，都将随着技术的进步而殊途同归，共同走上数字化之路。

如果说，农业时代的基础设施是以大运河为代表的水网，工业时代是以公路、铁路为代表的路网，信息时代基础设施的代表就是高速宽带网络。“新一代媒体”将伴随高速宽带不断向家庭延伸，我们也将面临全新的数字化生活。

图 3-4　样张 2

【练习 3-2】 打开建立的“Ex1.docx”的文档，完成下列操作。

（1）在正文前插入标题“方兴未艾的第四媒体”，然后保存文档。

（2）在文档“Ex1.docx”中，将文档的第 2 段与第 3 段合并为 1 个段落；查找文字“ 一个热门的软件技术叫做‘推’（Push）技术 ”，并从下一句开始，另起一段。

（3）将“Ex1.docx”文档中最后两个段落互换位置。

（4）将全文中“新一代媒体”文字用“第四媒体”文字自动替换。

实验 2 文档的排版

一、实验目的

（1）学习和掌握 Word 2010 字符格式的设置操作方法。

（2）学习和掌握 Word 2010 段落格式的设置操作方法。

（3）学习和掌握 Word 2010 页面设置格式的设置操作方法。

（4）学习和掌握 Word 2010 分栏、项目编号和符号等特殊格式的设置操作方法。

（5）掌握页眉、页脚、页码格式的设置操作方法。

（6）掌握利用“格式刷”进行字符格式、段落格式复制的操作。

二、实验范例

【范例 3-3】 Word 2010 字符格式和段落格式的设置。

进入 Word 2010，建立一个新文档，输入下面的内容，文件名为“w21.docx”，如图 3-5 所示。

领悟人生

冰心说：“爱在左，同情在右，走在生命的两旁，随时撒种，随时开花，将这一径长途，点缀得香花弥漫，使穿枝拂叶的行人，踏着荆棘，不觉得痛苦，有泪可落，却不是悲凉。”

这爱情，这友谊，再加上一份亲情，便一定可以使你的生命之树翠绿茂盛，无论是阳光下，还是风雨里，都可以闪耀出一种读之即在的光荣了。

亲情是一种深度，友谊是一种广度，而爱情则是一种纯度。

亲情是一种没有条件、不求回报的阳光沐浴；友谊是一种浩荡宏大、可以随时安然栖息的理解堤岸；而爱情则是一种神秘无边、可以使歌至忘情泪至潇洒的心灵照耀。

图 3-5 样张 3

操作步骤如下。

1. 设置标题文字格式

将标题“领悟人生”设置为“标题 3”样式并居中，标题中的文字字体设置为“黑体”，字号为“小三”，字形为“加粗”，对齐方式为“居中”，加下划线（波浪线），文字字符间距为加宽 2 磅。

（1）选中标题后，从 Word 2010 功能区中选择“开始”→“样式”→“标题 3”，在“开始”→“段落”中，单击“居中”设置按钮。

（2）文字格式的设置在 Word 2010 功能区中选择“开始”→“字体”选项组中进行。从“字体”下拉列表中选择“黑体”选项，在“字号”下拉列表中选择“小三”选项，依次单击“加粗”

按钮和“下划线”按钮。如图 3-6 所示。

或者选中标题，通过打开“开始”→“字体”选项组下的“字体”对话框进行设置，如图 3-7 所示。

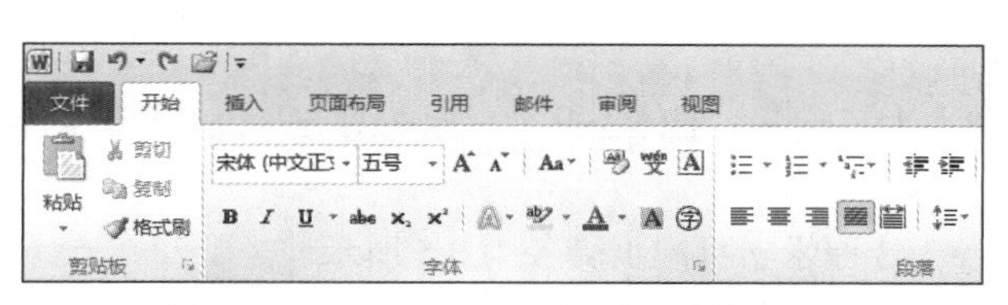

图 3-6　在 Word 2010 功能区中直接设置

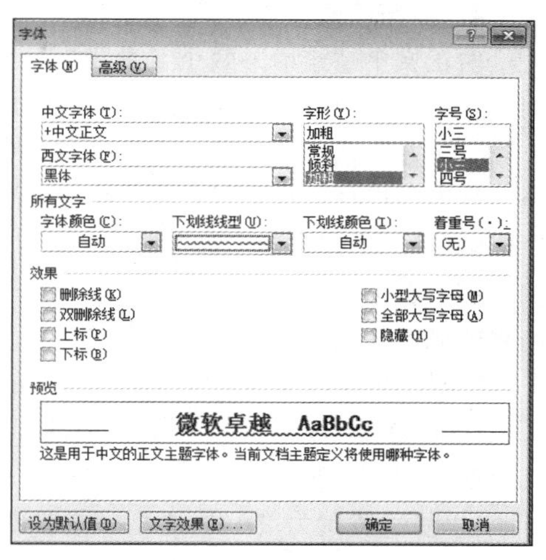

图 3-7　“字体”对话框

（3）在 Word 2010 功能区中选择“开始”→“字体”选项组中下的“字体”对话框，在弹出的“字体”对话框中选择“高级”选项卡，进行文字字符间距设置，如图 3-8 所示。

2. 设置第一段

段前左缩进“2 字符”，单倍行距，两端对齐，字体为“华文行楷”，字号为“四号”。设置段落间距：段前间距为“1 行”，段后间距为“0.5 行”。

（1）选中第一段文字后，在 Word 2010 功能区中选择“开始”→“字体”选项组。从“字体”下拉列表中选择“华文行楷”选项，在“字号”下拉列表中选择“四号”选项。

（2）在 Word 2010 功能区中选择“开始”→“段落”→“行和段落间距”→“行距选项”，出现“段落”对话框，如图 3-9 所示，在对话框中设置缩进、行距、对齐方式。

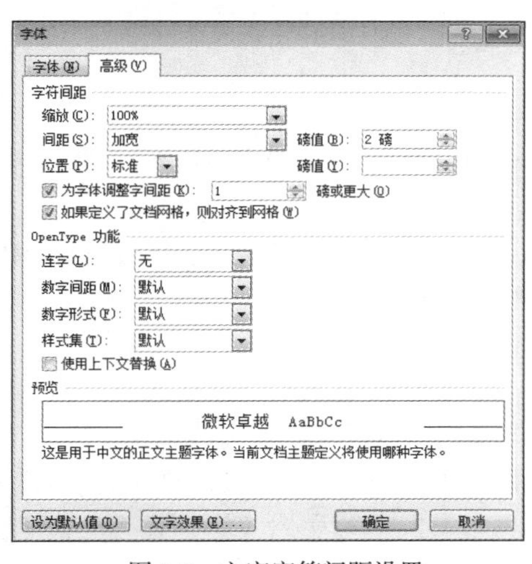

图 3-8　文字字符间距设置

图 3-9　“段落”对话框

3. **设置第二段**

字体“楷体_GB2312”，字号“小四”，字符间距“加宽 1.3 磅”。

4. **字符格式操作**

对正文中“亲情”两个字设置为“隶书、四号、倾斜、字符颜色(粉红)”，利用“格式刷”对全文中的“亲情”两个字进行字符格式的操作。

（1）选中亲情两个字，在 Word 2010 功能区中选择“开始”→“字体”选项组。从“字体”下拉列表中选择“隶书”选项，在“字号”下拉列表中选择“四号”选项，单击“倾斜”按钮，“字体颜色”下拉列表中选择粉红。

（2）选中预复制的样本，单击 “开始”→“剪贴板”→“格式刷”，鼠标变成格式刷形状，将格式刷形状的鼠标在要设置格式的文字上拖动，该字体的格式就会复制成功。

【范例 3-4】 Word 2010 页面格式的设置。

① 设置页眉和页脚。设置页眉内容为“人生三味”，楷体、五号、两端对齐，设置页脚内容为系统日期，右对齐。

② 页面设置为“A4”纸型、左右边距各为 3 厘米、页眉页脚各为 3.5 厘米。

③ 保存文件为“W21.docx”。

操作步骤如下。

打开前面已建立的文档 W21.docx，另存为文档 W22.docx。

（1）在 Word 2010 功能区中选择“插入”→“页眉和页脚”选项组，单击“页眉”按钮，进入“内置”下拉列表选择所选类型，输入文字“人生三味”，进入“页眉和页脚工具”选项卡中“设计”选项组。在“开始”→“字体”中设置楷体、五号，在“段落”中设置两端对齐。或者选中文字右键单击出现的下拉列表中选择“字体”和“段落”按钮，在出现的对话框中进行相应设置。如图 3-10 所示。

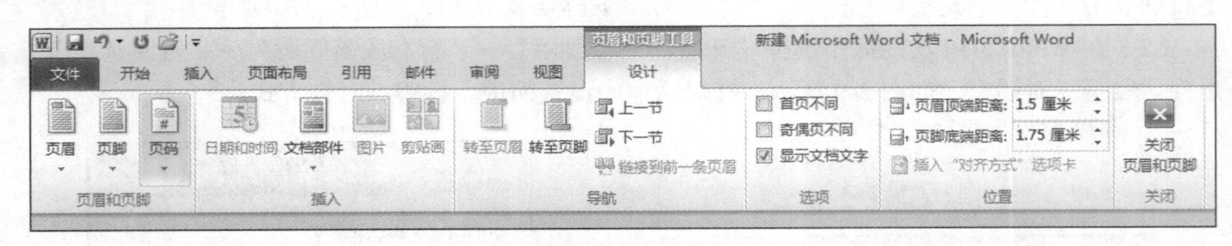

图 3-10 页眉和页脚工具

相似的方法也可以设置页脚相关选项。

（2）在 Word 2010 功能区中选择“页面布局”→“页面设置”选项组单击下拉“对话框启动器”按钮，弹出“页面设置”对话框，如图 3-11 所示。

在“纸张”选项卡中，设置纸张大小为“A4”，在“页边距”选项卡中，设置左右边距各为 3 厘米，在“版式”选项卡中，设置页眉、页脚边距为 3.5 厘米。

（3）单击“确定”按钮，完成设置，保存文档。

【范例 3-5】 Word 2010 特殊格式的设置。

① 边框和底纹。将标题添加 10%的底纹和 1.5 磅的阴影边框。

② 分栏。将文章第 2 段文字分成两栏，第一栏宽 12 个字符，间距 2.02 字符，首字下沉 3 行。

③ 插入水平线及添加项目符号。在第 2 段段后插入一条水平线，并为后面两段添加紫色、五

号的菱形项目符号，文字位置缩进 0.75 厘米。

④将最后两段首行缩进 2 个字符。

操作步骤如下。

（1）选中标题，在 Word 2010 功能区中选择“页面布局”→“页面背景”→“页面边框”按钮，弹出“边框和底纹”对话框，在“边框”→“阴影”选项卡中选中阴影，在“宽度”中选中 1.5 磅，如图 3-12 所示，在“底纹”→“填充”下拉列表中选择 10%底纹，选项卡中设置 10%底纹。

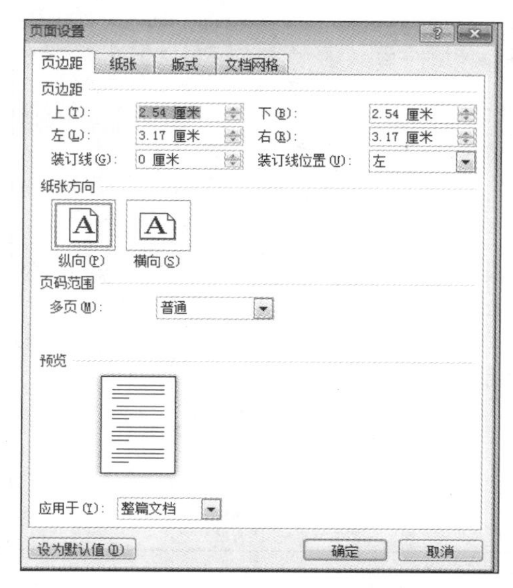

图 3-11 “页面设置”对话框

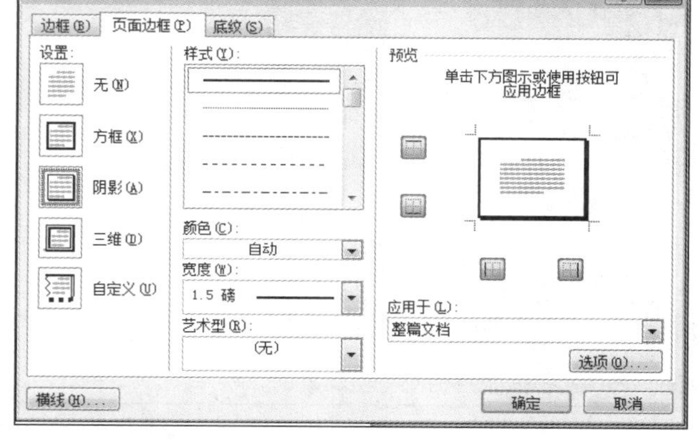

图 3-12 设置边框和底纹

（2）选中文章第 2 段文字，在 Word 2010 功能区中选择“页面布局”→“页面设置”→“分栏”按钮，弹出“分栏”下拉列表选中，单击“更多分栏”按钮，弹出“分栏”对话框，在“预设”选项卡中选择“两栏”，在“宽度和间距”选项卡中添加第一栏宽 12 个字符，间距 2.02 字符，如图 3-13 所示。

将光标放在第 2 段文本中，在 Word 2010 功能区中选择“插入”→“文本”→“首字下沉”按钮，弹出“首字下沉”下拉列表，单击“首字下沉选项”按钮，弹出“首字下沉”对话框，在“下沉行数”选项卡中填写 3，如图 3-14 所示。

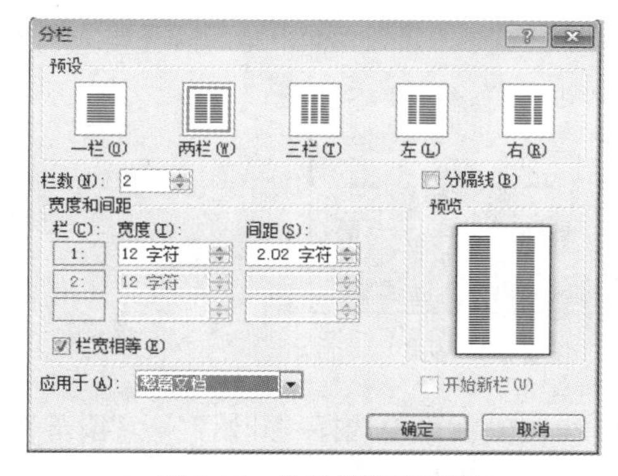

图 3-13 设置栏宽和间距

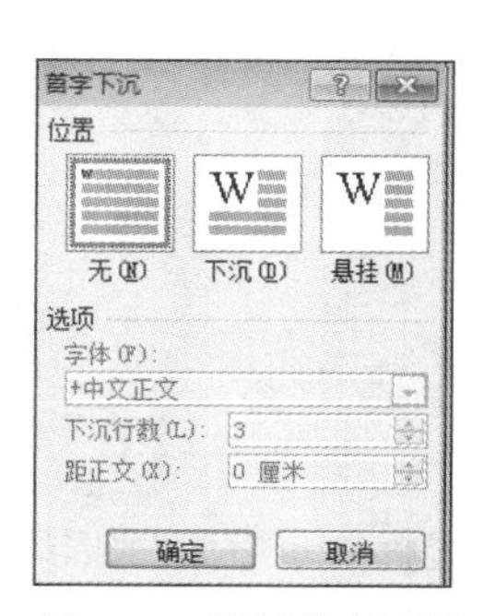

图 3-14 设置首字下沉

（3）在第 2 段段后插入一条水平线，并为后面两段添加紫色、五号的菱形项目符号，文字位置缩进 0.75 厘米。

在 Word 2010 文档中，将光标定位到第二个段落的尾部，或者下一个段落的首部，在 Word 2010 功能区中选择“开始”→“段落”→“下框线”按钮，在下拉列表中选择“横线”命令，即可在两个段落之间添加一条水平线，如图 3-15 所示。

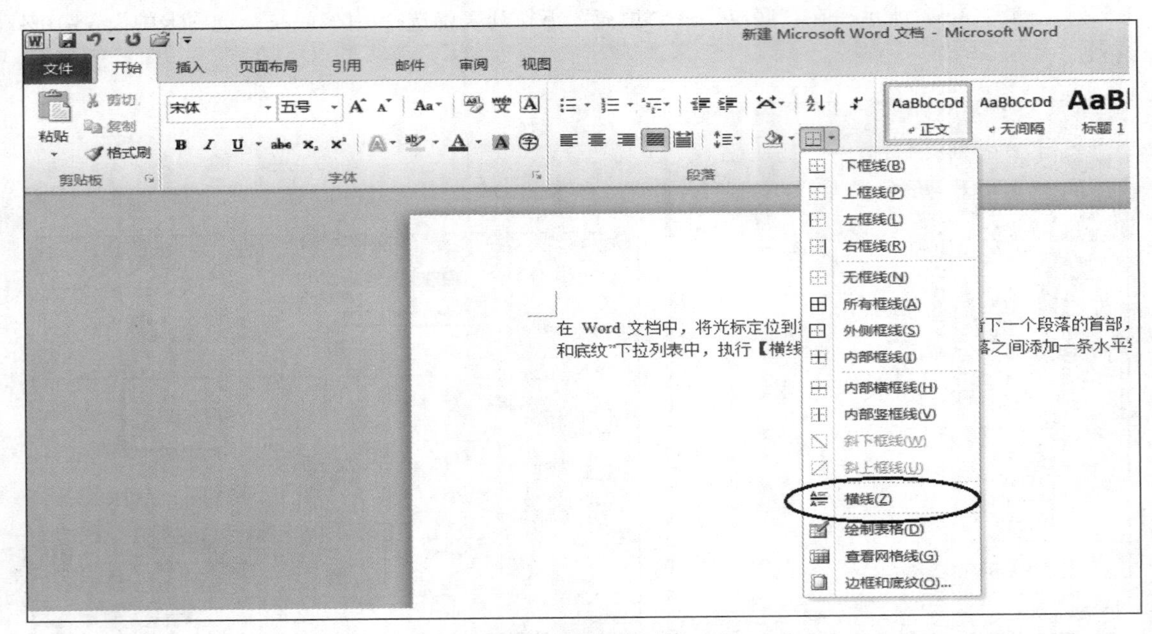

图 3-15　插入水平线

插入文档中的水平线自动占一行，并继承上一段落的首行缩进格式，将光标定位到该线条开始处，按 Backspace 键删除前面的缩进空格。然后，使用鼠标单击将其选中，鼠标右键单击，在快捷菜单中执行“设置横线格式”命令，在打开的“设置横线格式”对话框中，可根据需要设置其格式，如图 3-16 所示。

图 3-16　设置横线格式

分别将光标置于后面两段段前，在 Word 2010 功能区中选择“开始”→“段落”→“项目符号”→“项目符号库”按钮，在下拉列表中选择菱形项目符号，如图 3-17 所示。

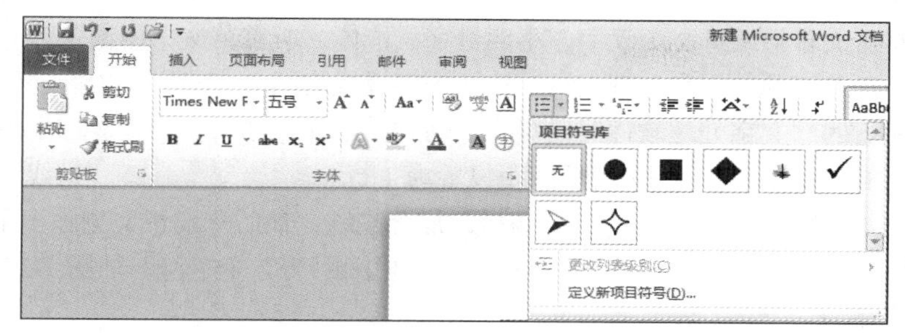

图 3-17　“项目符号库”下拉列表

单击“定义新项目符号”按钮，出现对话框，按要求设置紫色、五号项目符号，如图 3-18 所示。

将光标置于已经定义项目符号段落，鼠标右键单击出现下拉列表中选择“调整列表缩进”按钮，出现“调整列表缩进量”对话框，按照要求设置文字位置缩进 0.75 厘米，如图 3-19 所示。

将光标设置于后面两段段前，在 Word 2010 功能区中选择“开始”→“段落”→“行和段落间距”→“行距选项”按钮，弹出“段落”对话框，在“段落”对话框中的“特殊格式”下拉列表中选择“首行缩进”，度量值为 2 字符，如图 3-20 所示。

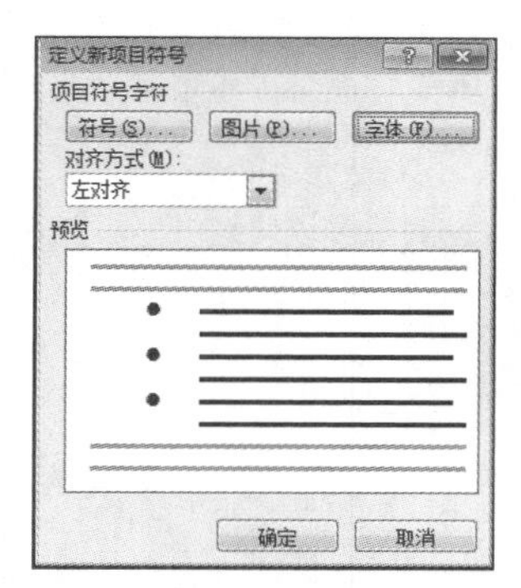

图 3-18　设置项目符号格式

图 3-19　设置文字位置

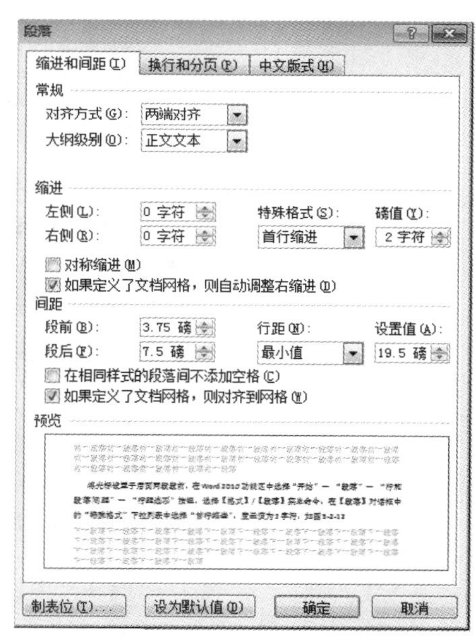

图 3-20　设置段落的特殊格式

三、实战练习

【练习 3-3】　请打开实验文件夹下的文档，完成以下操作。

（1）在文本的最前面插入行标题“5.2.1 字处理软件概述”，并将其设置为“标题 3”样式；在两端之间加小标题“1.字处理软件的发展”，并将其设置为“标题 3”样式。

（2）将文档分为三段，使“最早较有影响……杰出代表”“1982 年……声音与一体”，各为两段。将文本中所有的英文单词改为首字母大写，将所有的字母更改为红色的字母并加着重号。

（3）将标题“5.2.1 字处理软件概述”设置为居中、华文行楷，加 2.25 磅的蓝色阴影边框；将小标题“1.字处理软件的发展”设置为分散对齐。

（4）将所有正文首行缩进 2 个汉字、小四号字、楷体，所有英文字体设置为 Courier New。

（5）将第一段前面的“文字处理信息”这几个字设置为图 3-21 所示的拼音标注，拼音为 12 磅大小；将第三行的“文字处理软件”设置为“幼圆”字体，加粗，加框，加字符底纹，字符放大到 200%，字体为红色；将第一段段后间距设置为 1 行。

（6）将正文第二段首字下沉 2 行；分两栏，加分隔线。最后一段正文删除多余的文字，分 3 栏，第 1 栏栏宽 8 个字符、第 2 栏栏宽 10 个字符，栏间距为 3 个字符，加图 3-20 所示的双线，并加 15%的灰色底纹。

（7）在正文最后添加文字，如图 3-20 所示。格式为小四号、黑体、字符间距设置为加宽 6 磅、文字分段；加图 3-20 所示的红色项目符号，分两栏。

（8）插入页脚，内容为姓名和日期。

（9）将文档的纸型设置为自定义大小（宽度：17.6 厘米，高度：25 厘米），装订线位置设置为顶端。

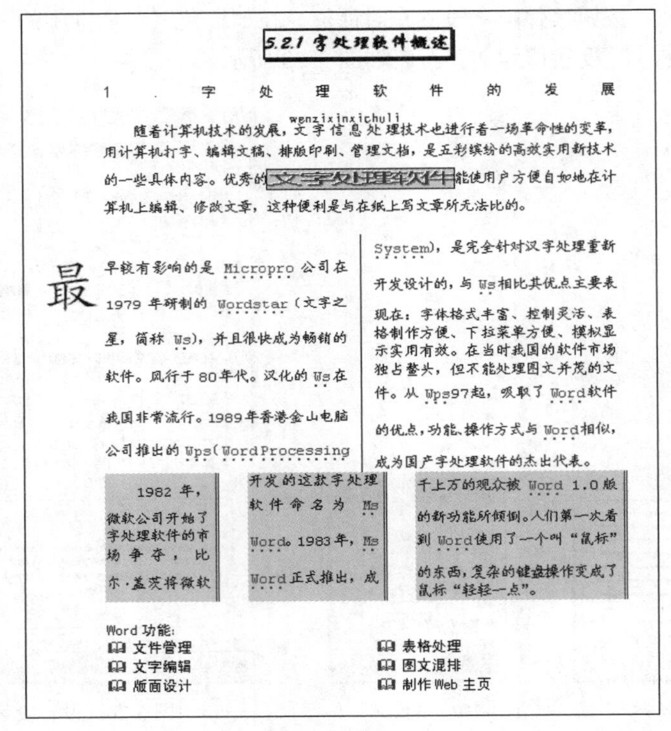

5.2.1 字处理软件概述

1 . 字 处 理 软 件 的 发 展

wenzixinxichuli

随着计算机技术的发展，文字信息处理技术也进行着一场革命性的变革，用计算机打字、编辑文稿、排版印刷、管理文档，是五彩缤纷的高效实用新技术的一些具体内容。优秀的文字处理软件能使用户方便自如地在计算机上编辑、修改文章，这种便利是与在纸上写文章所无法比的。

最早较有影响的是 Micropro 公司在 1979 年研制的 Wordstar（文字之星，简称 Ws），并且很快成为畅销的软件。风行于 80年代。汉化的 Ws在我国非常流行。1989年香港金山电脑公司推出的 Wps(WordProcessing System)，是完全针对汉字处理重新开发设计的，与 Ws相比其优点主要表现在：字体格式丰富、控制灵活、表格制作方便、下拉菜单方便、模拟显示实用有效。在当时我国的软件市场独占鳌头，但不能处理图文并茂的文件。从 Wps97起，吸取了 Word软件的优点，功能、操作方式与 Word相似，成为国产字处理软件的杰出代表。

1982 年，微软公司开始了字处理软件的市场争夺，比尔·盖茨将微软开发的这款字处理软件命名为 Ms Word。1983 年，Ms Word正式推出，成千上万的观众被 Word 1.0 版的新功能所倾倒。人们第一次看到 Word使用了一个叫“鼠标”的东西，复杂的键盘操作变成了鼠标“轻轻一点”。

Word 功能:

- 文件管理
- 文字编辑
- 版面设计
- 表格处理
- 图文混排
- 制作 Web 主页

图 3-21 样张 4

【练习 3-4】 请打开实验文件夹下的文档，完成以下操作。

（1）设置文档的标题“荷塘月色”为隶书、三号字，为标题设置波浪线边框和蓝色底纹并居中。

（2）设置文章正文文本为小四号楷体，字符间距为 0.3 磅。

（3）设置每段正文首行缩进 2 字符，设置段前间距 4 磅，行间距为 1.5 倍行距。

（4）设置文档第 2 段分两栏偏左排版，两栏间距为 2 字符，并加“分隔线”。

（5）将“采莲南塘秋，莲花过人头；低头弄莲子，莲子清如水。”加上绿色的波浪线。

（6）为该文档设置页眉“朱自清《荷塘月色》”，页脚处设置页码并居中显示。

（7）任意找一段文字，设置“项目符号和编号”的操作，符号为菱形。

实验 3 图文混排

一、实验目的

（1）掌握 Word 2010 插入、编辑图片的基本方法。
（2）掌握 Word 2010 插入文本框、编辑文本框的基本方法。
（3）掌握 Word 2010 设置“艺术字”的操作方法。
（4）掌握 Word 2010 图文混排的基本操作方法。

二、实验范例

【范例 3-6】 插入艺术字和图片。

① 进入 Word 2010，在自己的文件夹中建立一个新文档“W31.docx”，输入图 3-22 样张 5 所示内容，将该文档保存。

人生最美是淡然

“曾经在幽幽暗暗反反复复中追问，才知道平平淡淡从从容容才是真”，仿佛歌声中就是自己的影子，从前到现在，既而到未来。

喜欢在这样的心情中，淡淡的，软软的。

记忆中那些值得留恋和回味的事情，已经被尘封，每每掀开，都有来自心灵深处的感动，细细品味，昔日的美好时光，流淌成一条长长的河，飘荡荡的流向远方。

回首过往，年少的轻狂，痴心的妄想，再痛苦的痛苦，再忧伤的忧伤也已经随着时光的悄悄流转而消失在心上。许多时候，我们谈论着那一个一个曾经那么激动而现在那么平淡的故事，就仿佛是别人身上的故事。

对人生渐渐的有所感悟，漫漫长河中，自己只是一滴水而已，很多的得到和失去，也许是在不经意间，那么，又何必那么在意呢？

感到有些疲倦，其实，只想静静的品一杯香茶，平平淡淡的听一段音乐，在这午后的时光中放纵着自己，留下了一段淡淡的思绪。

幸福的人生，就是对那一份平淡生活的执着坚守！最美的人生，就是那种蓦然回首一笑置之的淡然！（摘自：http://www.shineblog.com/user3/wangtao/）

图 3-22 样张 5

② 设置艺术字。把标题“人生最美是淡然”设置为艺术字，字体：楷体；字号：20 磅，加粗，居中；艺术字颜色设置为“黄色”，文字环绕方式采用“嵌入式”。

③ 在正文后面插入剪贴画，环绕方式选择“四周型环绕”。

操作步骤如下。

（1）在 Word 2010 功能区中选择“插入”→“文本”→“艺术字”命令，出现下拉列表中单击任一艺术样式，出现“绘图工具格式”，如图 3-22 所示。

图 3-23　绘图工具格式

在“开始”→“字体”选项组中设置字体：楷体，字号：20 磅，加粗，艺术字颜色设置为“黄色”，在“段落”项目组中设置居中。在“绘图工具格式”项目组中，“排列”选项卡单击“自动换行”，弹出下拉列表中选择文字环绕方式采用“嵌入式”。

（2）在 Word 2010 功能区中选择“插入”→“插图”项目组中单击“剪贴画”命令，选择一幅图片，在“绘图工具格式”项目组中，“排列”选项卡单击“自动换行”，弹出下拉列表中环绕方式选择“四周型环绕”。

【范例 3-7】　插入图片及竖排文本框。

在文档中插入图片，并在图片中插入一个竖排文本框，设置只显示文本框的文字，不显示文本框的框线。

操作步骤如下。

（1）将光标置于需要插入图片的位置，在 Word 2010 功能区中选择 “插入”→“插图”→“图片”命令。

（2）调整图片大小，并设置图片的环绕方式为四周型环绕，将图片移到合适的位置。

（3）在 Word 2010 功能区中选择“插入”→“文本”→“文本框”命令。在弹出的“内置”下拉列表中选择“绘制文本框”，弹出“绘图工具格式”项目组，根据要求设置，如图 3-24 所示。

图 3-24　文本框绘图工具格式

三、实战练习

【练习 3-5】　打开文档，完成下面的操作。

（1）插入艺术字，字体为隶书 36 号、样式为艺术字库第 4 行第 3 个，高和宽分别为 2.2 厘米和 8.9 厘米，放入图 3-25 所示的位置。

（2）插入图片，在第一段正文前插入任意一幅剪贴画，大小高度为 3.39 厘米、宽度保持原来的比例，浮于文字上方。在正文的最后一段下方插入“建筑物”类别中一幅剪贴画；插入“家庭用品”类别中的一幅剪贴画，图片大小高度设为 8 厘米，颜色为“冲蚀”，作为水印安放，如图 3-25 所示。

随着计算机技术飞速的发展，文字信息处理技术也进行着一场革命性的变革，用计算机打字、编辑文稿、排版印刷、

管理文档是五彩缤纷的高效实用新技术的一些具体内容。优秀的文字处理软件能使用户方便自如地在计算机上编辑、修改文章，这种便利是在纸上写文章无法比拟的。最早较有影响的是 Micropro 公司在 1979 年研制的 WordStar（文字之星，简称 WS），并且很快成为畅销的软件，风行于 20 世纪 80 年代。汉化的 WS 在我国非常流行。

1989 年中国香港金山计算机公司推出的 WPS，是完全针对汉字处理重新开发设计的，与 WS 相比其优点主要表现在：字体格式丰富、控制灵活、表格制作方便、下拉菜单方便、模拟显示使用有效。在当时我国的软件市场独占鳌头，但不能处理图文并茂的文件。从 WPS 97 起，吸取了 Word 软件的优点，功能、操作方式与 Word 相似，成为国产字处理软件的杰出代表。

1983 年 MS Word 正式推出，成千上万的用户被 Word 1.0 版的新功能倾倒。人们第一次看到 Word 使用了一个叫鼠标的东西，复杂的键盘操作变成的"轻轻一点"。Word 还展示了所谓的"所见即所能"的新概念，能在屏幕上显示粗字体、下划线和上下角标，能驱动激光打印机印出精美的文章……这一切造成了强烈的轰动效应。随着 1989 年 Windows 的推出，微软的文字处理软件 Word 获得了巨大成功，成为文字处理软件市场的畅销产品。早期文字处理软件是以文字为主，现在文字处理器可以集文字、表格、图形、图像、声音于一体。

图 3-25　样张 6

实验 4　表格操作与页面设计

一、实验目的

（1）掌握 Word 2010 表格的创建与编辑。

（2）掌握 Word 2010 表格的行高、列宽的调整，插入与删除表格行、列。

（3）掌握 Word 2010 表格单元格的拆分与合并、数据的计算与排序。

二、实验范例

【范例 3-8】 表格的创建和编辑。

① 建立如图 3-26 所示的学生成绩表格，保存文件名为“w41.docx”

② 插入行和列，在表格右端插入 2 列，列标题分别为“平均分”“总分”，在表格最后 1 行后增加 1 行，行标题为“各科最高分”。

③ 调整行高和列宽，将表格第一行的行高调整为最小值 1.2 厘米，将表格“平均分”的列宽调整为 2.0 厘米。

操作步骤如下。

（1）在 Word 2010 功能区中选择“插入”→“表格”命令，弹出“插入表格”下拉菜单，单击“插入表格”，弹出打开“插入表格”对话框。设置行数为“5”，列数为“6”，单击“确定”按钮，完成建立表格操作，如图 3-27 所示。

姓名	高等数学	英语	普通物理	C 语言	德育
王涛	90	91	88	64	72
张鹏	80	86	75	69	76
李霞	90	73	56	76	65
孙艳红	78	69	67	74	84

图 3-26　样张 7

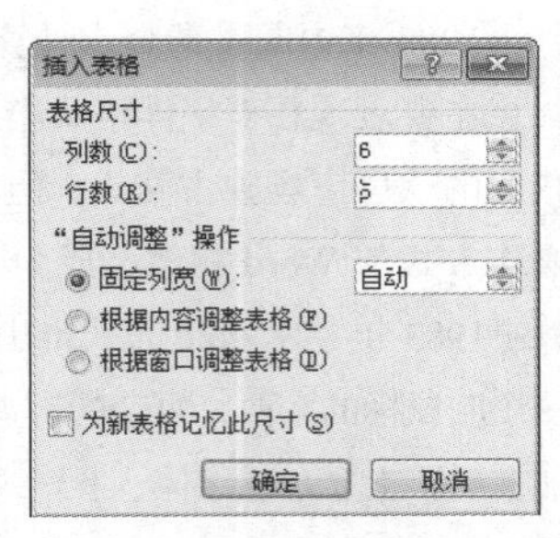

图 3-27　插入表格对话框

（2）单击表格，在表格式中输入相应的内容。

（3）在表格右端插入 2 列，列标题分别为“平均分”“总分”。将插入点置于“德育”所在列的任一单元格中，出现“表格工具”→“布局”→“行和列”项目组，单击“在右侧插入”列中，输入列标题“平均分”，类似的插入“总分”列。如图 3-28 所示。

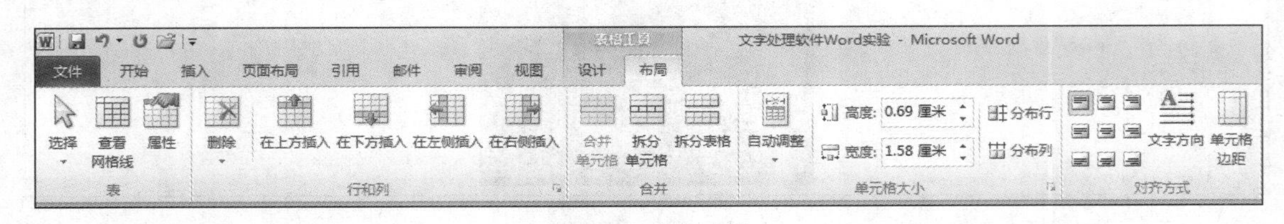

图 3-28　表格工具

（4）类似的将插入点置于最后一行的任意位置，单击“在下方插入”增加 1 行中，输入行标题为“各科最高分”。

（5）选定表格第 1 行，出现“表格工具”→“布局”→“单元格大小”项目组，单击“表格启动器”，弹出“表格属性”对话框，如图 3-29 所示。在选项卡“行”→“尺寸”→“指定高度”行高调整为最小值 1.2 厘米。类似的将表格“平均分”的列宽调整为 2.0 厘米。

（6）拖动鼠标，适当调整各列的列宽，编辑完后如图 3-30 所示。

【范例 3-9】 表格的排序和计算。

（1）将表格中的数据排序。首先按照高等数学成绩从高到低，然后按照普通物理成绩从高到低排序。

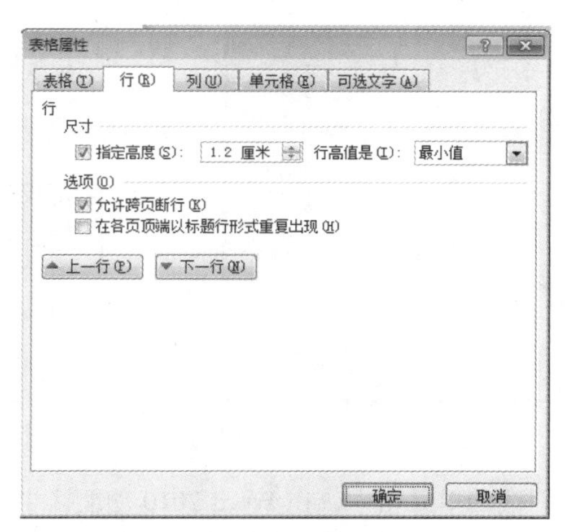

图 3-29　“表格属性”对话框

姓名	高等数学	英语	普通物理	C 语言	德育	平均分	总分
王涛	90	91	88	64	72		
张鹏	80	86	75	69	76		
李霞	90	73	56	76	65		
孙艳红	78	69	67	74	84		
各科最高分							

图 3-30　样张 8

操作步骤如下。

将插入点置于表格中，弹出“表格工具”→“布局”选项卡中，选择“数据”→“排序” 选项组，在打开“排序”对话框中，单击“列表”选项组的“有标题行”单选按钮，“主要关键字”选为“高等数学”，按升序排列，“次主要关键字”选择“普通物理”，按升序排序，如图 3-31 所示。

（2）表格的计算。计算每个学生的平均分（保留一位小数）及各科最高分。

操作步骤如下。

将插入点置于要计算平均分的单元格中，弹出“表格工具”→“布局”选项卡中，选择“数据”→“公式”选项组，在打开“公式”对话框中，在“公式”对话框中将插入点定为于公式栏的“=”后面，再“粘贴函数”下拉列表中选择平均值函数“AVERAGE”，删去公式后面的空括号及“SUM”函数，保留原来的（LEFT），在“编号格式”框中输入“0.0”，以保证平均分为 1 位小数，如图 3-32 所示。

计算各科最高分选择“MAX”函数，操作过程同上。

【范例 3-10】　表格的插入和修饰。

插入表格，输入表格中的数据，计算出表格中的总产值，并为表格添加表头斜线，设置表格外边框宽度为 1.5 磅，表格内线宽度为 0.5 磅。

操作步骤如下。

（1）在 Word 2010 功能区中选择“插入”→“表格”→“表格”命令，弹出“插入表格”下拉菜单，单击“插入表格”，弹出打开“插入表格”对话框。设置行数和列数，调整表格的高度和宽度。

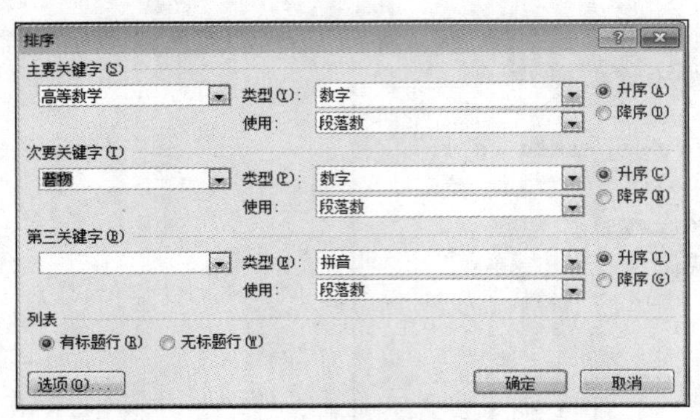

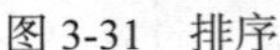
图 3-31　排序

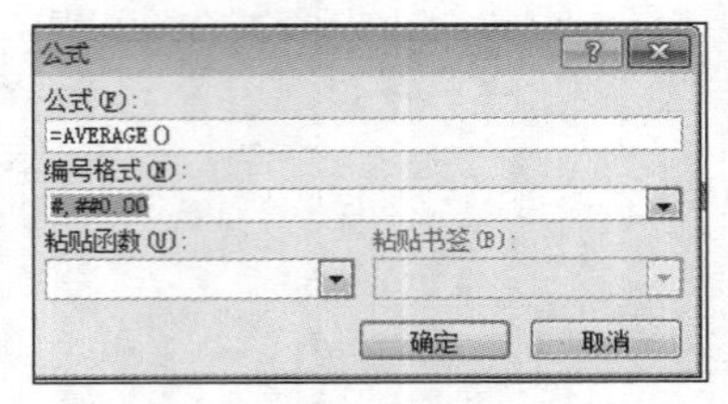

图 3-32　“公式”对话框

（2）把光标停留在需要斜线的单元格中，在 Word 2010 功能区中选择“开始”→“段落”→“下框线”命令，弹出下拉菜单中选择斜下框线或斜上框线，输入表头的文字，通过空格和回车控制到适当的位置。或者手动直接绘图，在 Word 2010 功能区中选择“插入”→“插图”→“形状”选项卡，弹出下拉列表中选择斜线，直接到表头上去绘制，根据需要绘制相应的斜线即可。

（3）选中表格，单击“表格工具”→“设计”选项卡中的“绘图边框”，选择“实线”，粗细选择 1.5 磅，单击“边框”下拉箭头，选择“外侧框线”，设置好外边框线。相似的选择线宽 0.5 磅，单击“边框”下拉箭头，选择“内部框线”，设置表格内线宽度，如图 3-33 所示。

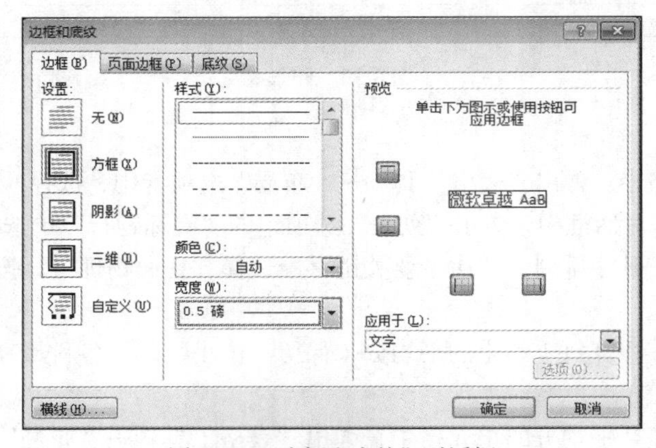

图 3-33　“边框和底纹”对话框

三、实战练习

【练习 3-6】　进入 Word 2010，在自己的文件夹中建立一个新文档，文件名为“实训 8.docx”。

（1）根据图 3-34 所示制作一个 4 行 6 列的表格，并输入相应内容。

（2）行（列）交换：将最后两列进行列交换。

（3）插入（删除）行：在最下边添加一行，并在其中输入相应的文字。

（4）合并单元格：合并必要的单元格。

（5）设置行高（列宽）及文本对齐方式：根据图 3-32 所示设置文本的格式和对齐方式，调整列宽和行高。

（6）为表格添加相应的边框线（表格内框线为单实线 0.75 磅，外框线为双线 1.5 磅）。

（7）在表格相应位置画斜线。

（8）最后一行设置底纹为粉红色。

（9）设置页面，设置文本页面。页边距：上下 4cm、左右 3.5cm；纸张大小：16 开横向。

<table>
<tr><td colspan="2">日期
时间</td><td>星期一</td><td>星期二</td><td>星期三</td><td>星期四</td><td>星期五</td></tr>
<tr><td rowspan="4">上
午</td><td>1</td><td rowspan="2">软件应用</td><td rowspan="2">大学语文</td><td rowspan="2">大学英语</td><td rowspan="2">网络与通信</td><td rowspan="2">美学欣赏</td></tr>
<tr><td>2</td></tr>
<tr><td>3</td><td rowspan="2">C 语言</td><td rowspan="2">网络与通信</td><td rowspan="2">软件应用</td><td rowspan="2">运筹学</td><td rowspan="2">自习</td></tr>
<tr><td>4</td></tr>
<tr><td rowspan="2">下
午</td><td>5</td><td rowspan="2">数据库</td><td rowspan="2">自习</td><td rowspan="2">C 语言</td><td rowspan="2">思想品德</td><td rowspan="2">大学英语</td></tr>
<tr><td>6</td></tr>
</table>

图 3-34　样张 9

第4章 电子表格软件 Excel 2010

实验1 工作表的基本操作

一、实验目的

（1）掌握工作表的创建和数据的输入方法。

（2）掌握工作表的格式化方法。

（3）掌握工作表的基本编辑方法。

二、实验范例

【范例4-1】 工作表的创建和数据的输入。

（1）新建文件：新建 Excel 工作簿，文件名为“学生档案表.xlsx”，保存在 D 盘下。

（2）输入数据：在 Sheet1 中输入工作表数据，如图 4-1 所示。

	A	B	C	D	E
1	学生档案表				
2	学号	姓名	性别	生源	备注
3	6010101	李艳	女	北京	
4	6010102	周祥	男	广东	
5	6010103	陈红	女	四川	
6	6010104	王峰	男	福建	
7	6010105	王静如	女	北京	

图 4-1 样张 1

操作步骤如下。

1. 新建文件

启动 Excel2010 程序，选择“文件”选项卡的“保存”命令，在弹出的“另存为”对话框中输入文件名“学生档案表.xlsx”，“保存位置”选择 D 盘，单击“保存”按钮。

2. 输入数据

在 Sheet1 工作表中输入图 4-1 所示数据。其中关于学号的输入，由于学号按照依次加 1 的顺序排列，在输入时可以利用自动填充功能。首先在 A3 单元格中输入 6010101，在 A4 单元格中输入 6010102；然后选中 A3:A4 单元格区域；再将鼠标靠近填充柄（即单元格区域外围黑框右下角的黑色小方块）处，此时鼠标指针变为十字形状，按住鼠标左键向下拖动到 A7 单元格，学号将依次填充。

【范例 4-2】　工作表的基本编辑方法：插入列。

继续对“学生档案表.xlsx”工作簿的 Sheet1 工作表进行操作，在第 E 列之前插入 1 列，输入列标题“出生日期”，并输入数据。如图 4-2 所示。

	A	B	C	D	E	F
1	学生档案表					
2	学号	姓名	性别	生源	出生日期	备注
3	6010101	李艳	女	北京	1987/12/6	
4	6010102	周祥	男	广东	1987/12/26	
5	6010103	陈红	女	四川	1988/1/15	
6	6010104	王峰	男	福建	1988/2/4	
7	6010105	王静如	女	北京	1988/2/24	

图 4-2　样张 2

操作步骤如下。

（1）将光标定位在 E 列的任意单元格上，执行“开始”选项卡下“单元格”组中 “插入”菜单的“插入工作表列”命令。

（2）在当前列的左侧插入一个新列，在插入的新列中，输入样张 2 中所示的出生日期数据。

【范例 4-3】　格式化方法。

继续对“学生档案表.xlsx”工作簿的 Sheet1 工作表进行操作，设置“出生日期”列格式，如图 4-3 所示。

	A	B	C	D	E	F
1	学生档案表					
2	学号	姓名	性别	生源	出生日期	备注
3	6010101	李艳	女	北京	1987年12月6日	
4	6010102	周祥	男	广东	1987年12月26日	
5	6010103	陈红	女	四川	1988年1月15日	
6	6010104	王峰	男	福建	1988年2月4日	
7	6010105	王静如	女	北京	1988年2月24日	

图 4-3　样张 3

操作步骤如下。

（1）E3:E9 单元格区域上右键单击，在弹出的快捷菜单中选择“设置单元格格式”命令。

（2）在弹出的“设置单元格格式”对话框中单击“数字”选项卡，在“分类”列表框中选择“日期”选项，在“类型”列表框中选择合适的日期格式，单击“确定”按钮。

【范例 4-4】　工作表编辑：移动列、单元格，合并单元格，设置对齐方式、字体字号，设置行高、设置单元格边框线。

对 Sheet1 工作表中的数据进行如下的编辑和格式化。

（1）将“出生日期”列移动到“姓名”和“性别”之间。

（2）设置 A1:F7 单元格区域的对齐方式为“居中对齐”。

（3）合并居中 A1:F1 单元格区域，字体为楷体、字号为 20。

（4）设置 A2:F7 单元格区域的边框线，外边框为红色双细线、内边框为金色单细线。

（5）设置第 1 行行高为“自动调整行高”，将第 2 行到第 7 行的行高设置为 20。

格式化完毕后的工作表，如图 4-4 所示。

	A	B	C	D	E	F
1	学生档案表					
2	学号	姓名	出生日期	性别	生源	备注
3	6010101	李艳	1987年12月6日	女	北京	
4	6010102	周祥	1987年12月26日	男	广东	
5	6010103	陈红	1988年1月15日	女	四川	
6	6010104	王峰	1988年2月4日	男	福建	
7	6010105	王静如	1988年2月24日	女	北京	

图 4-4　样张 4

操作步骤如下。

1. 移动列

在“出生日期”列顶部的编号处单击选中整列，单击鼠标右键，在弹出的快捷菜单中选择“剪切”命令；单击“性别”列顶部的编号，单击鼠标右键，在弹出的快捷菜单中选择“插入已剪切的单元格”命令，将“出生日期”列移动到“性别”列的前面。

2. 居中对齐

选中 A1:F7 单元格区域，单击“开始”选项卡下的“对齐方式”组中的按钮。

3. 合并单元格并设置文字格式

方法 1：在选中 A1:F1 单元格区域后，单击“开始”选项卡下的“对齐方式”组中的按钮，然后利用“字体”组设置字体和字号。

方法 2：选中 A1:F1 单元格区域，单击鼠标右键，在弹出的快捷菜单中单击“设置单元格格式”，在打开的“单元格格式”对话框中选择“对齐”选项卡，在“水平对齐下”拉列表中选择“居中”，单击选中“合并单元格”复选框。利用“字体”选项卡设置文字字体和字号等，设置完毕后单击“确定”按钮。

4. 添加边框线

（1）选中 A2:F7 单元格区域，单击鼠标右键，在弹出的快捷菜单中单击“设置单元格格式”，打开“单元格格式”对话框。

（2）在弹出的“单元格格式”对话框中，选择边框选项卡，选择线条样式为双实线，颜色为红色，单击外边框按钮；然后再选择线条样式为单细线，颜色为金黄色，单击内部按钮；单击“确定”按钮完成设置。

5. 设置行高

（1）单击第 1 行编号来选中整行，在“开始”选项卡的“单元格”组中，单击“格式”命令的下拉菜单中的“自动调整行高”命令。

（2）在行的编号处拖动来选中第 2 行到第 7 行，在“开始”选项卡的“单元格”组中，单击“格式”命令的下拉菜单中的“行高”命令，在弹出的行高对话框中输入行高 20，单击“确定”按钮。

【范例 4-5】　工作表编辑：复制单元格区域、删除列、清除单元格格式。

将 Sheet1 工作表中“姓名”“性别”“生源”列中数据复制到工作表 Sheet2 中 A1:C6 单元格区域，并清除在单元格上设置的格式。

操作步骤如下。

1. 方法 1

（1）在 Sheet1 工作表中选中 B2:B7 以及 D2:E7 单元格区域，单击鼠标右键，在弹出的快捷菜单中选择“复制”命令。

（2）在工作表 Sheet2 中单击 A1 单元格，然后单击鼠标右键，在弹出的快捷菜单中选择“粘贴”命令，将所写选内容复制到 Sheet2 中。

（3）工作表 Sheet2 中选中 A1:C6 单元格区域，执行“编辑”菜单的“清除/格式”命令，清除单元格的格式，但保留其内容。

2. 方法 2

（1）在 Sheet1 工作表中选中 B2:B7 以及 D2:E7 单元格区域，单击鼠标右键，在弹出的快捷菜单中选择“复制”命令。

（2）在工作表 Sheet2 中单击 A1 单元格，然后单击鼠标右键，在弹出的快捷菜单中选择“选择性粘贴”命令。

（3）在弹出的“选择性粘贴”对话框中，选择“数值”，单击“确定”按钮。

【范例 4-6】　工作表更名和移动。

将 Sheet1 工作表更名为“详表”，将工作表 Sheet2 更名为“简表”，并将“简表”移动到“详表”的前面。

操作步骤如下。

（1）在 Sheet1 工作表名称标签处单击鼠标右键，在弹出的快捷菜单中选择“重命名”命令，这时工作表标签反黑显示，输入新名称“详表”，然后再在工作表任意位置单击即可。采用同样的方法将 Sheet2 更名为“简表”。

（2）单击“简表”名称标签，用鼠标拖动到工作表“详表”的前面，实现工作表的移动。

三、实战练习

建立 Excel 工作簿“员工工资表.xlsx”，然后进行下面三个练习。

【练习 4-1】　在 Sheet1 工作表中输入图 4-5 所示的数据。

【练习 4-2】　对 Sheet1 工作表中的数据进行编辑和格式化。

（1）设置“基本工资”列数据保留一位小数，并使用千位分隔符。

（2）合并居中 A1:F1 单元格区域，字体为华文彩云、字号为 20。

（3）A2:D7 设置 A2:D7 单元格区域的边框线，外边框为红色双细线、内边框为橙色单细线。

（4）设置第 2 行到第 7 行的行高为 20，设置 A 列到 D 列的列宽为最适合的列宽。

格式化后的工作表，如图 4-6 所示。

【练习 4-3】　将 Sheet1 工作表重命名为“工资表”，在工作表“工资表”和 Sheet2 之间插入一个新的工作表，并命名为“员工信息”，将“工资表”中的“职员编号”“部门名称”“职员姓名”数据复制到该工作表“员工信息”中，只复制数值，去掉格式。

操作提示：在 Sheet2 标签处单击鼠标右键，在弹出的快捷菜单中选择“插入”命令，可以在当前工作表之前插入一个新工作表。

	A	B	C	D
1	员工工资表			
2	职员编号	部门名称	职员姓名	基本工资
3	C001	行销企划部	黄建强	2,500.0
4	C002	行销企划部	司马项	2,200.0
5	C003	人力资源部	黄平	2,350.0
6	C004	系统集成部	贾申平	2,135.0
7	C005	系统集成部	涂咏虞	3,135.0

图 4-5　样张 5

	A	B	C	D
1	员工工资表			
2	职员编号	部门名称	职员姓名	基本工资
3	C001	行销企划部	黄建强	2,500.0
4	C002	行销企划部	司马项	2,200.0
5	C003	人力资源部	黄平	2,350.0
6	C004	系统集成部	贾申平	2,135.0
7	C005	系统集成部	涂咏虞	3,135.0

图 4-6　样张 6

实验 2　工作表中数据的计算

一、实验目的

（1）掌握公式的输入和使用。

（2）掌握常用函数的使用。

（3）掌握单元格的绝对引用和相对引用。

二、实验范例

打开文件“工作表中数据的计算\学生成绩统计表”，进行下面三个范例的操作。

【范例 4-7】　使用公式。在 I4:I17 单元格区域中计算出总分。

操作步骤如下。

单击选中 I4 单元格，输入公式“=D4+E4+F4”，按 Enter 键，在 I4 单元格中得到总分。

选中 I4 单元格，按 I4 单元格的拖动填充柄向下拖动，在 I5:I17 单元格区域中自动填充相应的计算结果。

【范例 4-8】　使用函数 AVERAGE。利用函数在 J4:J17 单元格区域中计算平均分。

操作步骤如下。

（1）单击选中 J4 单元格，单击编辑栏左侧的按钮 *fx*，或者执行“插入”菜单的“函数”命令。

（2）在打开的“插入函数”对话框中（见图 4-7），选择“选择类别”下拉列表框中的 “常用函数”，在显示的函数列表中选择 AVERAGE 函数，单击“确定”按钮。

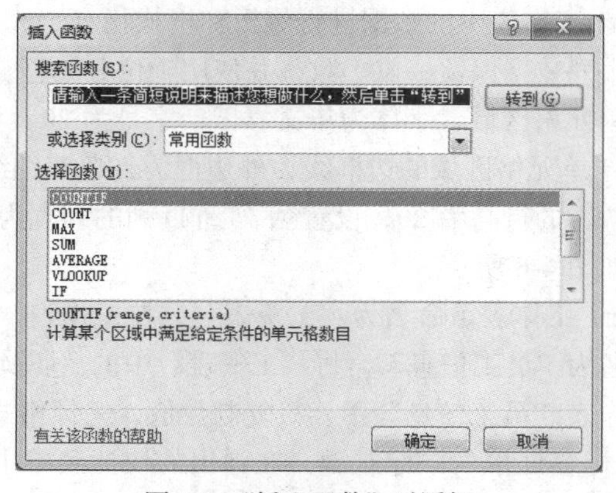

图 4-7　“插入函数”对话框

（3）打开“函数参数”对话框（见图 4-8），光标定位到“Number1”参数框中，并清空其中参数，然后使用鼠标选择需要求平均分的单元格区域 F4:H4；在“函数参数”对话框中单击“确定”按钮，完成函数的输入，此时计算的结果显示在 J4 单元格中。

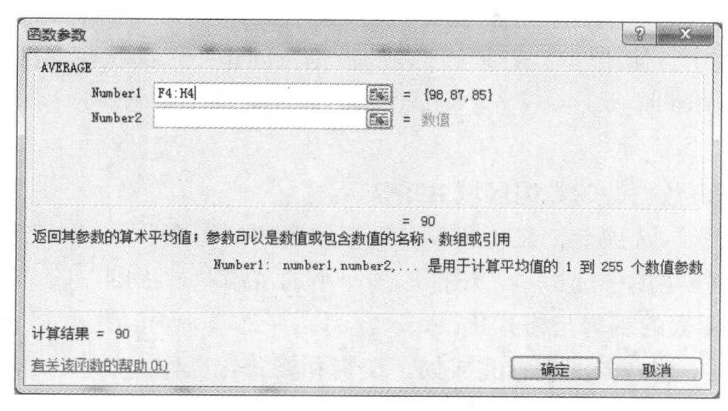

图 4-8　“函数参数”对话框

（4）选中 J4 单元格，按 J4 单元格的拖动填充柄向下拖动，在 J5:J17 单元格区域中自动填充相应的计算结果。

【范例 4-9】　绝对引用。在 E4:E17 单元格区域中计算出学生的年龄，年龄=INT（（制表日期−出生日期）/365）。

操作步骤如下。

（1）单击选中 E4 单元格，在编辑栏中输入公式“=INT((B2−D4)/365)”，按 Enter 键得到计算结果。

（2）选中 E4 单元格，按 E4 单元格的拖动填充柄向下拖动，在 E5:E17 单元格区域中自动填充得到每个学生的年龄。

三、实战练习

打开文件“员工工资表 1”，进行下面两个练习的操作。

【练习 4-4】　在 G4:G31 单元格区域中计算出应发工资，应发工资=基本工资+浮动奖金+交通补助。

操作提示：应发工资即可以使用公式计算，也可以使用函数计算。

【练习 4-5】　在 H4:H31 单元格区域中计算出保险扣款，保险扣款=应发工资×保险扣款比例。

操作提示：公式中的“保险扣款比例”使用绝对引用。

实验 3　图表处理

一、实验目的

（1）掌握嵌入式图表的创建。

（2）掌握图表的编辑与格式化。

二、实验范例

打开文件“图表处理\学生成绩统计表”，完成如下两个范例。

【范例 4-10】 嵌入式图表的创建。

在 Sheet1 工作表中，使用学生成绩统计表的数据，创建一个簇状柱形图，其中 x 坐标轴为姓名，建好的图表如图 4-9 所示。

操作步骤如下。

（1）选中作为图表数据源的数据区域 B2:E7。

（2）切换到“插入”选项卡，在“图表”组中单击“柱形图”。

（3）在弹出的下拉菜单中选择“二位柱形图”下的“簇状柱形图”。

【范例 4-11】 图表的编辑与格式化。

对 Sheet1 工作表中插入的图表，完成如下编辑和格式化操作。

① 将图表中“高数”数据系列删除。

② 将数值刻度的主要刻度单位改为 10。

③ 增加标题并命名为“学生成绩表”。

④ 图表加上橙色的轮廓线。

编辑完毕的图表如图 4-10 所示。

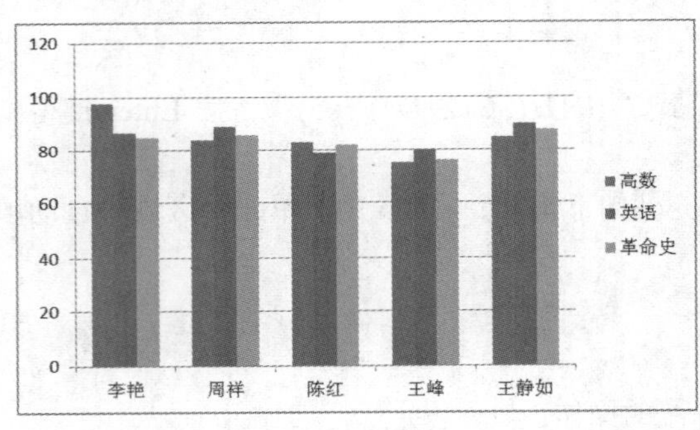

图 4-9 样张 7

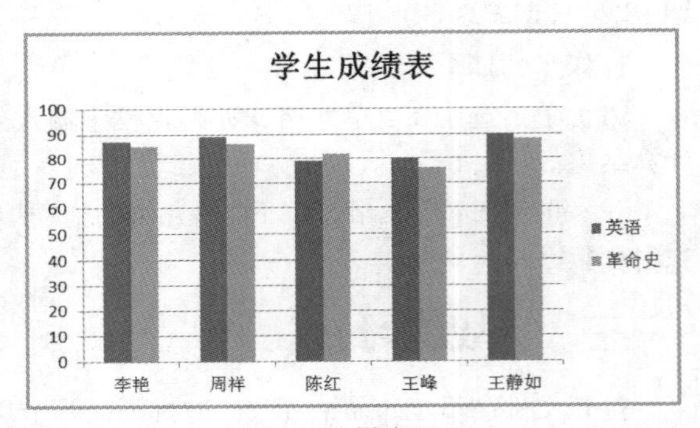

图 4-10 样张 8

操作步骤如下。

（1）单击选中图表的“高数”数据系列，在该数据系列上单击鼠标右键，在弹出的快捷菜单中选择“删除系列”命令，将该数据系列删除。

（2）在图例上双击以弹出“图例格式”对话框，在图案选项卡中阴影应用复选框，在位置选项卡中设置图例放置于底部。

（3）使用“形状样式”功能为图表加边框，选中工作表中创建的图表，点击“图表工具”→“格式”→“彩色轮廓-橙色”，可以看到图表自动加上了一个橙色的轮廓线。

三、实战练习

打开文件“图表处理\员工工资表”，进行下面两个练习的操作。

【练习 4-6】 在 Sheet1，使用“员工工资表”的数据，创建一个簇状柱形图。设置 x 坐标轴为“收入类型”，图表标题为“员工工资统计图”，建好的图表如图 4-11 所示。

操作提示：在图表向导的步骤二对话框中，设置系列产生在行，即可将“收入类型”设置在

x 坐标轴。

【练习 4-7】　对 Sheet1 工作表中插入的图表，完成如下编辑操作。

（1）修改图表的数据源为 C2:E7 单元格区域。

（2）为图表中的数据系列添加以值显示的数据标志。

（3）图表加上橙色的轮廓线。

效果如图 4-12 所示。

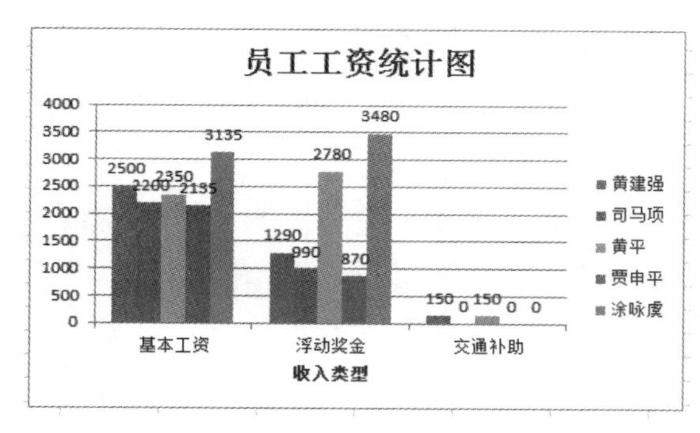

图 4-11　样张 9

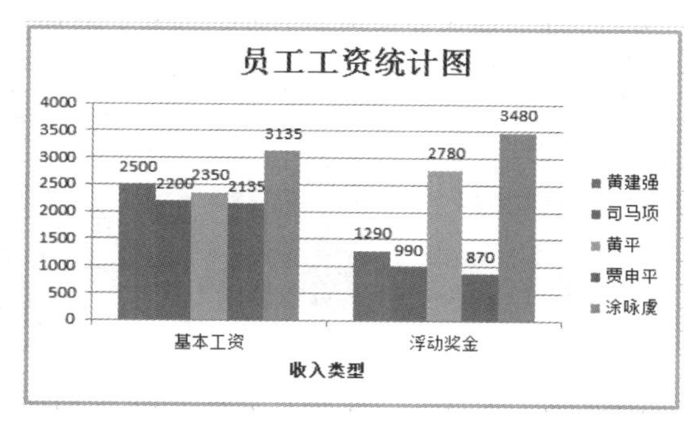

图 4-12　样张 10

操作提示。

修改图表数据源。

① 在图表区上单击鼠标右键，在弹出的快捷菜单上单击“选择数据”命令，在打开的“选择数据源”对话框中，单击“图表数据区域”右侧的按钮。

② 重新选择创建图表的新数据区域，如 C2:E7，如图 4-13 所示。

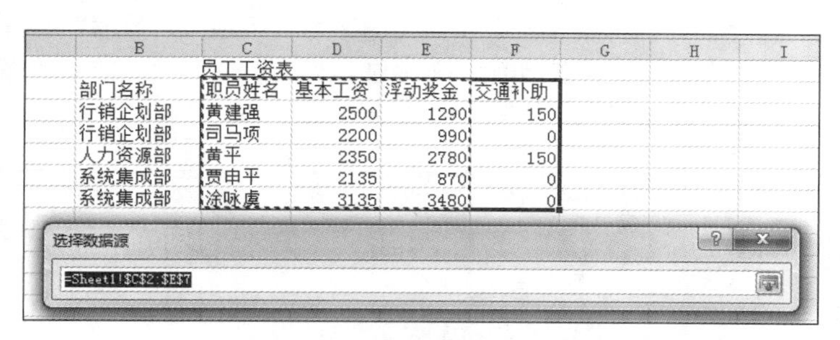

B	C	D	E	F	G	H	I
	员工工资表						
部门名称	职员姓名	基本工资	浮动奖金	交通补助			
行销企划部	黄建强	2500	1290	150			
行销企划部	司马项	2200	990	0			
人力资源部	黄平	2350	2780	150			
系统集成部	贾申平	2135	870	0			
系统集成部	涂咏虔	3135	3480	0			

图 4-13　选择图表数据源

③ 单击按钮返回“源数据”对话框，单击“确定”按钮。

实验 4　数据管理

一、实验目的

（1）掌握数据的排序（简单排序、复杂排序）。

（2）掌握数据的筛选（简单自动筛选、自定义自动筛选、高级筛选）。

（3）掌握数据的分类汇总。

（4）掌握数据透视表的操作。

二、实验范例

【范例 4-12】 复杂数据排序。

打开工作簿“数据管理\成绩表 1.xlsx”，对工作表 Sheet1 中的数据进行排序，先按“系别”升序排序，类别相同的再按“总分”降序排序。排序后的工作表 Sheet2，如图 4-14 所示。

	A	B	C	D	E	F	G
1							
2							
3	系别	姓名	性别	高数	英语	革命史	总分
4	纺织	赵波	男	84	92	80	256
5	纺织	陈红	女	83	79	82	244
6	环境	凌越	男	85	86	81	252
7	环境	肖玲玲	女	73	84	80	237
8	环境	王峰	男	75	80	76	231
9	机械	周祥	男	84	89	86	259
10	机械	向立红	女	86	70	80	236
11	机械	孙美芳	女	88	56	84	228
12	机械	曹志涛	男	67	72	64	203
13	计算机	李艳	女	98	87	85	270
14	计算机	王静如	女	85	90	88	263
15	计算机	庄庆文	男	87	84	85	256
16	计算机	张晓京	男	82	81	76	239
17	计算机	武旭阳	男	78	81	79	238

图 4-14 样张 11

操作步骤如下。

（1）打开原始文件，在工作表 Sheet1 中，选择要进行排序的数据区域 A3：G17，单击“数据”选项卡的“排序”命令。

（2）在弹出的“排序”对话框中，设置主要关键字为“系别”“数值”“升序”。

（3）单击“添加条件”按钮，将添加的次要关键字为“总分”“数值”“降序”。如图 4-15 所示，单击“确定”按钮，完成排序。

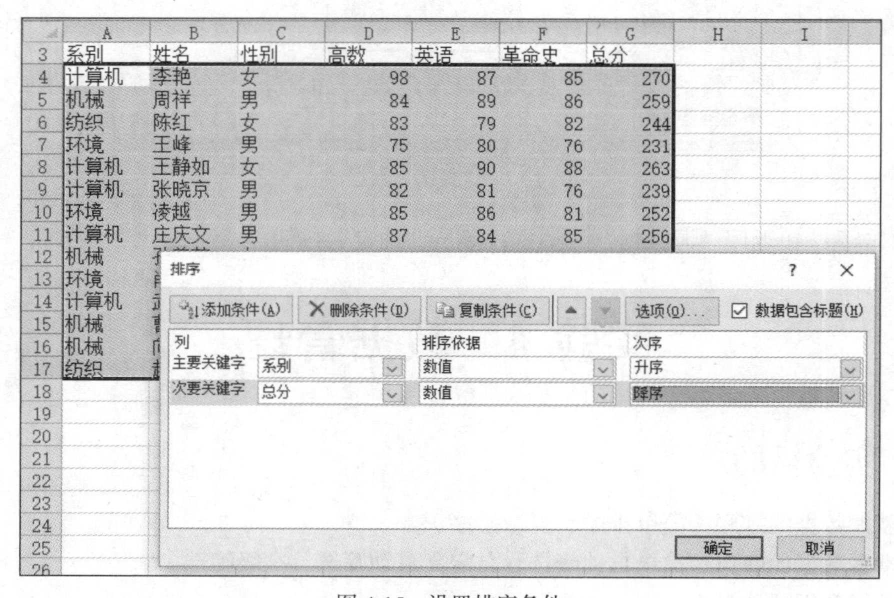

图 4-15 设置排序条件

【范例 4-13】　自动筛选。

打开工作簿“成绩表 2.xlsx”，对 Sheet1 工作表的数据进行自动筛选，筛选出计算机系中总分大于等于 260 的记录。筛选后的工作表，如图 4-16 所示。

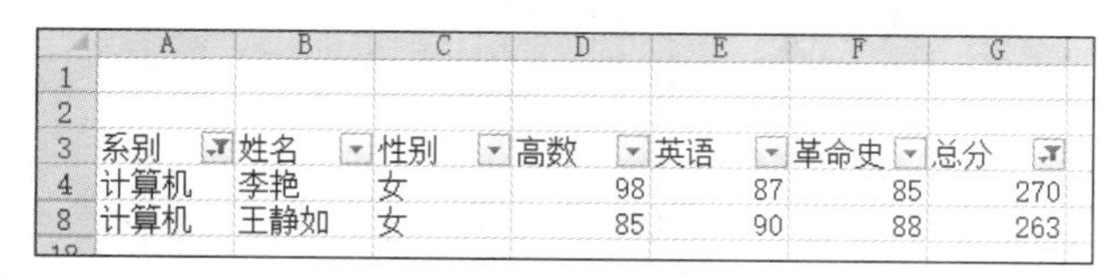

	A	B	C	D	E	F	G
1							
2							
3	系别	姓名	性别	高数	英语	革命史	总分
4	计算机	李艳	女	98	87	85	270
8	计算机	王静如	女	85	90	88	263

图 4-16　样张 12

操作步骤如下。

（1）在需要进行筛选的数据区域中单击选中任意一个单元格，单击“数据”选项卡的“筛选”命令。

（2）在 A3：G3 单元格区域中出现的下拉列表框中，单击“系别”下拉列表框，选择“计算机”。单击“总分”下拉列表框，选择“数字筛选”下的“大于或等于”命令。

（3）在弹出的“自定义自动筛选方式”对话框中，设置筛选条件为大于或等于 260。

【范例 4-14】　高级筛选。

打开工作簿“成绩表 3.xlsx”，对 Sheet1 工作表中的数据进行高级筛选，筛选出满足如下条件的记录：“系别”是“计算机”，“性别”是“男”，并且总分大于 250；或者是“系别”是“环境”，“性别”任意，并且总分小于 240。

筛选后的工作表，如图 4-17 所示。

操作步骤如下。

（1）在 Sheet1 工作表中，在 A19:C21 单元格区域建立条件区域，如图 4-18 所示。

	A	B	C	D	E	F	G
1							
2							
3	系别	姓名	性别	高数	英语	革命史	总分
7	环境	王峰	男	75	80	76	231
11	计算机	庄庆文	男	87	84	85	256
13	环境	肖玲玲	女	73	84	80	237
22							
23							

图 4-17　样张 13

系别	性别	总分
计算机	男	>250
环境		<240

图 4-18　建立条件区域

（2）单击选中要进行筛选的数据区域中的任意单元格，执行“数据”选项卡中“排序和筛选”组中的“高级筛选”命令。

（3）在打开的“高级筛选”对话框中，选中在“原有区域显示筛选结果”方式，选择列表区域 A3:G21，选择条件区域 A19:C21，如图 4-19 所示，单击“确定”按钮，完成筛选。

【范例 4-15】　分类汇总、嵌套分类汇总。

① 打开工作簿“成绩表 4.xlsx”，对 Sheet1 工作表中的数据进行分类汇总，分类汇总出各系学生的英语平均成绩。汇总后的工作表，如图 4-20 所示。

② 然后在原有分类汇总的基础上，再汇总各系的人数。汇总后的工作表，如图 4-21 所示。

操作步骤如下。

（1）打开工作簿“成绩表 4.xlsx”，对 Sheet1 工作表中 A3:G17 单元格区域的数据“系别”字段类别进行排序。

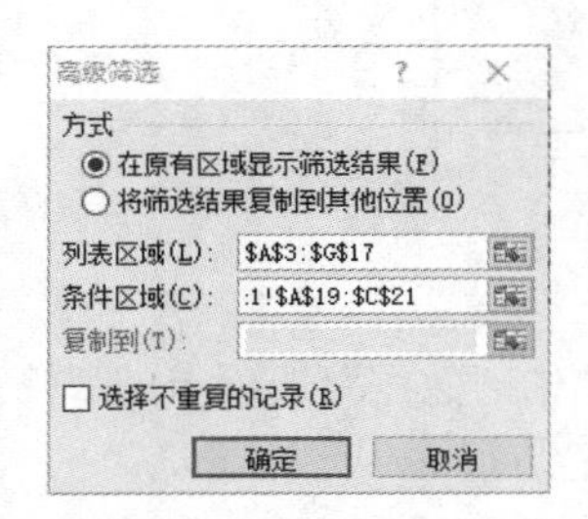

图 4-19 “高级筛选”对话框

	A	B	C	D	E	F	G
1							
2							
3	系别	姓名	性别	高数	英语	革命史	总分
4	纺织	陈红	女	83	79	82	244
5	纺织	赵波	男	84	92	80	256
6	**纺织 平均值**				85.5		
7	环境	王峰	男	75	80	76	231
8	环境	凌越	男	85	86	81	252
9	环境	肖玲玲	女	73	84	80	237
10	**环境 平均值**				83.33333		
11	机械	周祥	男	84	89	86	259
12	机械	孙美芳	女	88	56	84	228
13	机械	曹志涛	男	67	72	64	203
14	机械	向立红	女	86	70	80	236
15	**机械 平均值**				71.75		
16	计算机	李艳	女	98	87	85	270
17	计算机	王静如	女	85	90	88	263
18	计算机	张晓京	男	82	81	76	239
19	计算机	庄庆文	男	87	84	85	256
20	计算机	武旭阳	男	78	81	79	238
21	**计算机 平均值**				84.6		
22	**总计平均值**				80.78571		

图 4-20 样张 14

	A	B	C	D	E	F	G
3	系别	姓名	性别	高数	英语	革命史	总分
4	纺织	陈红	女	83	79	82	244
5	纺织	赵波	男	84	92	80	256
6	**纺织 计数**	2					
7	**纺织 平均值**				85.5		
8	环境	王峰	男	75	80	76	231
9	环境	凌越	男	85	86	81	252
10	环境	肖玲玲	女	73	84	80	237
11	**环境 计数**	3					
12	**环境 平均值**				83.33333		
13	机械	周祥	男	84	89	86	259
14	机械	孙美芳	女	88	56	84	228
15	机械	曹志涛	男	67	72	64	203
16	机械	向立红	女	86	70	80	236
17	**机械 计数**	4					
18	**机械 平均值**				71.75		
19	计算机	李艳	女	98	87	85	270
20	计算机	王静如	女	85	90	88	263
21	计算机	张晓京	男	82	81	76	239
22	计算机	庄庆文	男	87	84	85	256
23	计算机	武旭阳	男	78	81	79	238
24	**计算机 计**	5					
25	**计算机 平均值**				84.6		
26	**总计数**	14					
27	**总计平均值**				80.78571		

图 4-21 样张 15

（2）单击选中 A3:G17 单元格区域中任意单元格，执行“数据”选项卡下“分级显示”组中的“分类汇总”命令。

（3）在打开的“分类汇总”对话框中，选择分类字段为“系别”，汇总方式为“平均值”，选定汇总项为“英语”，单击“确定”按钮，完成分类汇总。

（4）再次执行“数据”菜单的“分类汇总”命令。在打开的“分类汇总”对话框中，选择分类字段为“系别”，汇总方式为“计数”，汇总项“姓名”，清除“替换当前分类汇总”复选框，单击“确定”按钮，完成嵌套分类汇总。

【范例 4-16】 建立数据透视表。

建立数据透视表统计各系男女生总成绩的平均分，结果如图 4-22 所示。

操作步骤如下。

（1）鼠标单击数据列表中任意单元格。

单击“插入”选项卡下“表格”组中的“数据透视表”按钮，在下拉列表中选择“数据透视表”，打开“创建数据透视表”对话框，如图 4-23 所示。

平均值项:总分	列标签		
行标签	男	女	总计
纺织	256	244	250
环境	241.5	237	240
机械	231	232	231.5
计算机	244.3333333	266.5	253.2
总计	241.75	246.3333333	243.7142857

图 4-22　样张 16

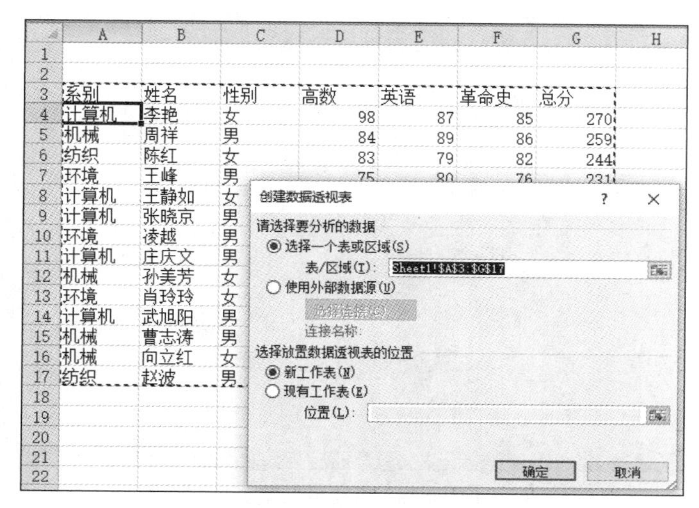

图 4-23　“创建数据透视表”对话框

（2）在“选择一个表或区域”项下的“表/区域”框显示当前已选择的数据源区域。此处保持默认，不做更改。

（3）指定数据透视表存放的位置：选中“新工作表”，单击“确定”按钮。

（4）Excel 会将空的数据透视表添加到新的工作表中，并在右侧显示“数据透视表字段列表”窗口。效果如图 4-24 所示。

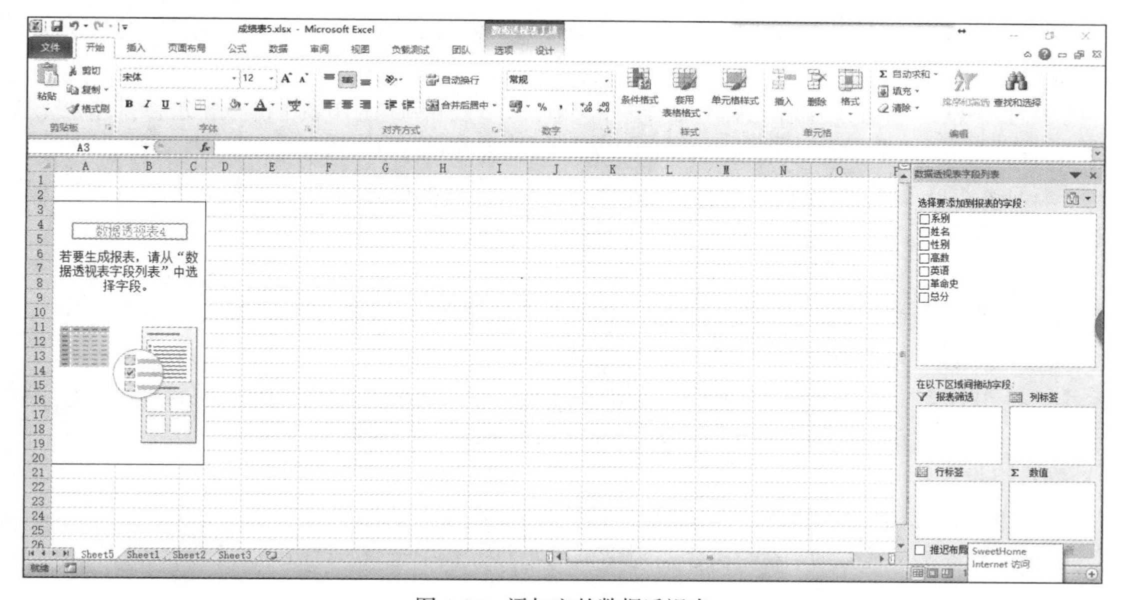

图 4-24　添加空的数据透视表

（5）将鼠标放置于“系别”上，带鼠标箭头变为双向十字箭头后拖动鼠标到“行标签”，同样方法将“性别”拖动到“列标签”，“总分”拖动到“数值”。效果如图 4-25 所示。

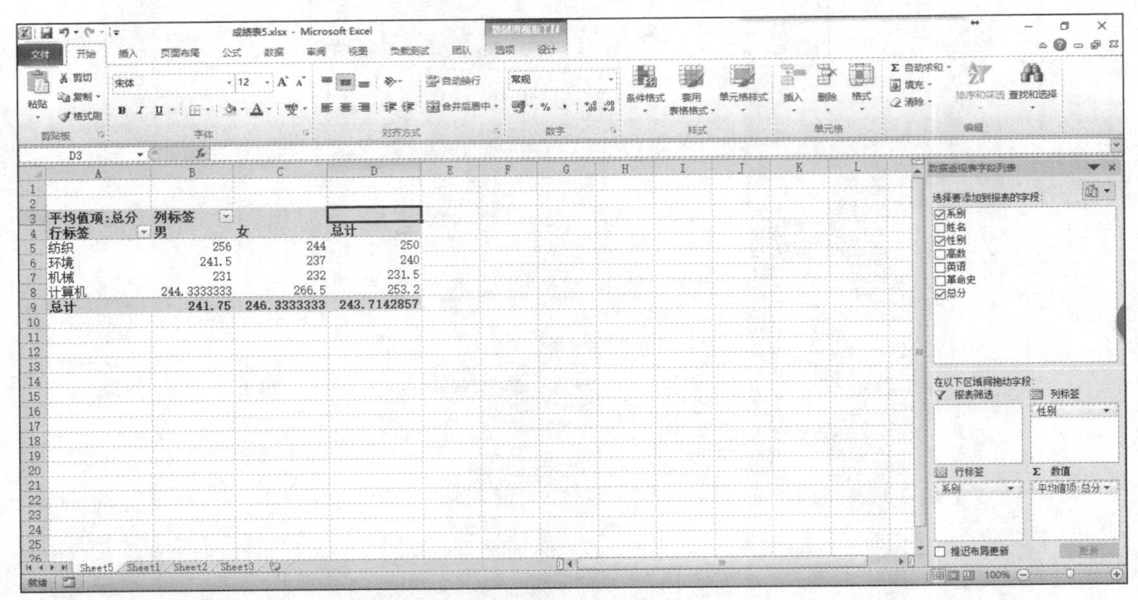

图 4-25　行列标签设置

（6）单击“数值”区域中的“求和项：总分”，在弹出的列表中选择“值字段设置”。如图 4-26 所示。

（7）在弹出的“值字段设置”对话框中，将计算类型设置为“平均值”，单击“确定”按钮。

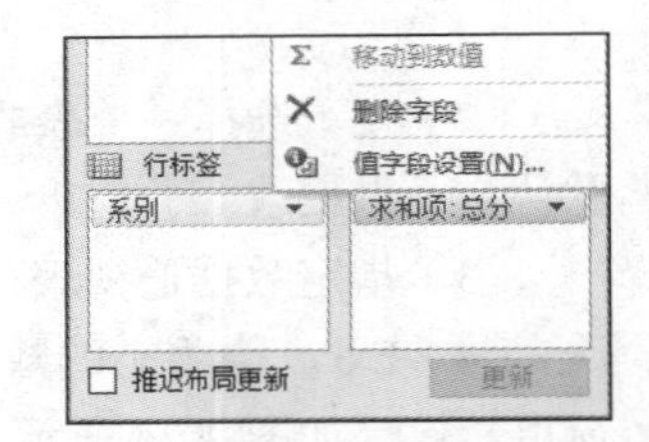

图 4-26　值字段设置

三、实战练习

【练习 4-8】　打开工作簿“员工工资表 1.xlsx”，对 Sheet1 工作表中的数据按“应发工资”降序排序。

【练习 4-9】　打开工作簿“员工工资表 2.xlsx”，对 Sheet1 工作表中的数据进行排序，先按“部门名称”升序排序，类别相同的再按“应发工资”降序排序。

【练习 4-10】　打开工作簿“员工工资表 3.xlsx”，对 Sheet1 工作表的数据进行自动筛选，筛选出“系统集成部”中应发工资大于等于 6000 的记录。

【练习 4-11】　打开工作簿“员工工资表 4.xlsx”，对 Sheet1 工作表中的数据进行高级筛选，筛选出满足如下条件的记录：“部门名称”是“系统集成部”，并且应发工资大于等于 6000；或者是“部门名称”是“产品研发部”，并且浮动奖金小于 3000。

【练习 4-12】　打开工作簿“员工工资表 4.xlsx”，对 Sheet1 工作表中的数据进行分类汇总，分类汇总出各部门员工的应发的平均工资，再汇总出各部门的人数。

操作提示。

（1）分类汇总前应先对数据区域按照分类字段“部门名称”进行排序。

（2）汇总各部门人数时，在分类汇总对话框的汇总方式中选择“计数”，汇总项可以选择“姓名”。

第5章 演示文稿软件 PowerPoint 2010

实验1 演示文稿的创建、编辑等基本操作

一、实验目的

（1）掌握 PowerPoint 2010 的启动与退出方法。

（2）掌握演示文稿的建立、保存、退出和打开方法。

（3）掌握控制幻灯片外观的母版和设计模板。

（4）掌握幻灯片文本、图片、艺术字的插入及幻灯片版式的更改操作。

（5）掌握 Word 表格或 Excel 图表的插入操作。

（6）掌握选定、删除、插入和移动幻灯片的基本操作。

（7）掌握声音的插入方法。

二、实验范例

【范例 5-1】 建立演示文稿，介绍自己的大学，保存到"D:\我的演示文稿"文件夹中，以"我的大学.pptx"命名。

操作步骤如下。

（1）启动。

双击"Microsoft PowerPoint 2010"启动 PowerPoint 2010，此时会默认建立一个名叫"演示文稿 1"的空白演示文稿，且当前只有一个带有两个虚线方框的幻灯片。

（2）保存。选择"文件"→"保存"或"另存为"命令（也可单击标题栏左侧的"保存"按钮），弹出"另存为"对话框，选择保存位置"D:\我的演示文稿"，文件命名为"我的大学.pptx"。

保存后可在以下编辑演示文稿的各个步骤后随时单击"保存"按钮，即可保存已做过的操作。

（3）退出。若只关闭当前演示文稿，不关闭 PowerPoint 应用程序，可选择"文件"→"关闭"命令；若想退出 PowerPoint 应用程序，可选择"文件"→"退出"命令。

（4）打开。如果关闭了程序，可以重新启动 PowerPoint 2010，选择"文件"→"打开"命令

或单击标题栏左侧的“打开”按钮（若未显示，可单击下拉箭头自定义快速访问工具栏，单击打开，此时打开按钮即可显示在标题栏左侧），弹出“打开”对话框，找到D盘“我的演示文稿”文件夹，双击“我的大学.pptx”打开即可继续编辑或播放。

（5）设计模板。单击“设计”菜单，单击“流畅”模板作为该演示文稿的通用模板，当然也可任意选择其他模板作为自己喜欢的模板。

（6）编辑首张幻灯片。

① 添加标题。将鼠标指针定位到“单击此处添加标题”文本框内，输入标题“我的大学”。可将鼠标指针定位到“单击此处添加副标题”文本框内，输入“某某大学”作为副标题。如果不需要副标题，可选中文本框，按Delete键删除文本框。

② 添加作者姓名。单击“插入”菜单，单击“文本框”按钮，将鼠标指针移到幻灯片上，光标呈细的向下的箭头状，按鼠标左键呈十字状后向右下方拖动，释放鼠标左键，出现一个矩形文本框，光标在文本框中闪烁，此时输入作者姓名，如图5-1所示。

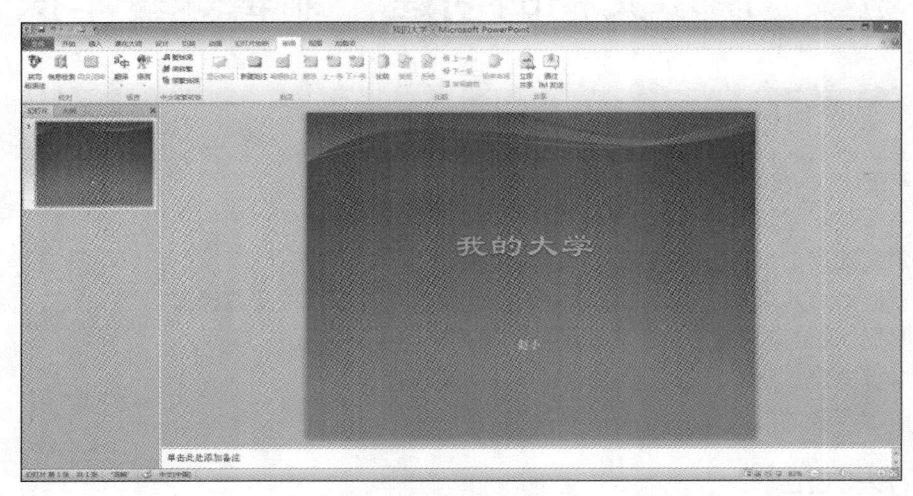

图5-1　样张1

（7）插入新幻灯片。找到“开始”菜单下的“新建幻灯片”按钮，单击此按钮下半部分的“新建幻灯片”几个字，则可根据需要在11种幻灯片版式中进行选择。

（8）编辑第2张幻灯片。

① 选择版式。单击“开始”菜单下“新建幻灯片”按钮的“新建幻灯片”几个字，单击选择“内容与标题”版式。

② 插入艺术字。选中“单击此处添加标题”文本框，删除，单击“插入”菜单下“艺术字”按钮，选择第3行第1列样式，如图5-2所示，在“请在此放置您的文字”处输入“大学介绍”，鼠标在艺术字外任意位置单击即可结束输入。单击该艺术字，鼠标拖动到合适位置。

③ 输入介绍提纲。在左侧“单击此处添加文本”文本框中输入要介绍的内容提纲。

④ 插入剪贴画。在右侧文本框中单击“剪贴画”图标，窗口右侧弹出“剪贴画”窗格，选择“apartment buildings”选项单击即可插入，如图5-3所示。

若“剪贴画”窗格为空，可单击“搜索”按钮显示全部剪贴画。

将右侧文本框选中删除，此时效果如图 5-4 所示。

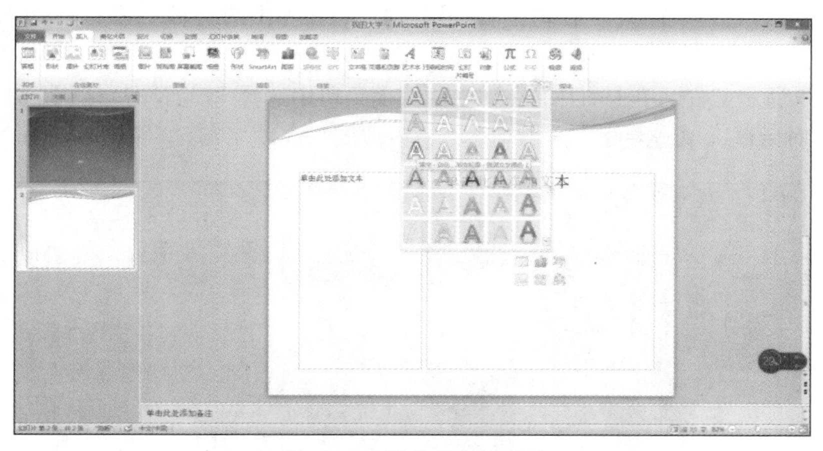

图 5-2　选择艺术字样式图

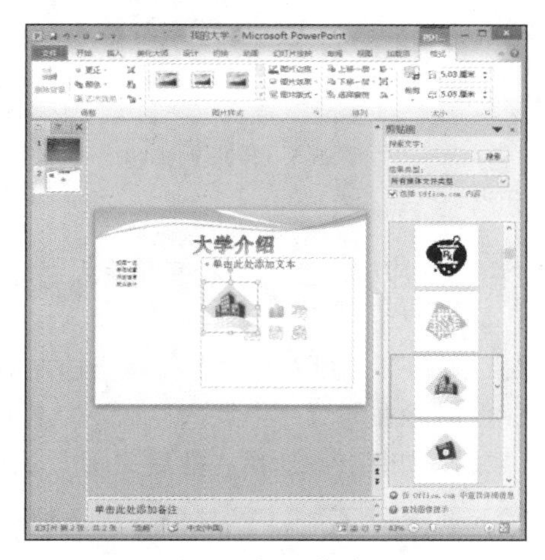

图 5-3　插入剪贴画

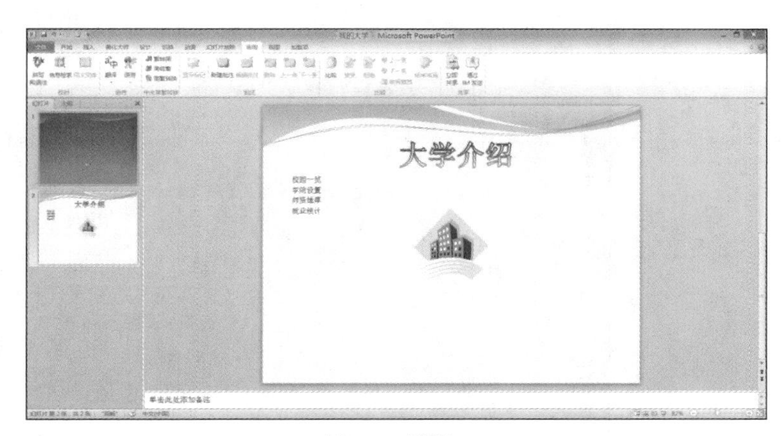

图 5-4　样张 2

（9）编辑第 3 张幻灯片。

① 插入文本框。插入一张空白幻灯片，光标定位到第 3 张幻灯片，单击“插入”菜单下的“文

本框”按钮，插入文本框，并输入“校园一览”。

② 插入图片。选择“插入”菜单下“图片”命令，在弹出的“插入图片”对话框中选择待插入图片，单击“插入”按钮即可插入一张图片，以此类推，插入另外两张图片，并将图片移动、缩放后如图 5-5 所示（右键单击图片，在弹出的快捷菜单中选择“设置图片格式”命令，出现“设置图片格式”对话框，单击左侧“大小”命令，设置图片高度 7.7cm，宽度 11.2cm）。

图 5-5　样张 3

（10）编辑第 4 张幻灯片。

① 添加标题。插入一张空白幻灯片后，插入文本框并输入“师资雄厚”。

② 插入饼状图表。

● 插入图表：选择“插入”菜单下“图表”命令，单击选左侧“饼图”命令，右侧选“三维饼图”，单击“确定”按钮，此时除在幻灯片中默认显示一个名叫“销售额”的饼图外，还自动打开 Excel，在 Excel 中输入数据，如图 5-6 所示，然后关闭 Excel。

图 5-6　建立饼状图表的依据

- 添加数值：单击选中饼图，在上方“图表工具”的“布局”菜单中单击“数据标签”，再单击选中“数据标签外”选项，图中即可显示数值。
- 移动图表标题：单击选中饼图，再单击选中图表标题“师资比例”，按住鼠标左键不放，将其移动到图标下方。最终效果如图 5-7 所示。

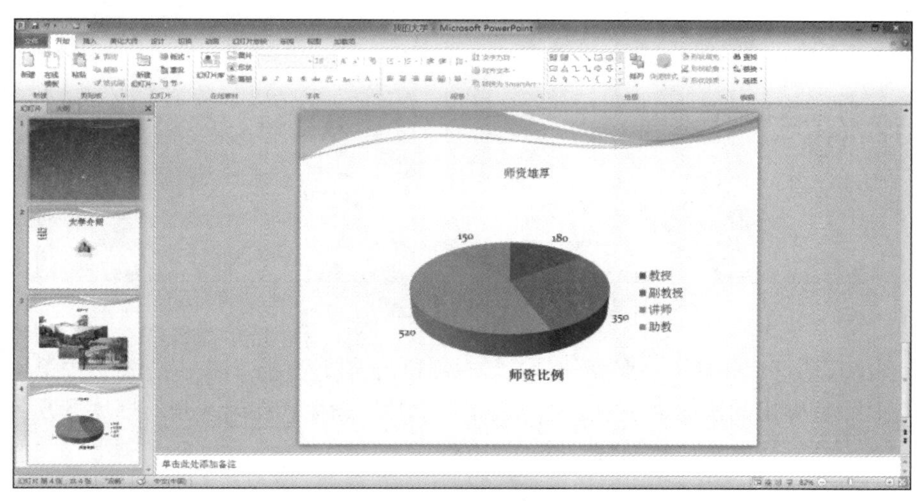

图 5-7　样张 4

（11）编辑第 5 张幻灯片。

① 添加标题。添加一张空白幻灯片，插入文本框并输入“就业统计”。

② 插入柱形图图表。单击“插入”菜单下“图表”按钮，选择柱形图中“簇状柱形图”，将 Excel 数据表中内容修改为图 5-8 中的内容，此时幻灯片效果如图 5-9 所示。如果想删除某列，比如 D 列，则选中 D 列，右键单击，在弹出的快捷菜单中选择“删除”命令，即可删除 D 列。

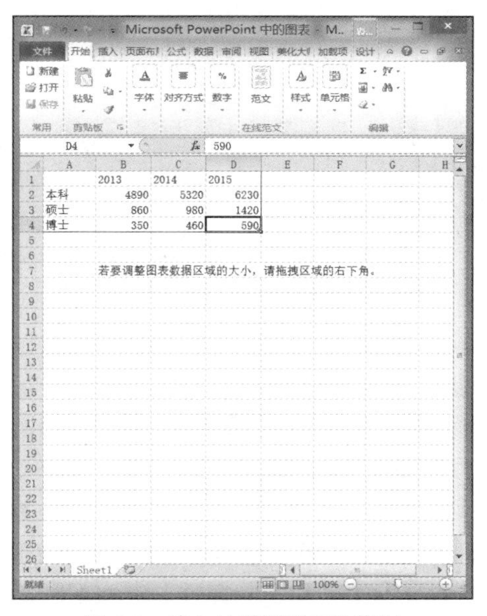

图 5-8　建立柱形图图表的依据

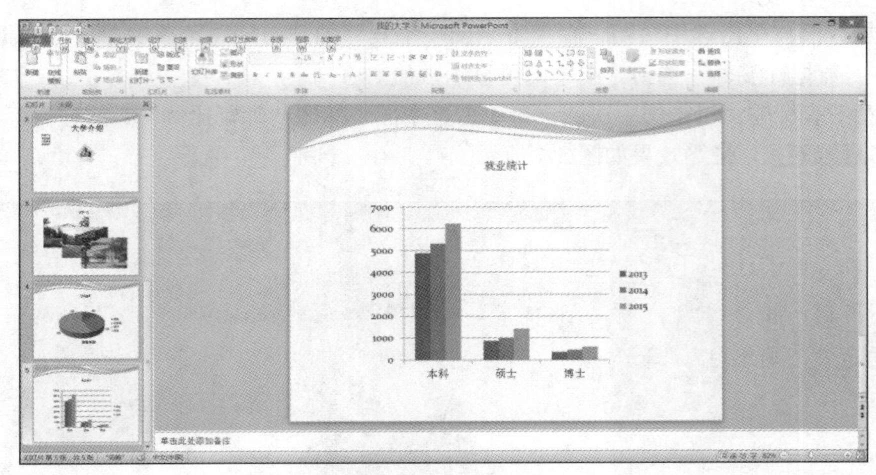

图 5-9　样张 5

（12）在已有幻灯片间插入一张新幻灯片。右键单击窗口左侧“幻灯片”窗格中第 4 张“师资雄厚”幻灯片，在弹出的快捷菜单中选择“新建幻灯片”命令，在第 4 张幻灯片下方会插入一张新幻灯片，选中新幻灯片，在右侧窗口进行以下操作。

① 添加标题。插入文本框并输入“学院设置”。

② 插入表格。选择“插入”菜单下“表格”命令，鼠标拖曳出 6 行 3 列表格或单击“插入表格”命令，在“列数”中输入“3”，在“行数”中输入“6”，单击“确定”按钮，然后在表格中输入图 5-10 中的内容。

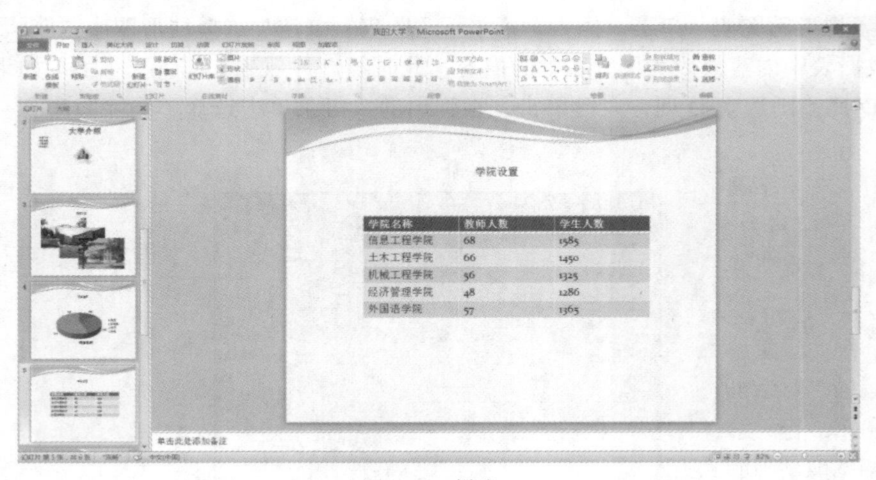

图 5-10　样张 6

（13）幻灯片的移动。要求：调换第 4 张和第 5 张幻灯片。

在窗口左侧“幻灯片”窗格中选中第 4 张“师资雄厚”幻灯片，按住鼠标左键不放，将其向下拖动到第 5 张幻灯片的位置释放鼠标左键即可。

（14）幻灯片的删除。如果想删除某张或某几张幻灯片，仍然在窗口左侧“幻灯片”窗格中选中一张或按住 Ctrl 键选中若干张幻灯片（可不连续），按 Delete 键即可删除。

【范例 5-2】　通过以上步骤初步建立了一个演示文稿，接下来，对演示文稿中的每张幻灯片做进一步编辑和格式化操作。

1. 添加日期和幻灯片编号

要求：除标题幻灯片外，在所有幻灯片的页脚处加入随系统时间变化的日期和时间，并为幻灯片编号。

操作步骤如下。

单击“插入”菜单下“日期和时间”命令，弹出“页眉和页脚”对话框，在“幻灯片”选项卡中点选“日期和时间”下的“自动更新”，勾选“幻灯片编号”和“标题幻灯片中不显示”复选框，单击“全部应用”按钮，如图 5-11 所示。假设系统当前日期为 2020 年 3 月 1 日，则在幻灯片左下方会显示此日期，勾选“自动更新”后，该日期会随着播放幻灯片的当前日期实时更新，若勾选“固定”，则永远显示此日期。

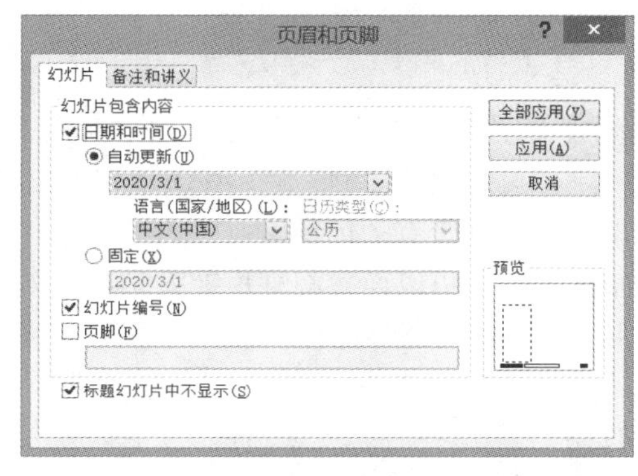

图 5-11 “页眉和页脚”对话框

2. 设置第 2 张幻灯片

要求：设置第 2 张幻灯片的标题字体为“华文彩云”，字号为 54。左下方的文本字体设置为“华文行楷”，字号设为 48，并添加图片项目符号。调整剪贴画大小。

操作步骤如下。

（1）设置艺术字的字体字号。单击选中艺术字“大学介绍”，在“开始”菜单中设置字体为“华文彩云”，字号为 54。

（2）设置文本格式并添加项目符号。选中“校园一览”所在的文本框，在“开始”菜单中设置字体为“华文行楷”，字号设为 48。

单击“开始”菜单下“项目符号”按钮的下拉箭头，单击“项目符号和编号”，会弹出“项目符号和编号”对话框，在“项目符号”选项卡中单击“图片”按钮，弹出“图片项目符号”对话框，选中第 2 行、第 2 列的图片，单击“确定”按钮。

（3）调整剪贴画的大小。选中右侧剪贴画，鼠标任意指向 4 个角上的某个控制点，比如指向右下角的控制点，按住左键并向右下方拖动鼠标，调整剪贴画的大小。最后将标题、文本内容和剪贴画的位置调整到图 5-12 所示位置。

3. 设置第 3 张幻灯片

要求：设置第 3 张幻灯片的“校园一览”字体为“华文行楷”，字号为 54。

操作步骤如下。

选中“校园一览”所在的文本框，在“开始”菜单中设置字体为“华文行楷”，字号为 54。

4. 设置第 4～6 张幻灯片

要求：设置第 4～6 张幻灯片的标题字体也为“华文行楷”，字号为 54。

图 5-12　样张 7

操作步骤如下。

选中“校园一览”中任意几个字，双击“开始”菜单的“格式刷”按钮，然后选中第 4～6 张幻灯片的标题，即“刷”一下即可，全部“刷”完后按 Esc 键退出格式刷状态。

如果创建这 3 张幻灯片时，用的是带有“标题版式”的幻灯片，即所有标题文字都是在“单击此处添加标题”文本框中输入的，也可以设置幻灯片母版标题的文本格式，达到一次设置、所有类似幻灯片共享此格式的目的。具体步骤是选择“视图”菜单下“幻灯片母版”命令，选中“单击此处编辑母版标题样式”文本框，利用“开始”菜单相关命令设置字体、字号等。单击“幻灯片母版”菜单中“关闭母版视图”按钮即可。

5. 设置第 4 张幻灯片文字内容及列宽

要求：设置第 4 张幻灯片文字内容水平居中、垂直居中，宋体，24 号，调整每列宽度适合文字内容宽度。

操作步骤如下。

（1）设置水平、垂直居中。单击表格边框选中整张表格，单击鼠标右键，在快捷菜单中选择“设置形状格式”命令，弹出“设置形状格式”对话框，单击左侧“文本框”命令，在右侧“垂直对齐方式”下拉列表中选择“中部居中”选项，单击“关闭”按钮即可实现文字内容水平、垂直居中。

（2）调整列宽。光标指向待调整列宽列的右边线，向左或右拖动鼠标可调整列宽。效果如图 5-13 所示。调整第 6、第 7 张幻灯片中的图表大小，效果如图 5-14 和图 5-15 所示。

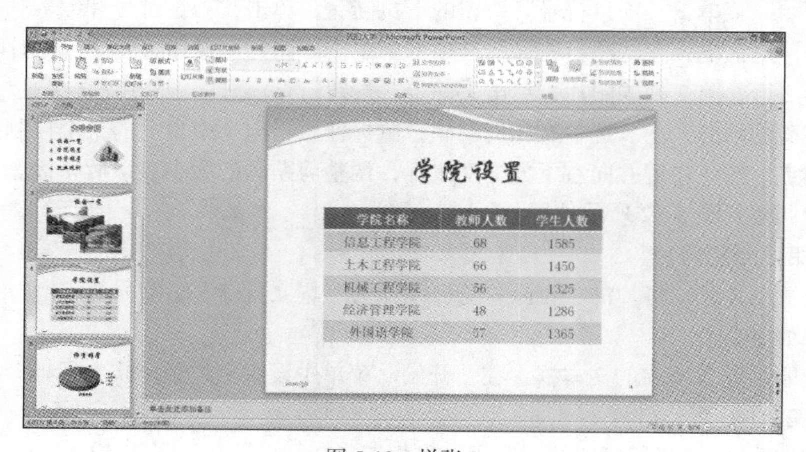

图 5-13　样张 8

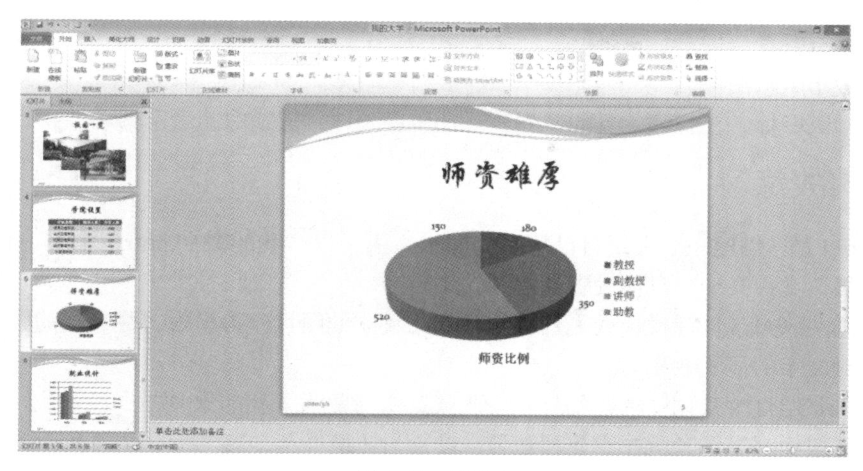

图 5-14　样张 9

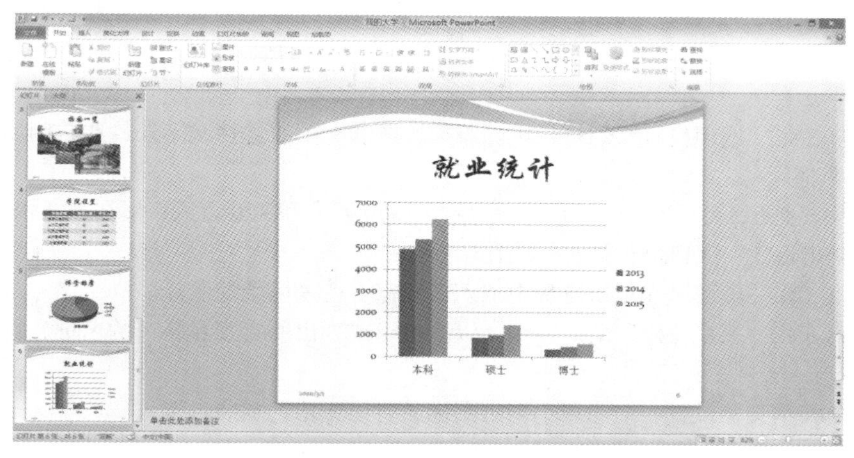

图 5-15　样张 10

6. 插入背景音乐

要求：在第 2～6 张幻灯片中插入背景音乐，播放时不显示小喇叭图标。

操作步骤如下。

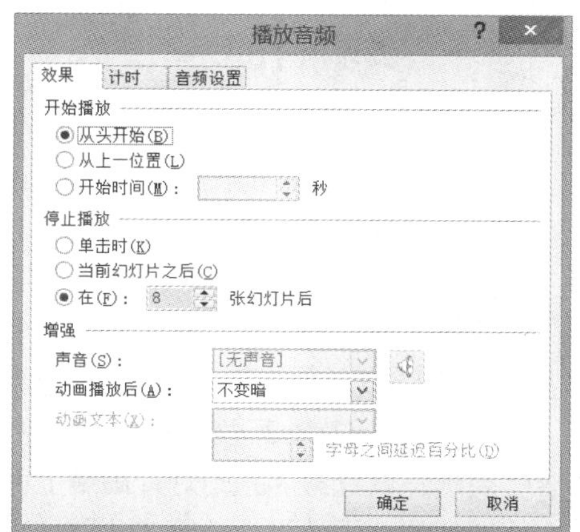

图 5-16　“播放音频”对话框

（1）在第 2～6 张幻灯片中自动播放音乐。

光标定位到第 2 张幻灯片，选择“插入”菜单下“音频”按钮，单击“文件中的音频”命令，弹出“插入音频”对话框，选择一首喜欢的歌曲，单击“插入”按钮，出现一个小喇叭图标。单击选中此图标，在音频工具下的“播放”菜单中，设置开始为“自动”，从而实现不用任何操作，每当播放到第 2 张幻灯片时都可以自动播放音乐的效果。

单击选中小喇叭图标，单击“动画”菜单中“效果选项”的右下角“显示其他效果选项”按钮，弹出“播放音频”对话框，在“效果”选项卡中“停止播放”选项组中，设置“在 5 张幻灯片后”，单击“确定”按钮，如图 5-16 所示，实现了播放第 2～6 张幻灯片时一直有背景音乐。

（2）隐藏小喇叭图标。

选中小喇叭图标，在音频工具的“播放”菜单中勾选“放映时隐藏”选项。

三、实战练习

【练习 5-1】 创建一个介绍自己家乡的演示文稿，以“我的家乡.pptx”命名，保存在“D:\我的演示文稿”文件夹中，具体设置如下。

（1）任选一张自带设计模板或另外找一幅自己喜欢的图片作为模板，注意找的图片不要太花哨，以免影响文字的显示效果。

（2）第 1 张幻灯片采用“标题幻灯片”版式，主标题为“我的家乡”，设置成“隶书”，80 号字，加粗；副标题为作者所在专业和姓名，设置为“隶书”，36 号字。以下幻灯片字体字号自行设置。

（3）第 2 张幻灯片采用“标题，文本与内容”版式，标题文字为“家乡概览”，文本中输入“地理位置”“人口增长”“美丽风光”和“家乡特产”，右侧加入一幅剪贴画，也可自行设置布局。

（4）在第 3 张“地理位置”幻灯片中除添加标题和有关叙述性文字外，在右侧加入家乡的地图，可上网搜索。

（5）假设家乡近 3 年人口数分别为 300 万人、350 万人和 420 万人，请在第 4 张“人口增长”幻灯片中绘制出近 3 年人口增长的柱形统计图。

（6）在第 5 张“美丽风光”幻灯片中加入多幅家乡迷人风景的照片。

（7）在第 6 张“家乡特产”幻灯片中，以表格形式列出所有家乡特产的名称、特色和历史典故等信息。

（8）整个演示文稿设置一个隐藏小喇叭图标的背景音乐，歌曲自选。

实验 2　演示文稿演示效果的设置

一、实验目的

（1）掌握动画效果的设置。

（2）掌握超链接的设置。

（3）掌握幻灯片切换效果的设置。

二、实验范例

【范例 5-3】 打开“我的大学.pptx”进行以下设置。

1. 设置图片动画效果和播放次序

要求：设置第 3 张幻灯片的最上面一幅图片的动画效果为“玩具风车”，速度为“快速”；中间图片的动画效果为“阶梯状”，方向“右下”，速度“非常快”；最下面图片的动画效果为“擦除”，方向“自顶部”，速度“非常快”。播放顺序最上面图片先出现，然后是中间的图片，最后是下面图片出现。

操作步骤如下。

（1）设置图片的动画效果

选中最上面的图片，选择“动画”菜单下动画效果右下角的下拉按钮，单击“更多进入效果”选项，弹出“更改进入效果”对话框，在“华丽型”选项组中选中“玩具风车”，单击“确定”按钮，如图 5-17 所示。此时再单击“动画”菜单下“效果选项”右下角的“显示其他效果选项”按钮，在弹出的对话框中选中“计时”选项卡，设置“期间”为“快速（1 秒）”，如图 5-18 所示。

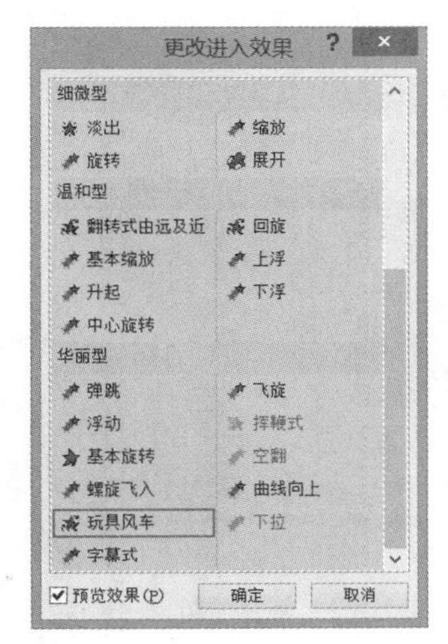

图 5-17　“更改进入效果”对话框

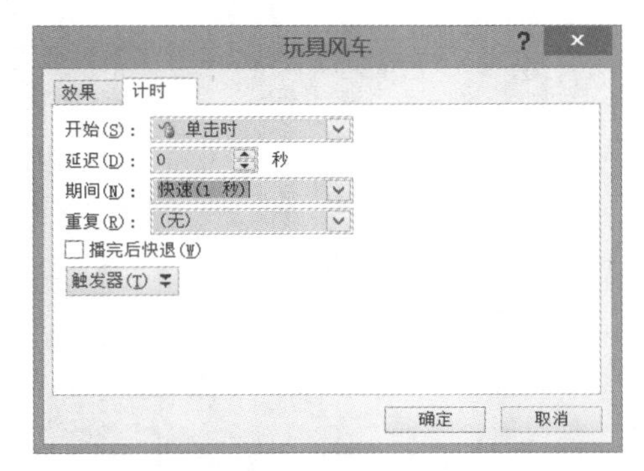

图 5-18　设置“玩具风车”的动画效果

同理可设置中间和最下面图片的动画效果。设置中间图片方向为“右下”时，则在单击“动画”菜单下“效果选项”右下角的“显示其他效果选项”按钮后，在弹出对话框的“效果”选项卡中设置方向为“右下”，如图 5-19 所示。

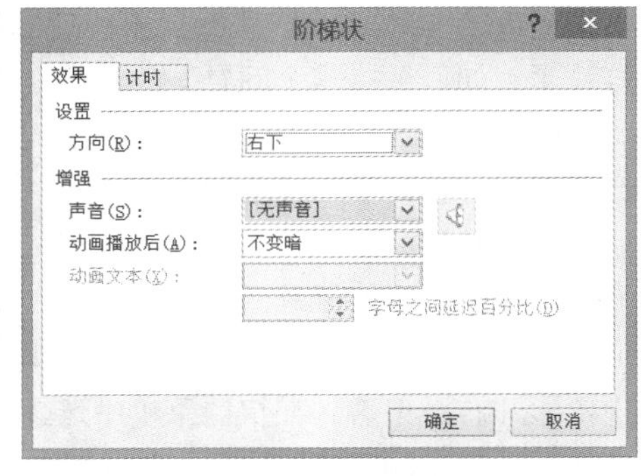

图 5-19　设置“阶梯状”的动画效果

若想查看或修改对应图片效果显示，只需在动画窗格中选中相应选项，此时对应图片前面的序号颜色会加深。

如果想删除某个动画效果，选中动画窗格中对应的选项，按 Delete 键删除即可。

（2）调整动画播放顺序

通常动画效果是按照设置的先后顺序显示，如果需要更改播放顺序，可单击“动画”菜单下的“动画窗格”命令，单击选中需要更改播放顺序的动画效果，通过单击“动画窗格”窗口下面的向上或向下箭头，将播放顺序提前或错后，即每单击一次向上箭头，选中的动画效果就会上移一次，则播放顺序提前一次。

第 3 张幻灯片中 3 张图片左上角的数字代表了动画播放顺序。

2. 设置超链接

要求：给第 2 张幻灯片中的文字设置超链接，当单击“校园一览”“学院设置”“师资雄厚”

“就业统计”时分别链接到第 3～6 张幻灯片。

操作步骤如下。

在第 2 张幻灯片中用鼠标拖动方法选中“校园一览”4 个字，右键单击，在弹出的快捷菜单中选择“超链接”命令，弹出“插入超链接”对话框，单击左侧链接到“本文档中的位置”按钮，选中“校园一览”幻灯片，也可单击“下一张幻灯片”按钮，单击“确定”按钮，如图 5-20 所示。此时，会在“校园一览”文字下方出现一条下划线，表示该文字部分设置了超链接，当放映幻灯片时鼠标指针指向此部分文字，光标形状变成小手型，单击会自动跳转到文字所链接的那张幻灯片。

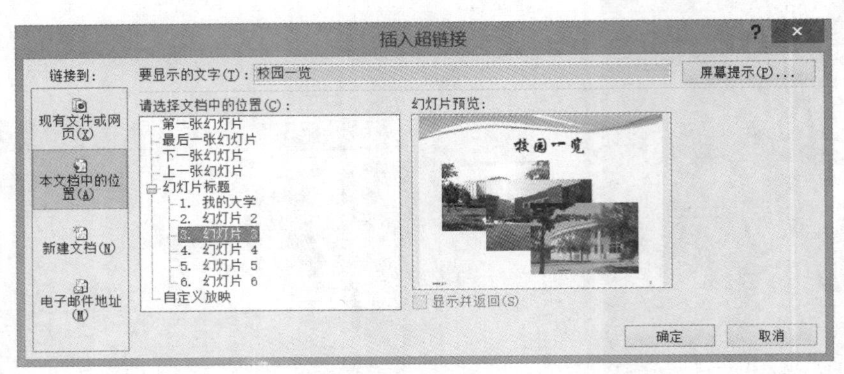

图 5-20 “插入超链接”对话框

同理可设置另外 3 行文字的超链接。

思考：设置完超链接后，播放时单击“校园一览”转到第 3 张幻灯片播放，再继续播放时就直接播放第 4～6 张幻灯片，而不能返回第 2 张幻灯片，利用后 3 行文字设置的超链接转到其他幻灯片了，如何解决这个问题?

解决方案：在第 3～5 张幻灯片中也设置超链接以返回第 2 张幻灯片，第 6 张不用设置，因为已是最后一张，不用再返回。

操作步骤如下。

选中第 3 张幻灯片，单击“插入”菜单中“形状”按钮，在“基本形状”中选择“笑脸”图形，光标变成十字形，在幻灯片上拖出合适大小，并放到右下角。如果拖曳后未显示图形，则选中图形并右键单击，在快捷菜单中选择“设置形状格式”命令，弹出“设置形状格式”对话框，选择对话框左侧“线条颜色”命令，在右侧设置线条颜色为“实线”即可。右键单击该笑脸图形，在弹出的快捷菜单中选择“超链接”命令，将其链接到第 2 张幻灯片。

将带有超链接的笑脸图形复制到第 4、第 5 张幻灯片中。

此时，在播放时通过第 2 张幻灯片中的文字可链接到对应幻灯片，然后单击笑脸图形再返回第 2 张幻灯片，这样就可通过第 2 张幻灯片中的 4 行文字分别链接到后面的每一张幻灯片了。

3. 设置幻灯片切换效果

要求：分别设置第 2～6 张幻灯片的切换效果为“随机线条”“溶解”“涟漪”“立方体”“蜂巢”。

操作步骤如下。

选中第 2 张幻灯片，在“切换”菜单下选中“随机线条”选项即可。还可以在设置某种切换效果后，在“切换”菜单下“效果选项”中设置幻灯片切换时进入的方向等。

同理可设置其他张幻灯片的切换效果。

三、实战练习

【练习 5-2】　打开“我的家乡.pptx”，另存为“美丽的家乡.pptx”，并在其中做如下设置后保存。

（1）为每张幻灯片的不同对象添加适合的动画效果。

（2）为第 2 张幻灯片中的文字设置超链接，分别链接到对应的幻灯片，保证播放时通过链接转到对应的幻灯片。

（3）对各张幻灯片分别设置不同的切换方式。

（4）在第 3～5 张幻灯片中设置一个小图片或动作按钮，通过单击它使幻灯片跳转回第 2 张幻灯片。

实验 3　演示文稿的放映、打包及视频创建

一、实验目的

（1）掌握演示文稿的放映方式。

（2）了解放映演示文稿过程中突出重点内容的方法。

（3）了解演示文稿的打包方法。

（4）了解将演示文稿创建成视频的方法。

（5）掌握为演示文稿设置密码的方法。

二、实验范例

【范例 5-4】　幻灯片设置好后，准备播放和打包。

1. 幻灯片放映

要求：从头开始放映幻灯片，放到第 2 张幻灯片时停止放映，然后从当前幻灯片开始放映。

操作步骤如下。

单击“幻灯片放映”菜单下“从头开始”命令或直接按 F5 键即可从头开始放映幻灯片，单击鼠标或按向下方向键或按向右方向键即可播放下一张幻灯片，如有动画效果，则播放下一个动画效果。

放到第 2 张幻灯片时按 Esc 键或在播放窗口中右键单击，在弹出的快捷菜单中选择“结束放映”命令即可停止放映。

单击“幻灯片放映”菜单下“从当前幻灯片开始”命令或按“Shift+F5”组合键或按窗口下方的按钮均可从当前幻灯片开始放映。还可通过选择“幻灯片放映”菜单下“设置幻灯片放映”命令，在弹出的“设置放映方式”对话框中进行“演讲者放映（全屏幕）”“观众自行浏览（窗口）”和“在展台浏览（全屏幕）”几种放映方式的选择。

2. 做突出说明

要求：播放第 5 张幻灯片时在图例“教授”及“教授数量”上用圆圈做突出说明，效果如图 5-21 所示。

操作步骤如下。

播放第 5 张幻灯片时，右键单击幻灯片，在弹出的快捷菜单中选择“指针选项”→“笔”命令，指针变成实心小圆点形状，通过鼠标拖动方式对要强调内容做记号，如图 5-21 所示。小圆点

颜色可通过“指针选项”→“墨迹颜色”命令选择。

待放映结束时会弹出提示框，提示“是否保留墨迹注释？”，如图 5-22 所示，单击“保留”按钮，可在幻灯片上保存刚才书写的内容，单击“放弃”按钮则不保存。

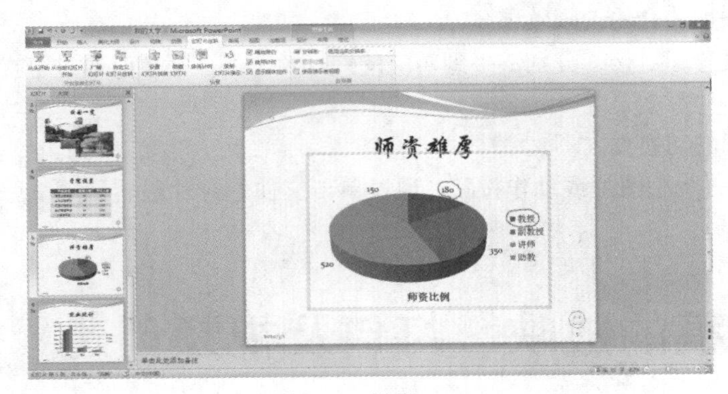

图 5-21　样张 11

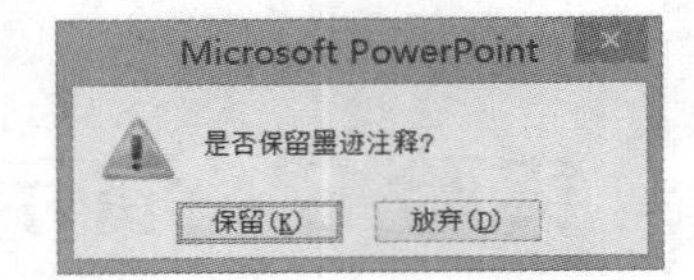

图 5-22　提示框

3. 将演示文稿打包成 CD

要求：将演示文稿打包，使其可以在没有安装 PowerPoint 2010 的计算机中播放。

所谓打包，是指将独立的已综合起来共同使用的单个或多个文件，集成在一起，生成一种独立于运行环境的文件。打包后拿到其他计算机上运行时不再受运行环境的限制，也就是说即使没有安装 PowerPoint 2010 或版本不够也能正常运行。

操作步骤如下。

选择“文件”→“保存并发送”→“将演示文稿打包成 CD”命令，单击“打包成 CD”按钮，如图 5-23 所示，此时弹出“打包成 CD”对话框，如图 5-24 所示，在“将 CD 命名为”后的文本框中可以输入打包后的名字，如果不改名，默认为“演示文稿 CD”。单击“添加”按钮，可以继续往包中添加文件，单击“删除”可从包中删除文件，单击“选项”按钮后，弹出“选项”对话框，如图 5-25 所示，可以设置包中每个演示文稿打开和修改时的密码。全部设置完成后，单击“复制到文件夹”可将包打到硬盘上，如图 5-26 所示；单击“复制到 CD”可将包打到 CD 盘上，当然此时需要在光驱中插入一张空白 CD。

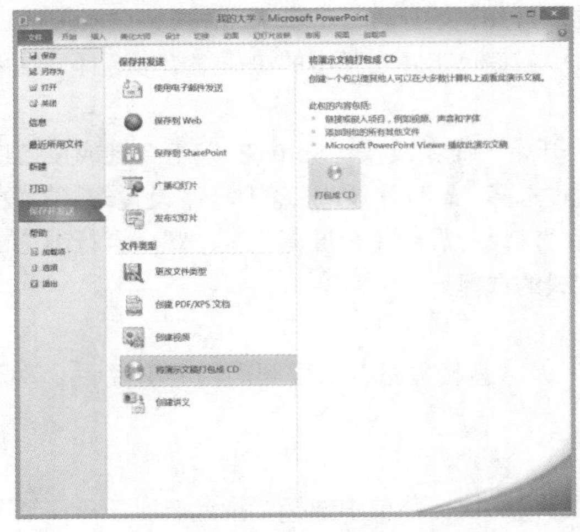

图 5-23　执行“打包成 CD”命令

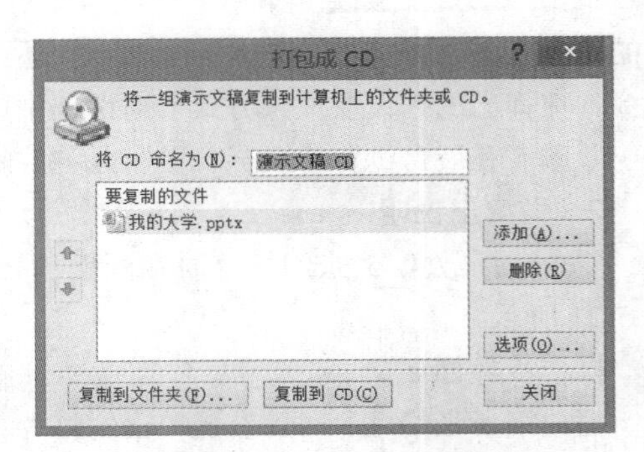

图 5-24　“打包成 CD”对话框

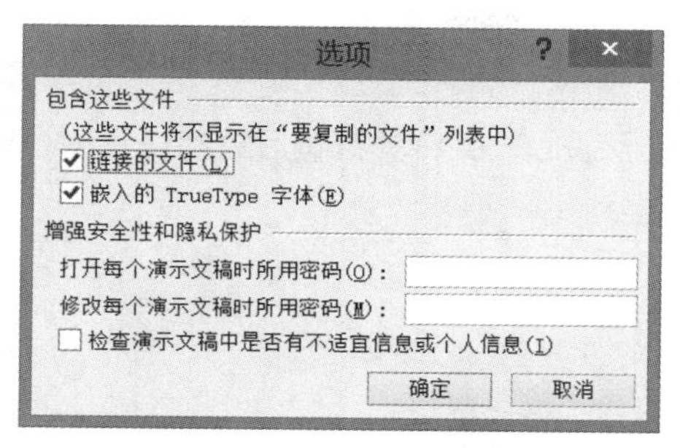

图 5-25　“选项”对话框

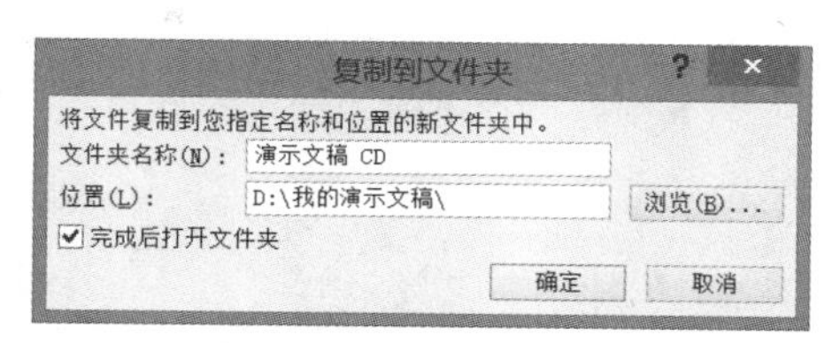

图 5-26　“复制到文件夹”对话框

4. 将演示文稿创建成视频

要求：将“我的大学.pptx”创建成视频文件。

操作步骤如下。

选择“文件”→“保存并发送”→“创建视频”命令，单击“创建视频”按钮，如图 5-27 所示，在弹出的对话框中输入视频文件名称，若不修改，默认为 PPT 文档名，本例视频默认名称为“我的大学.wmv”，选择存放路径后单击“保存”按钮即可。

将 PPT 文档创建成视频文件后，因为通过视频播放软件播放，所以文档中的超链接不再起作用，也就是说只能连续播放幻灯片，而不能通过超链接实现跳转。

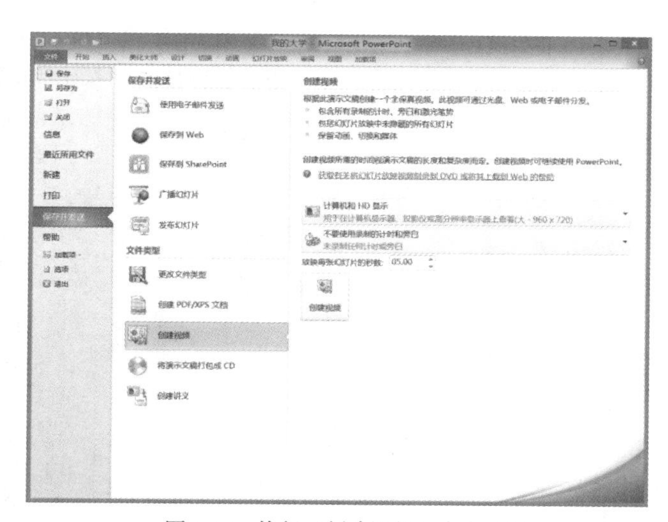

图 5-27　执行“创建视频”命令步骤

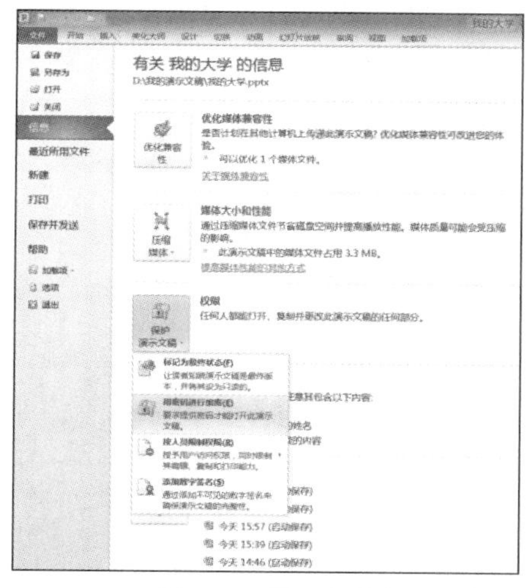

图 5-28　设置文档密码

5. 为演示文稿设置密码

要求：为“我的大学.pptx”设置密码。

操作步骤如下。

单击“文件”→“信息”→“保护演示文稿”按钮，在下拉菜单中选择“用密码进行加密”，如图 5-28 所示，弹出“加密文档”对话框，输入密码，单击“确定”按钮，出现“确认密码”对话框，再次输入密码后，单击“确定”按钮即可。

如果想删除密码，按照设置密码步骤，按 Delete 键删除密码即可。

三、实战练习

【练习 5-3】 打开“D:\我的演示文稿\美丽的家乡.pptx”，将其打包后放到任意一台计算机上，边播放边给大家介绍自己的家乡。

第 6 章 计算机网络基础

实验 1　网 络 配 置

一、实验目的

掌握查看常用网络参数的方法，掌握网络配置的基本方法。

二、实验范例

【范例 6-1】　查看计算机网络参数。

操作步骤如下。

（1）在“我的电脑”图标上单击鼠标右键，在弹出的快捷菜单中选择“属性”命令，弹出“系统属性”对话框，如图 6-1 所示，可得到主机名称。

（2）选择“开始”→“运行”命令，在弹出的“运行”对话框中输入“CMD”，如图 6-2 所示。

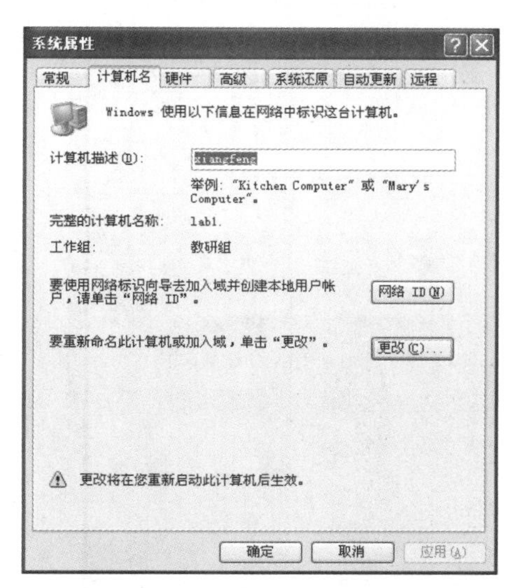

图 6-1　“系统属性”对话框

图 6-2　“运行”对话框

（3）单击“确定”按钮，在打开的窗口中输入命令“ipconfig”，按 Enter 键，可显示本机网卡的信息，包括 IP 地址、子网掩码及默认网关，带上参数“/all”可以查看网卡地址，如图 6-3 所示。

【范例 6-2】 网络组件的安装和卸载方法。

操作步骤如下。

选择“开始”→“设置”→“控制面板”命令，在打开的“控制面板”窗口中双击“添加或删除程序”图标，打开“添加或删除程序”窗口，单击“添加/删除 Windows 组件”按钮，弹出如图 6-4 所示的“Windows 组件向导”对话框相应的组件后单击“详细信息”按钮，选择需要的组件，按照提示操作即可。

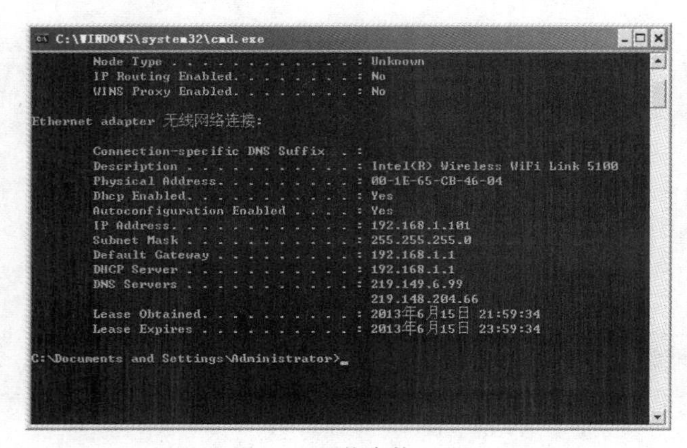

图 6-3 网络参数

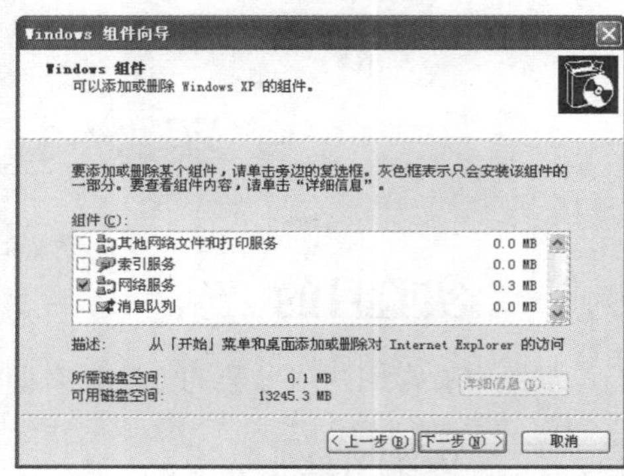

图 6-4 “Windows 组件向导”对话框

【范例 6-3】 TCP/IP 的属性设置操作。

操作步骤如下。

（1）在 Windows 桌面上右键单击“网上邻居”图标，在弹出的快捷菜单中选择“属性”命令，打开如图 6-5 所示的“网络连接”窗口。

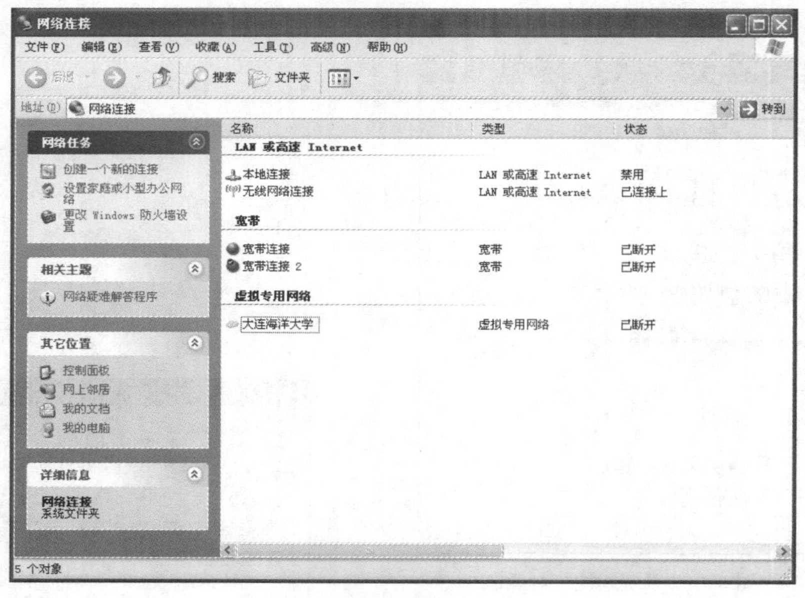

图 6-5 “网络连接”窗口

（2）在“本地连接”图标上单击鼠标右键，在弹出的快捷菜单中选择“属性”命令，弹出“本地连接 属性”对话框，如图 6-6 所示。

（3）选择“常规”选项卡中的“Internet 协议(TCP/IP)”选项，然后单击“属性”按钮，弹出“Internet 协议（TCP/IP）属性”对话框，如图 6-7 所示。

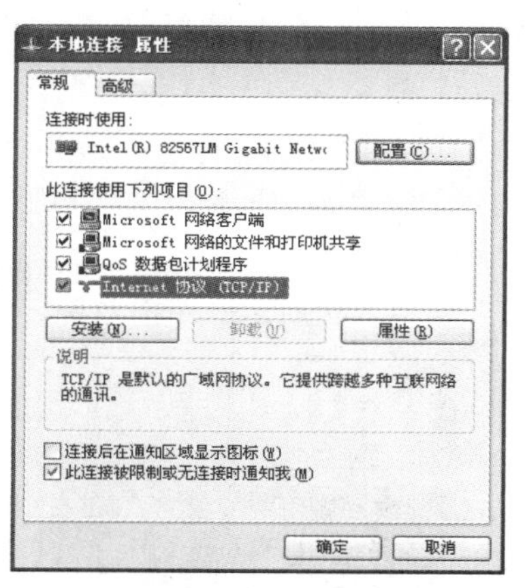

图 6-6 “本地连接 属性”对话框

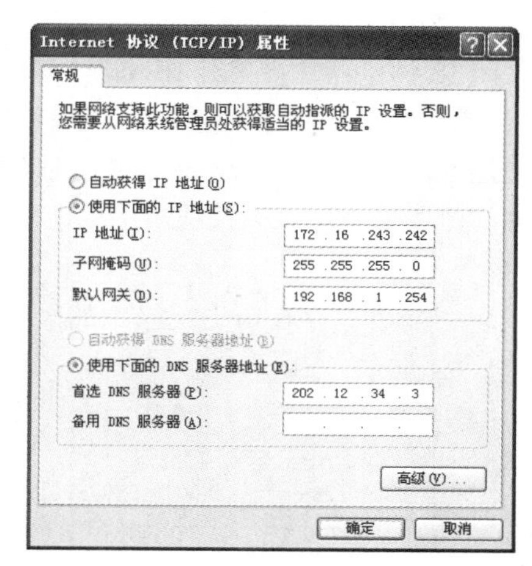

图 6-7 “Internet 协议（TCP/IP）属性”对话框

（4）IP 地址的获得方式有两种：一种是自动获取，另一种是指定 IP。如果是指定 IP 地址的方式，就应点选“使用下面的 IP 地址”单选按钮，并分别在“IP 地址”“子网掩码”“默认网关”“首选 DNS 服务器”编辑框中输入相关信息，然后单击“确定”按钮，如图 6-7 所示。

三、实战练习

【练习 6-1】 设置计算机的 IP 地址为 172.16.12.134，子网掩码为 255.255.255.0，默认网关为 192.168.1.254，首选 DNS 服务器为 2.2.12.84.5。

实验 2 浏览器的使用及网页浏览

一、实验目的

（1）熟练掌握在 IE 浏览器中打开、浏览网页的操作。

（2）可以对 IE 浏览器进行一些常用选项设置。

二、实验范例

【范例 6-4】 启动 IE 浏览器。

操作步骤如下。

（1）方法一：在任务栏快速启动区中单击“Internet Explorer”按钮。

（2）方法二：双击桌面上的“Internet Explorer”图标。

（3）方法三：选择“开始”→“所有程序”→“Internet Explorer”命令。

【范例 6-5】 IE 浏览器的选项设置。

操作步骤如下。

（1）设置起始页为 http：//www.163.com。

① 选择“工具”→“Internet 选项”命令，弹出“Internet 选项”对话框。

② 在“常规”选项卡中的“地址”编辑框中输入“http：//www.163.com”，如图 6-8 所示，单击“确定”按钮完成设置。

③ 关闭 IE 浏览器，再打开 IE 浏览器窗口，观察效果。

（2）设置历史记录保存天数为 10 天，清除历史记录。

① 在图 6-8 所示的“Internet 选项”对话框中选择“常规”选项卡。

② 在“浏览历史记录”选项组中单击“设置”按钮，弹出“Internet 临时文件和历史记录设置”对话框。

③ 设置“网页保存在历史记录中的天数”为 10 天，如图 6-9 所示，单击“确定”按钮完成设置。

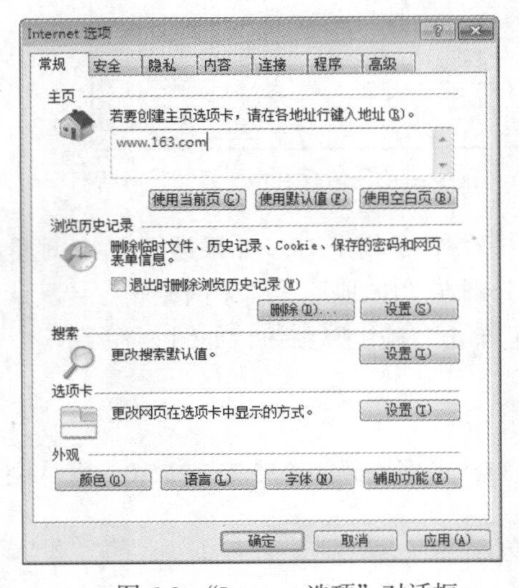

图 6-8 “Internet 选项”对话框

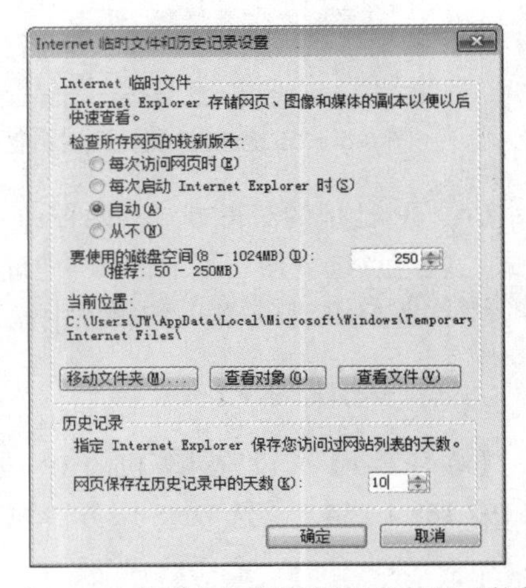

图 6-9 “Internet 临时文件和历史记录设置”对话框

④ 在图 6-8 所示的“Internet 选项”对话框中选择“常规”选项卡，在“浏览历史记录”选项组中单击“删除”按钮。

⑤ 在弹出的对话框中单击“删除历史记录”按钮，弹出信息框，单击“是”按钮完成设置。

（3）设置浏览网页时不显示图片。

① 在图 6-8 所示的“Internet 选项”对话框中选择“高级”选项卡。

② 在“高级”选项卡中，取消勾选“显示图片”复选框，如图 6-10 所示，单击“确定”按钮完成设置。

（4）将 IE 浏览器的菜单栏和状态栏屏蔽。

① 选择“查看”→“工具栏”命令，打开其级联菜单。

② 去掉“菜单栏”条目中的“√”。

③ 选择“查看”→“状态栏”命令，去掉“状态栏”条目中的“√”。

④ 观察无菜单栏和状态栏的 IE 浏览器窗口。

【范例 6-6】 打开 Web 页面。

操作步骤如下。

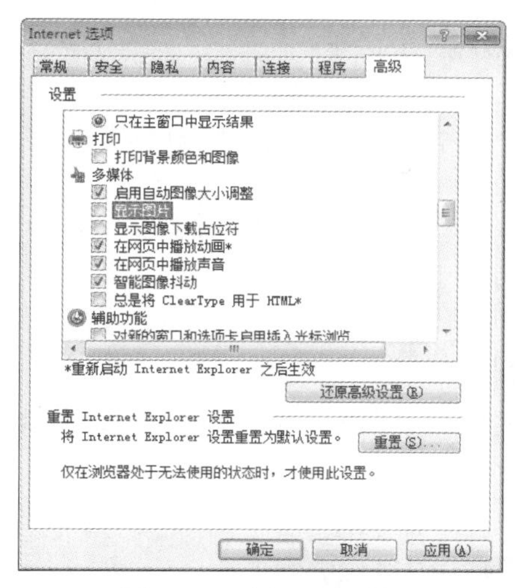

图 6-10　“高级”选项卡

（1）使用地址栏。向地址栏输入要浏览的 Web 地址“http：//www.163.com”，按 Enter 键或者单击“转到”按钮，即可打开网易主页。

（2）使用工具栏按钮。单击工具栏中的“主页”按钮，因为“Internet 选项”对话框的“常规”选项卡中指定了起始页“http://www.163.com”，所以单击“主页”按钮，就可以访问网易主页。

单击工具栏中的“收藏夹”按钮，在打开窗口的左侧窗格选择“历史记录”选项，也可以打开以前访问过的站点。浏览 Web 页面，如图 6-11 所示。

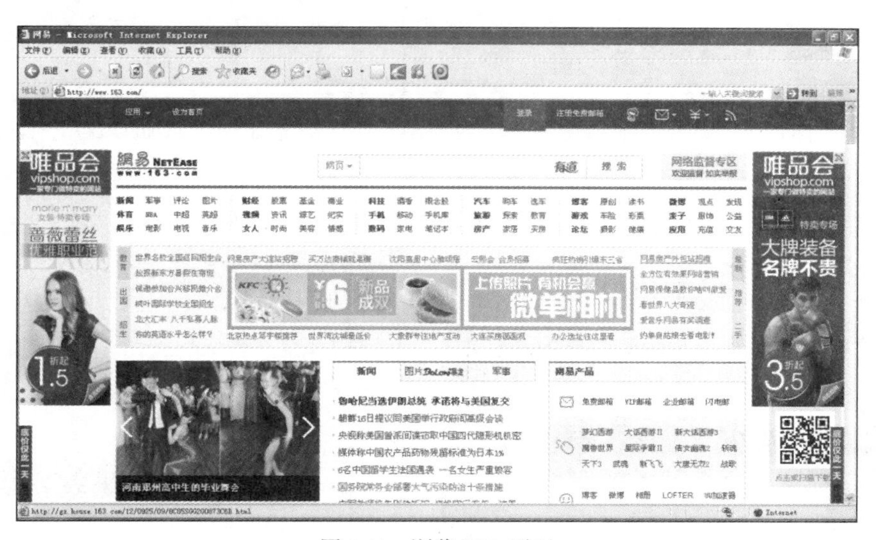

图 6-11　浏览 Web 页面

【范例 6-7】　保存 Web 页面。

操作步骤如下。

（1）保存网易主页。

① 在 IE 浏览器中打开网易主页。

② 选择“文件”→“另存为”命令，弹出“保存网页”对话框，如图 6-12 所示。

③ 在“保存类型”下拉列表中选择“网页，全部（*.htm;*.html）”选项，输入文件名“163”，

选择保存路径，单击“保存”按钮完成操作。

（2）保存主页中的图片。

① 在网易主页中任选一个图片并单击鼠标右键，在弹出的快捷菜单中选择“图片另存为”命令，弹出“保存图片”对话框。

② 将图形以“test.gif”为文件名保存在C盘的根目录下。

【范例6-8】 管理收藏夹。

操作步骤如下。

（1）将网易主页添加到收藏夹中。

① 打开网易主页浏览，单击“收藏夹”按钮，在弹出的“收藏夹”窗格中单击“添加到”按钮，弹出“添加到收藏”对话框。

② 在“添加到收藏”对话框中将名称更改为“网易”，如图6-13所示，单击“确定”按钮。

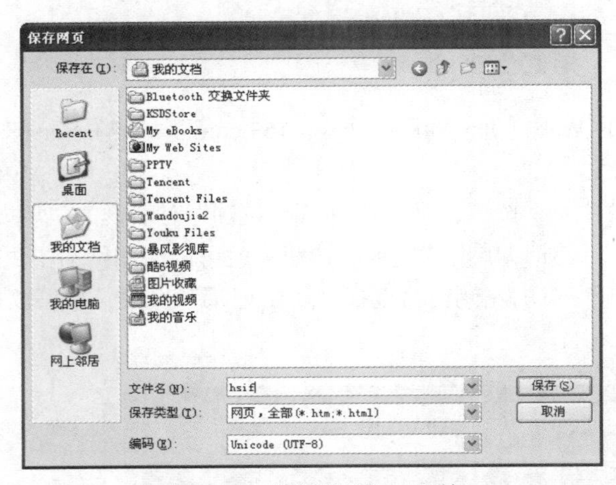

图6-12 “保存网页”对话框

图6-13 “添加到收藏”对话框

（2）整理收藏夹。

① 单击“收藏夹”按钮，在弹出的“收藏夹”空格中单击“整理”按钮，弹出“整理收藏夹”对话框，如图6-14所示。

② 单击“创建文件夹”按钮，建立“门户网”文件夹。

③ 在“整理收藏夹”对话框中选中网易主页，单击“移至文件夹”按钮，弹出“浏览文件夹”对话框，如图6-15所示。

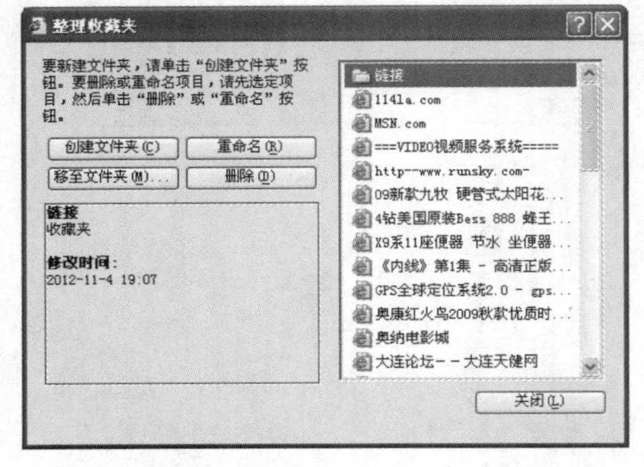

图6-14 “整理收藏夹”对话框

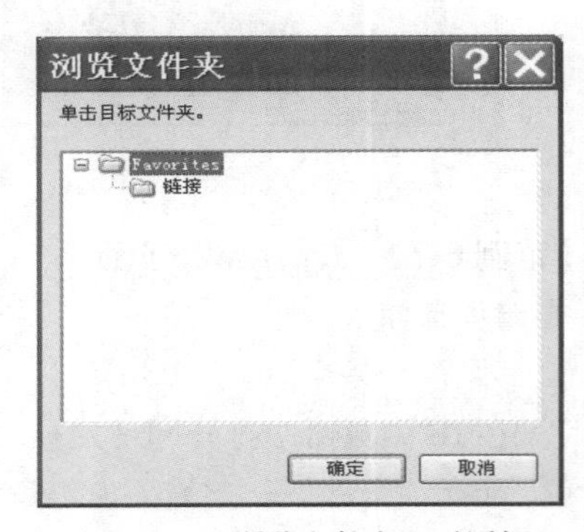

图6-15 “浏览文件夹”对话框

④ 在“浏览文件夹”对话框中选择“门户网”文件夹，单击“确定”按钮完成操作。

三、实战练习

【练习 6-2】　打开网址“www.taobao.com”的主页，将淘宝网添加到收藏夹中，将 IE 浏览器的主页设置为“www.163.com”。

实验 3　搜索引擎的使用

一、实验目的

熟练掌握搜索引擎的使用方法。

二、实验范例

【范例 6-9】　百度搜索引擎的使用方法。

操作步骤如下。

使用百度搜索计算机基础中 IP 地址的相关内容。

（1）启动浏览器，在浏览器地址栏中输入“http：//www.baidu.com”后，按 Enter 键，进入百度页面。

（2）在搜索框内输入需要查询的内容“全国计算机二级考试”，如图 6-16 所示，按 Enter 键或者单击搜索框右侧的“百度一下”按钮。

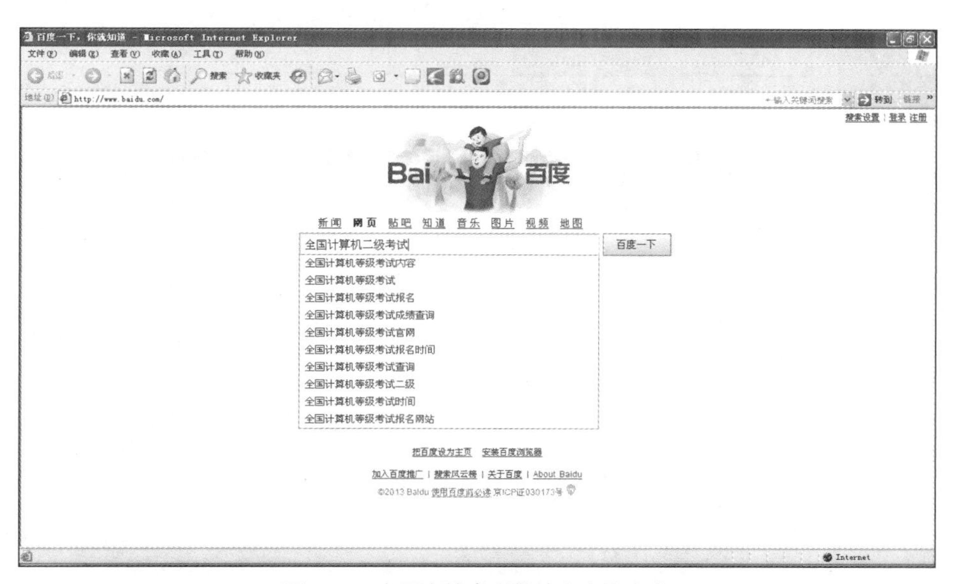

图 6-16　在百度搜索引擎输入查询内容

（3）查询结果界面如图 6-17 所示，找到相关网页。

（4）为了获得更加精确的搜寻结果，可以输入多个词语搜索，不同字词之间用一个空格隔开，如图 6-18 和图 6-19 所示。

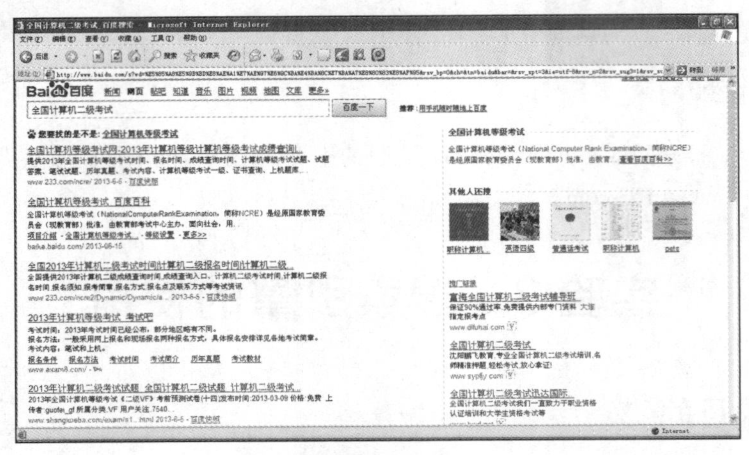

图 6-17　查询结果

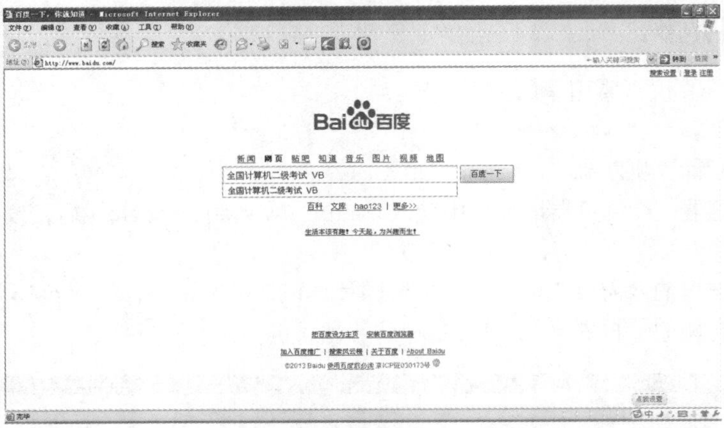

图 6-18　输入多词

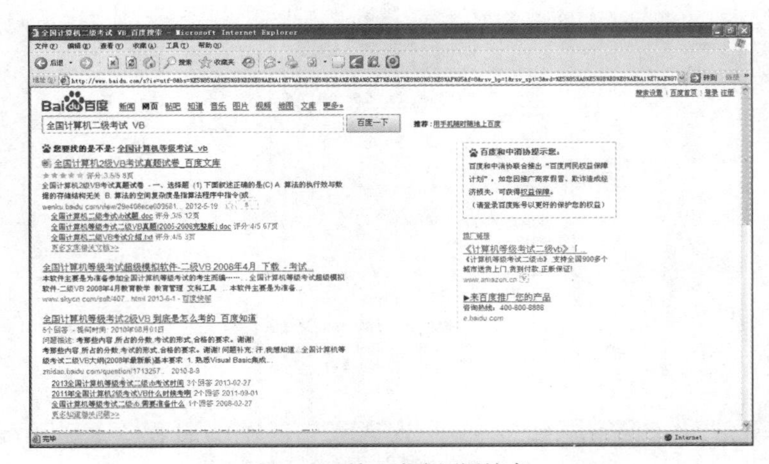

图 6-19　输入多个词语搜索

三、实战练习

【练习 6-3】 使用百度搜索有关“全国计算机二级考试真题”的相关网页。

第7章 软件技术基础

实验　数据结构

一、实验目的

（1）熟悉 Visual C++ 6.0 的开发环境，能够掌握程序的编辑、编译、连接、运行的过程。

（2）理解线性表、栈和队列的顺序存储结构。

（3）掌握如何用动态数组实现线性表和循环队列的顺序存储结构。

（4）掌握顺序表的初始化、查找、插入等基本操作。

（5）掌握顺序栈的实现方法，掌握顺序栈的初始化、判断顺序栈是否为空、为满的条件及入栈、出栈和输出栈中元素的操作。

（6）掌握顺序表上实现循环队列的方法，掌握循环队列的初始化、判断队列满、判断队列空的条件及入队、出队和显示队列中元素的操作。

（7）掌握二叉树的创建和三种遍历二叉树的递归算法。

二、实验范例

【范例 7-1】　假设有一采用顺序存储结构的线性表，其中的数据元素已经是递增有序，试编写程序，将新元素 x 插入顺序表的合适位置上，以保证插入后该顺序表仍递增有序。

操作步骤如下。

（1）启动 Visual C++ 6.0

在安装了 Visual C++ 6.0 的电脑上找到“Microsoft Visual Studio 6.0”启动 VC++ 6.0，如图 7-1 所示。

（2）选择文件类型、给文件命名和选择文件存放路径

单击“Close”按钮后，选择“File”菜单下的“new”命令，出现如图 7-2 所示的 New 对话框，在该对话框中单击“Files”选项卡，在该选项卡的左侧单击选中“C++ Source File”，在该选项卡右侧的“File”文本框中输入源程序文件的名字“insertseqlist.c”，在 Location 中设置文件保存路径“d:\lx”（单击 Location 文本框右侧的浏览按钮，选择保存路径，如图 7-3 所示）。

最终设置完成的界面如图 7-4 所示。

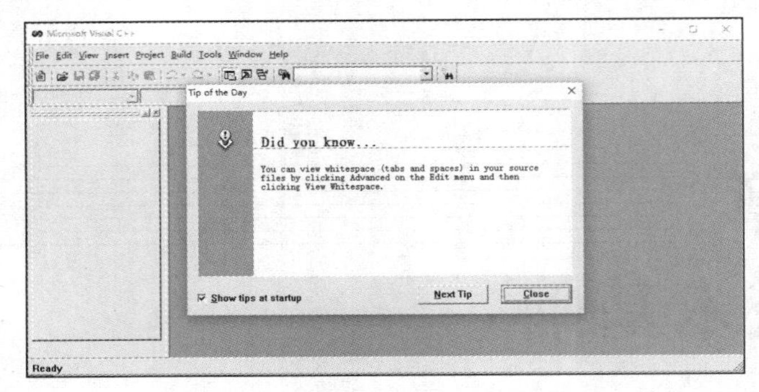

图 7-1　Visual C++ 6.0 的启动界面

为源程序文件命名时，如果不指定文件扩展名，则默认扩展名为.cpp。

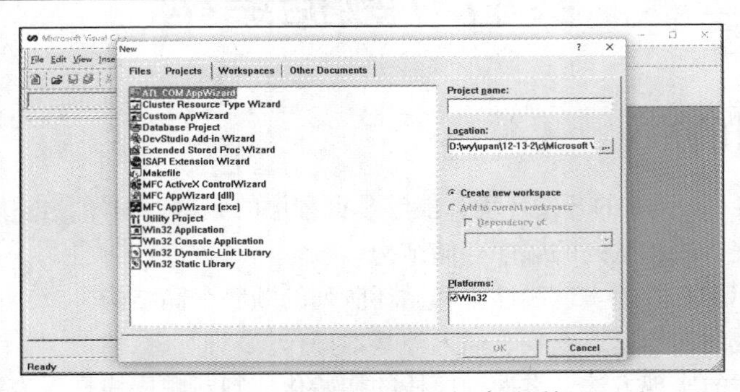

图 7-2　Visual C++ 6.0 的新建对话框

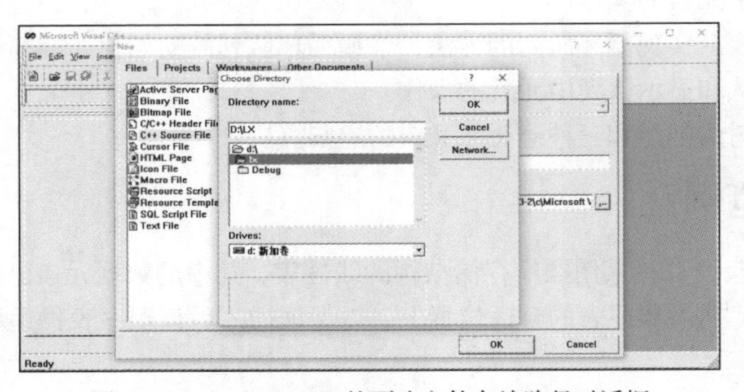

图 7-3　Visual C++ 6.0 的更改文件存放路径对话框

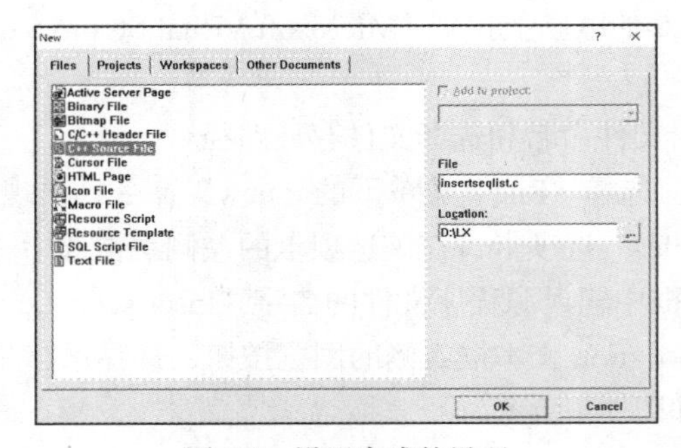

图 7-4　设置完成的界面

（3）录入源程序代码

单击“OK”按钮后，出现程序编辑界面，如图 7-5 所示。

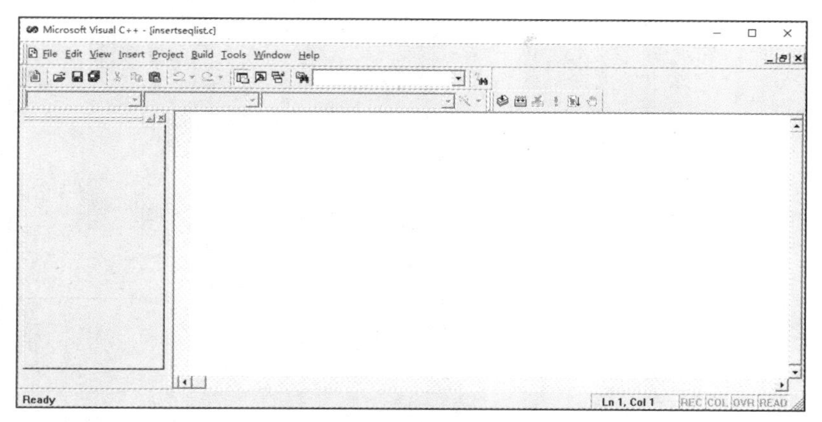

图 7-5　编辑界面

在编辑界面中输入如下程序代码，其中“//”后为语句功能注释，不是待执行的程序语句，可不输入。

```
#include<stdio.h>
#include<stdlib.h>
#define  INIT_SEQ_SIZE  10                              //顺序表初始空间大小
typedef struct
{
    int *data;
    int data_num;                                        //顺序表中实际元素个数
}SeqList;                                               //顺序表类型定义

void init_seq(SeqList *psl)                          //初始化顺序表
{
    psl->data=(int *)malloc(sizeof(int)*INIT_SEQ_SIZE); //动态内存分配
    if(psl->data)
        psl->data_num=0;                         //初始化顺序表时实际元素为 0 个
    else
    {
        printf("内存分配失败!\n");
        exit(0);
    }
}

void insert_seq(SeqList *psl,int x)              //往顺序表中插入新元素 x
{
    int *p,*q;
    if (psl->data_num>=INIT_SEQ_SIZE)           //判断顺序表是否满
        {
            printf("顺序表已满,不能再插入新元素!\n");
            exit(0);
    }
    p=psl->data;
```

```
    for(;*p<x&&p<=psl->data+psl->data_num-1;) //查找插入位置
        p++;
    q=&psl->data[psl->data_num-1];           //元素后移留出插入位置
    for(;q>=p;)
        *(q+1)=*q--;
    *p=x;                                    //在留出位置上插入新元素
    psl->data_num++;                             //实际元素个数增 1
}

void output_seq(SeqList sl)                  //输出顺序表中所有元素
{
    int *p;
    p=sl.data;
    printf("\n 当前顺序表中元素为: ");
    for(;p<=sl.data+sl.data_num-1;)
        printf("%d ",*p++);
    printf("\n");
}

void main()
{
    SeqList sl;
    int *p;
    int i=0,x;
    init_seq(&sl);
    p=sl.data;
    printf("请输入顺序表中元素个数: ");
    scanf("%d",&sl.data_num);
    printf("\n 请输入顺序表各元素: ");
    for(;i<sl.data_num;i++)
        scanf("%d",p++);
    output_seq(sl);
    printf("\n 请输入待插入元素 x: x=");
    scanf("%d",&x);
    insert_seq(&sl,x);
    output_seq(sl);
    free(sl.data);
}
```

（4）编译及运行

选择“Build”菜单下的“Execute insertseqlist.exe”命令后即可执行此程序。

（5）输入数据并查看运行结果

如图 7-6 所示，先输入顺序表中实际元素个数 5，按回车键后再输入表中各个元素“1 3 6 8 12”，回车后即可显示当前表中元素，同时等待输入待插入元素，输入 10 后回车，即可显示最终插入后顺序表中元素，从图中可看出插入新元素后顺序表仍是递增有序，表示插入成功。

当前程序设置顺序表长为 10，如果恰好输入 10 个元素，如图 7-7 所示，则提示“顺序表已满，不能再插入新元素！”。

【范例 7-2】 编写程序实现对顺序栈的初始化、判断栈是否为空、判断栈满、入栈、出栈和输出从栈顶到栈底的元素操作。

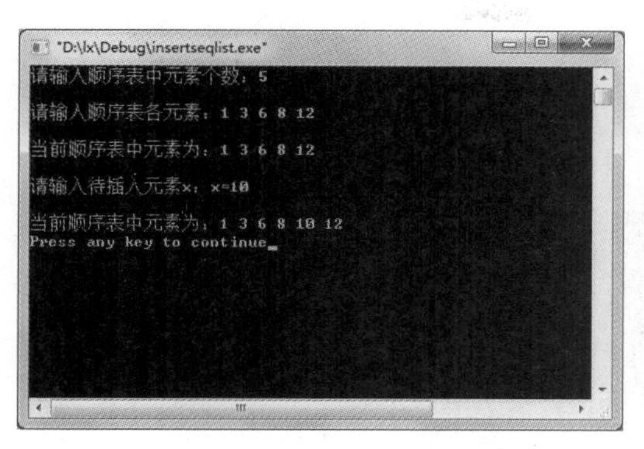

图 7-6　第一次运行结果

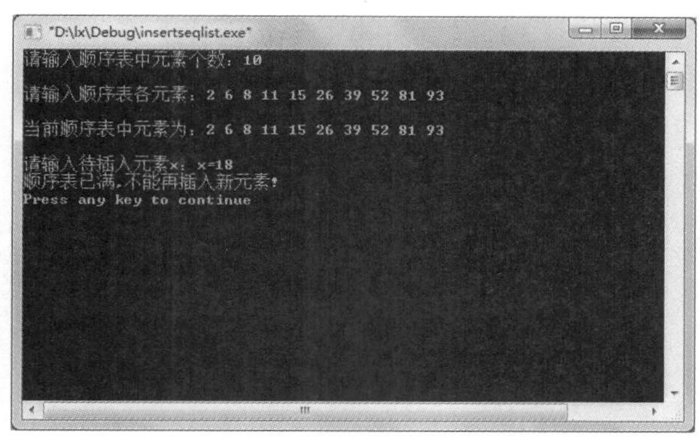

图 7-7　第二次运行结果

操作步骤如下。

（1）创建源程序文件，文件名为“seqstack.c”，步骤参见范例 7-1 的前两步。

（2）录入以下源程序代码。

```
#include<stdio.h>
#include<conio.h>
#include<stdlib.h>
#define  SEQSTACK_SIZE  5                          //初始化顺序栈空间大小
typedef struct
{
    char stack[SEQSTACK_SIZE];
    int top;
}SeqStack;                                         //顺序栈类型定义

void init_stack(SeqStack *pss)                     //初始化顺序栈
{
    pss->top=-1;
}

int judge_full(SeqStack  *pss)                     //判断顺序栈是否为满
{
    if(pss->top>=SEQSTACK_SIZE-1)
        return(1);
    else
        return 0;
}

int judge_empty(SeqStack  *pss)                    //判断顺序栈是否为空
{
    if(pss->top==-1)
        return 1;
    else
        return 0;
}

void push(SeqStack *pss,char x[])                  //入栈操作
{
    int i=0;
    while(x[i]!='\0')
     {
```

```
        if(judge_full(pss)==1)                         //栈满不能入栈
            {
                printf("栈满!\n");
                break;
            }
        else
            {
                pss->top=pss->top+1;                    //修改栈顶指针开辟空间
                pss->stack[pss->top]=x[i];                  //新元素入栈
                i++;
            }
    }
}

void pop(SeqStack *pss,char *pch)                  //出栈操作
{
    if(judge_empty(pss)==1)
    {
        printf("栈为空，不能出栈!\n");                    //栈空不能出栈
        exit(0);
    }
    else
    {
        *pch=pss->stack[pss->top];                      //栈顶元素出栈
        pss->top=pss->top-1;                            //修改栈顶指针
    }
}

void main()
{
    SeqStack ss;
    char input[SEQSTACK_SIZE],ch;
    int choice,i;
    init_stack(&ss);
    while(1)
    {
        printf("请选择操作:\n");
        printf("1: 入栈\n");
        printf("2: 显示栈元素\n");
        printf("3: 出栈\n");
        printf("4: 退出\n");
        scanf("%d",&choice);
        switch(choice)
        {
            case 1: printf("请输入栈元素:");
                    scanf("%s",input);
                    push(&ss,input);
                    break;
            case 2: if(judge_empty(&ss)==1)
                        printf("栈为空栈!\n");
                    else
                    {
                        printf("栈中元素从栈顶到栈底依次为:\n");
```

```
                    i=ss.top;
                    while(i!=-1)
                    {
                        printf("%c\n",ss.stack[i]);
                        i--;
                    }
                }
                break;
        case 3: pop(&ss,&ch);
                printf("出栈元素为:%c\n",ch);
                break;
        case 4: exit(0);
        default:printf("输入有误，请重新输入!\n");
    }
    printf("--------------------------\n");
    }
}
```

（3）编译及运行。

选择“Build”→“Execute seqstack.exe”命令后即可执行此程序。

（4）输入数据并查看运行结果。

第一次运行结果如图 7-8 所示，主要验证入栈、显示栈中元素和退出操作。输入准备入栈的元素“abcdefg”，因为栈元素空间设为 5，所以入栈元素最多为 5 个，即“abcde”，且 a 在栈底，e 在栈顶；输入 2，即可显示当前栈中元素；输入 4，即可退出。

第二次运行结果如图 7-9 所示，主要验证出栈操作，输入 3，即可删除栈顶元素。

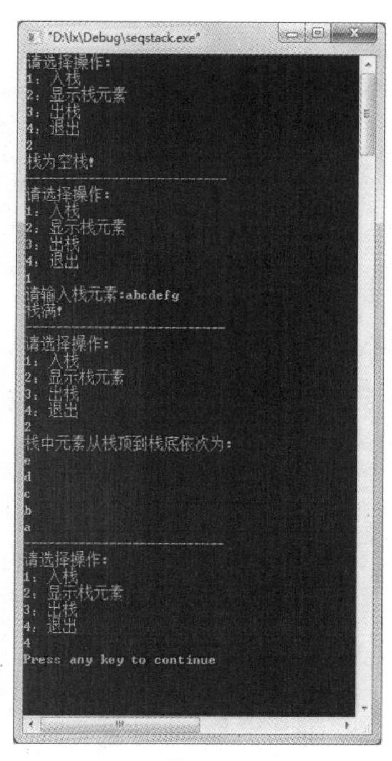

图 7-8　第一次运行结果

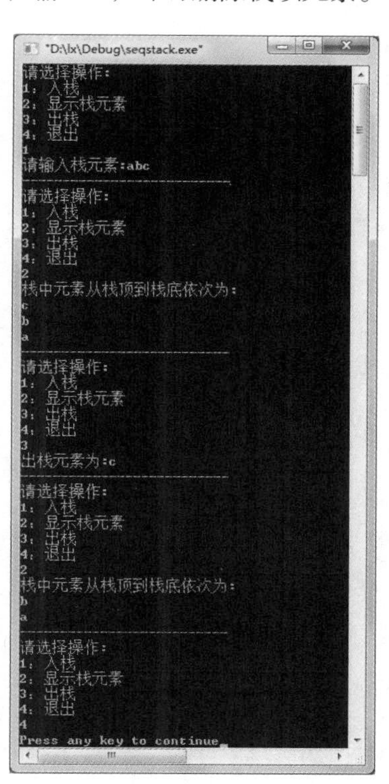

图 7-9　第二次运行结果

本程序将栈中元素类型设为字符型，所以连续输入入栈字符，中间不可有空格。

【范例 7-3】 将顺序表作为循环队列，编写程序实现对循环队列的初始化、判空、判满、入队和出队操作。

操作步骤如下。

（1）创建源程序文件，文件名为“cirqueue.c”,步骤参见范例 7-1 的前两步。

（2）录入以下源程序代码。

```
#include<stdio.h>
#include<conio.h>
#include<stdlib.h>
#include<malloc.h>
#define  CIRQUEUE_SIZE  5                          //初始化循环队列空间大小
typedef struct
 {
  char *p;
  int front,rear;
  int count;
  }CirQueue;                                          //循环队列类型定义

void init_queue(CirQueue *pcq)                        //初始化循环队列
{
   pcq->p=(char*)malloc(sizeof(char)*CIRQUEUE_SIZE); //动态内存分配
   if(pcq->p)
   {
      pcq->front=0;
      pcq->rear=0;
      pcq->count=CIRQUEUE_SIZE;
   }
   else
   {
      printf("内存分配失败!\n");
      exit(0);
   }
}

int judge_full(CirQueue  *pcq)                       //判断循环队列满
{
   return(pcq->front==(pcq->rear+1)%pcq->count);
}

int judge_empty(CirQueue  *pcq)                   //判断循环队列空
{
return(pcq->front==pcq->rear);
}

int enter_queue(CirQueue  *pcq,char  in[])           //入队操作
{
   int i=0;
   while(in[i]!='\0')
```

```
    {
      if (judge_full(pcq))                          //队列满不能入队
          return 0;
      pcq->p[pcq->rear]=in[i];                      //元素入队
      pcq->rear=(pcq->rear+1)%pcq->count;           //修改尾指针
      i++;
    }
    return 1;
}

int out_queue(CirQueue  *pcq,char  *q)                   //出队操作
{
   if(judge_empty(pcq))                                  //队列为空不能出队
      return 0;
   *q=pcq->p[pcq->front];                                //元素出队
   pcq->front=(pcq->front+1)%pcq->count;                 //修改头指针
   return 1;
}

void main()
{
   CirQueue cq;
   char choice,input[CIRQUEUE_SIZE],ch;
   int i;
   init_queue(&cq);
   while(1)
   {
      printf("输入队列元素请按 E 或 e\n");
      printf("显示队列元素请按 S 或 s\n");
      printf("删除队列元素请按 D 或 d\n");
      printf("退        出请按 Q 或 q\n");
      choice=getch();
      printf("%c\n",choice);
      switch(choice)
      {
         case 'E':
         case 'e': printf("请输入队列元素:");
                   scanf("%s",input);
                   i=enter_queue(&cq,input);
                   if(i==0)
                      printf("队列已满!\n");
                   break;
         case 'S':
         case 's': if(cq.front==cq.rear)
                      printf("队列为空队列!\n");
                   else
                   {
                      printf("队列中的元素为:");
                      i=cq.front;
                      while(i!=cq.rear)
                      {
                            printf("%c",cq.p[i]);
```

```
                    i=(i+1)%CIRQUEUE_SIZE;
                }
                printf("\n");
            }
              break;
    case 'D':
    case 'd': i=out_queue(&cq,&ch);
              if (i==0)
                printf("队列为空!\n");
              else
                printf("出队元素为:%c\n",ch);
    break;
    case 'Q':
    case 'q': exit(0);
    default:  printf("输入有误!\n");
  }
  printf("-------------------------\n");
 }
 free(cq.p);
}
```

（3）编译及运行。

选择“Build”→“Execute cirqueue.exe”命令后即可执行此程序。

（4）输入数据并查看运行结果。

如图 7-10 所示，输入对应功能字母，如输入“E”或“e”，即可输入准备入队的元素“abcdefg”，但因为程序中将队列元素空间设为 5，所以入队元素为 4 个，即“abcd”；输入“S”或“s”，即可显示当前队列元素；输入“D”或“d”，即可删除队头元素；输入“Q”或“q”，即可退出。

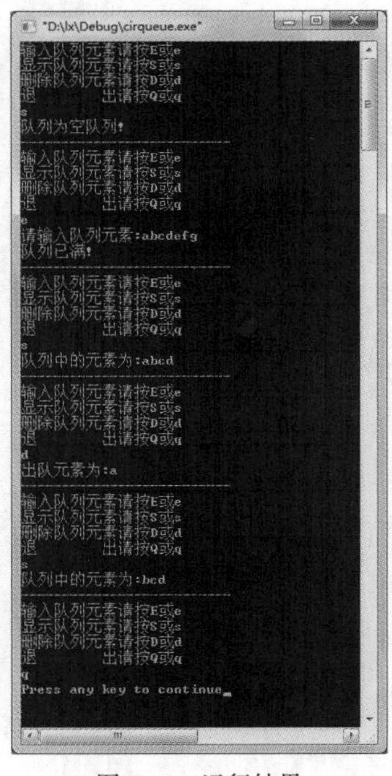

图 7-10　运行结果

①程序中队列元素类型设为字符型，所以连续输入入队字符，中间不可有空格。

②考虑到队头和队尾指针相等时为空队列，为避免与队满时条件混淆，所以队满条件为 front= =(rear+1)% size（size 为申请的队列总空间数），因此队列能存储的元素为 size−1 个。

【范例 7-4】 编写程序实现利用先序顺序创建二叉树、三种方式递归遍历二叉树操作。

操作步骤如下。

（1）创建源程序文件，文件名为“bintree.c”，步骤参见范例 7-1 的前两步。

（2）录入以下源程序代码。

```
#include<stdio.h>
#include<malloc.h>
#include<stdlib.h>
typedef struct node                                    //定义二叉树结点结构
{
    char data;                                         //结点的数据域
    struct node *lchild,*rchild;                       //结点的指针域
}BinTree;

BinTree* creat_bintree(BinTree *bt)                    //创建二叉树
{
    char ch;
    ch=getchar();
    if(ch=='#')
        bt=NULL;
    else
    {
        bt=(BinTree *)malloc(sizeof(BinTree));
        if(bt==NULL)
        {
            printf("内存分配失败!\n");
            exit(0);
        }
        bt->data=ch;
        bt->lchild=creat_bintree(bt->lchild);          //递归法创建左子树
        bt->rchild=creat_bintree(bt->rchild);          //递归法创建右子树
    }
    return bt;
}

void preorder_traverse(BinTree *bt)                    //先序遍历的递归算法
{
    if(bt!=NULL)
    {
        printf("%c",bt->data);
        preorder_traverse(bt->lchild);
        preorder_traverse(bt->rchild);
    }
}
```

```
void inorder_traverse(BinTree *bt)                    //中序遍历的递归算法
{
    if(bt!=NULL)
    {
        inorder_traverse(bt->lchild);
        printf("%c",bt->data);
        inorder_traverse(bt->rchild);
    }
}

void postorder_traverse(BinTree *bt)                   //后序遍历的递归算法
{
    if(bt!=NULL)
    {
        postorder_traverse(bt->lchild);
        postorder_traverse(bt->rchild);
        printf("%c",bt->data);
    }

}

void main()
{
    BinTree *bt=NULL;
    printf("请按先序顺序输入二叉树的各结点(#代表空结点):\n");
    bt=creat_bintree(bt);
    printf("三种遍历结果如下:\n");
    printf("先序遍历结果:\n");
    preorder_traverse(bt);
    printf("\n中序遍历结果:\n");
    inorder_traverse(bt);
    printf("\n后序遍历结果:\n");
    postorder_traverse(bt);
    printf("\n");
}
```

（3）编译及运行。

选择“Build”→“Execute bintree.exe”命令后即可执行此程序。

（4）输入数据并查看运行结果。

因为即使相同的数据结点，在表示成二叉树时也可能形态各异，所以必须选择某种顺序输入二叉树各结点以使计算机能识别出二叉树形态。本例选择先序输入各结点，形态不同，先序顺序不同，所以输入二叉树各结点时应格外注意输入顺序。如图 7-11 所示，按先序输入“ab##c##”（其中，#代表空结点）；如图 7-12 所示，按先序输入“abc####”；如图 7-13 所示，按先序输入“a#bc###”，虽然三次运行表示的都是含有 a、b、c 三个数据结点的二叉树，但形态却不同。

思考：三次运行时二叉树分别是怎样的形态？

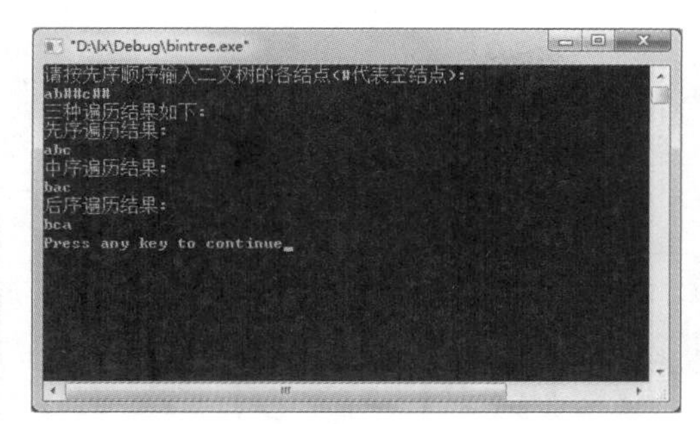

图 7-11　第一次运行结果

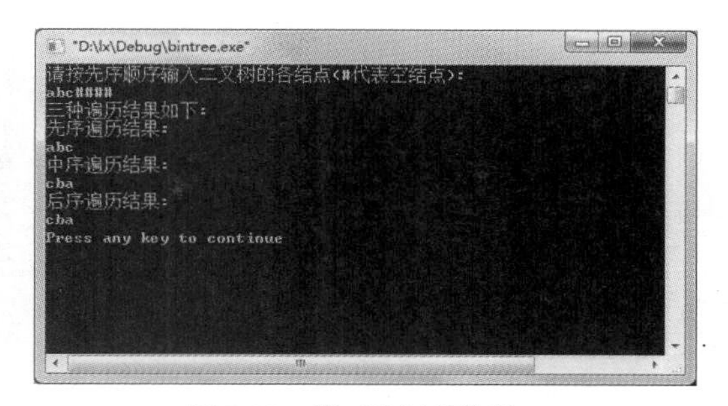

图 7-12　第二次运行结果

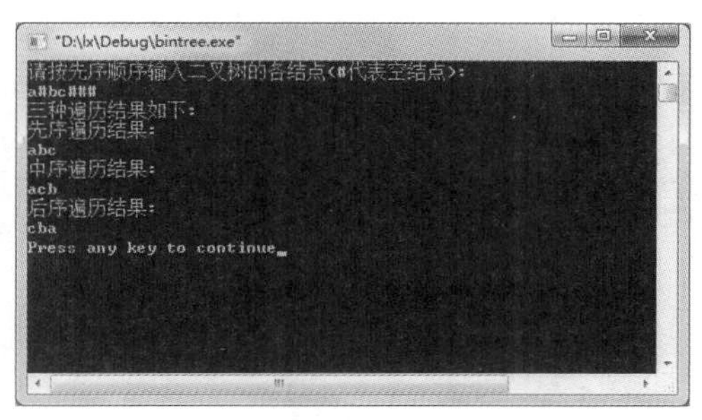

图 7-13　第三次运行结果

三、实战练习

【练习 7-1】　试编写一函数实现在顺序表中查找指定元素 x，若存在，则返回表中第一个与 x 相等的元素下标；若不存在，则返回−1。

【练习 7-2】　试编写一程序，利用栈实现简单的四则运算，即输入一个四则运算表达式，求出表达式的结果。

【练习 7-3】　假设在周末舞会上，男士们和女士们进入舞厅时，各自排成一队。跳舞开始时，依次从男士队列和女士队列的队头各出一人配成舞伴。若两队初始人数不相同，则较长的那一队中未配对者等待下一轮舞曲。试编写一算法利用队列模拟上述舞伴配对问题。

【练习 7-4】　试用非递归算法对二叉树进行三种遍历。

第8章 数据库系统基础

实验 数据库应用基础

一、实验目的

（1）掌握创建 Access 2010 数据库的方法。

（2）掌握在 Access 2010 数据库中创建数据表的方法。

（3）掌握字段属性的设置。

（4）掌握多表间关系的建立。

（5）掌握数据的查找、替换、排序和筛选。

（6）掌握简单查询的使用。

二、实验范例

【范例 8-1】 建立名为“商品销售管理”的空数据库。

操作步骤如下。

（1）在 Access 2010 窗口中，单击“文件”选项卡，在左侧窗格中单击“新建”命令，在可用模板窗格中单击“空数据库”选项。

（2）在右侧窗格的“文件名”文本框中显示一个默认的文件名“Database1”，将其改为“商品销售管理”。

（3）单击其右侧“浏览”按钮，弹出“文件新建数据库”对话框。在该对话框中，找到 D:\Access 2010 文件夹，并打开，如图 8-1 所示。

（4）单击“确定”按钮，返回到 Access 2010 窗口，在右侧窗格下方显示将要创建数据库的保存位置及名称。输入文件名时，如果未输入文件扩展名，Access 2010 会自动添加数据库文件的扩展名“.accdb”。

（5）单击下部的“创建”按钮，Access 2010 创建一个空数据库，并自动创建了一个名称为“表1”的数据表，且以“数据表视图”方式显示，如图 8-2 所示。

在“商品销售管理”数据库中建立三个表：“商品”“商店”“销售”，其各字段设置参见表 8-1、表 8-2 和表 8-3，数据见表 8-4、表 8-5 和表 8-6。

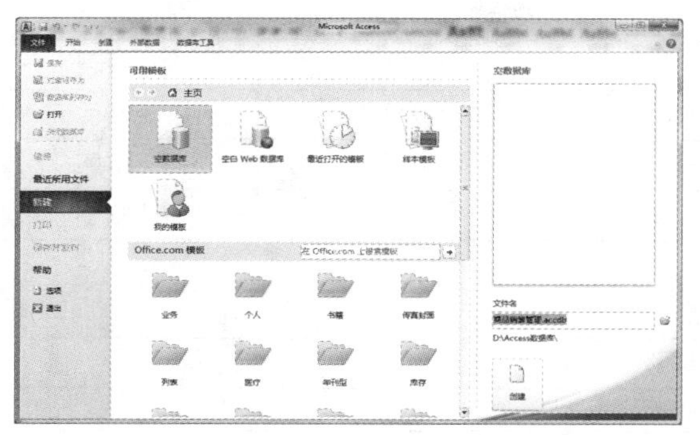

图 8-1　新建空数据库

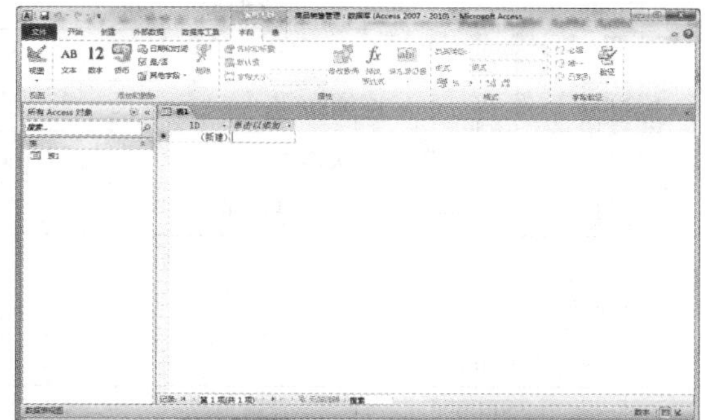

图 8-2　数据表视图

表 8-1　　商品表字段

字段名称	字段类型	字段大小	字段名称	字段类型	字段大小
商品编号	文本	6	规格	文本	20
商品名称	文本	20	单价	货币	标准
生产日期	日期/时间		产地	文本	20
数量	数字		是否促销	是/否	

表 8-2　　商店表字段

字段名称	字段类型	字段大小	字段名称	字段类型	字段大小
商店编号	文本	10	商店地址	文本	50
商店名称	文本	20	商店经理	文本	10
固定电话	文本	13			

表 8-3　　销售表字段

字段名称	字段类型	字段大小	字段名称	字段类型	字段大小
商品编号	文本	6	销售日期	日期/时间	
商店编号	文本	10	销售量	数字	

表 8-4　　商品表

商品编号	商品名称	规格	单价	生产日期	产地	数量	是否三包
SP0001	长江彩电	G-A201	1500.00	2015-1-19	北京	90	是
SP0002	长江彩电	G-A202	2400.00	2016-3-9	上海	50	否
SP0003	黄河洗衣机	TR-209	1250.00	2015-8-31	西安	89	否
SP0004	北极冰箱	WM-002	5000.00	2016-4-7	南京	35	是
SP0005	北极冰箱	WM-091	3600.00	2016-2-2	南京	65	否
SP0006	电饭煲	CT-002	550.00	2015-10-12	广州	70	否
SP0007	恒立空调	KT-056	2010.00	2015-12-8	北京	60	否
SP0008	恒立空调	KT-087	1980.00	2016-5-25	上海	45	是

表 8-5　　商店表

商店编号	商店名称	商店地址	固定电话	商店经理
SD0001	红星连锁商店一部	东北路 32 号	86123456	王浩
SD0002	红星连锁商店二部	武昌路 2 号	74123456	彭天翔
SD0003	红星连锁商店三部	鞍山路 128 号	65984332	李松

表 8-6　　销售表

商品编号	商店编号	销售数量
SP0001	SD0001	30
SP0001	SD0002	20
SP0002	SD0001	40
SP0002	SD0003	20
SP0003	SD0002	20
SP0004	SD0001	25
SP0004	SD0002	29
SP0004	SD0003	37
SP0005	SD0003	17
SP0006	SD0001	34
SP0008	SD0002	19
SP0008	SD0003	10

【范例 8-2】 使用数据表视图创建商品表。

操作步骤如下。

（1）在 Access 2010 中，打开范例 8-1 创建的“商品销售管理”的空数据库。

（2）单击“创建”选项卡，单击“表格”组中的“表”按钮，创建名为“表 1”的新表，并以“数据表视图”方式打开。

（3）选中“ID”字段列，在“表格工具/字段”选项卡的“属性”组中，单击“名称和标题”按钮。

（4）弹出“输入字段属性”对话框，在“名称”文本框中输入“商品编号”，如图 8-3 所示，单击“确定”按钮。

图 8-3 “输入字段属性”对话框

（5）选中“商品编号”字段，在“表格工具/字段”选项卡的“格式”组中，单击“数据类型”列表框右侧按钮，从下拉列表中选择“文本”类型，在“表格工具/字段”的“属性”组的“字段大小”文本框中输入“6”，如图 8-4 所示。

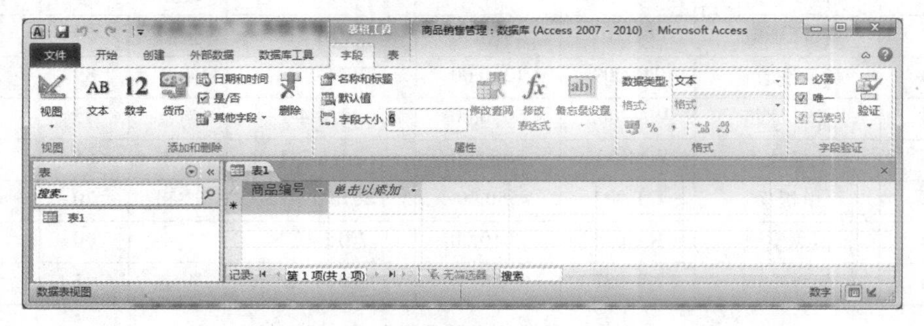

图 8-4　字段名称和字段大小设置

（6）单击“数据表视图”中的“单击以添加”，从列表中选择“文本”类型，在“字段 1”中输入“商品名称”。选中“商品名称”，在“表格工具/字段”选项卡的“属性”组的“字段大小”文本框中输入“20”。

（7）根据表 8-1，参照步骤（6）完成“规格”“单价”等字段的添加及属性设置，结果如图 8-5 所示。

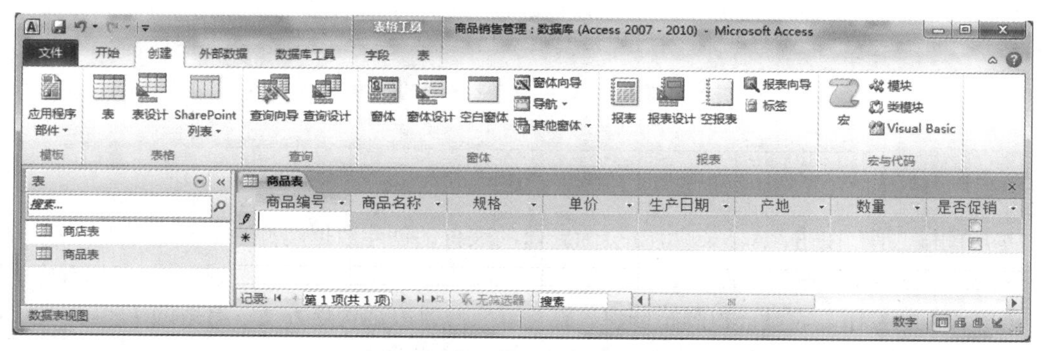

图 8-5　数据表视图的字段设置

（8）单击快速访问工具栏上的“保存”按钮，在弹出的“另存为”对话框中的“表名称”文本框中输入“商品表”，单击“确定”按钮，完成“商品表”的创建。

注意

“ID”字段默认数据类型为“自动编号”，如果要添加的字段是其他数据类型，可以在“字段”选项卡的“添加和删除”组中，单击相应数据类型按钮，然后在“字段 1”中输入新字段的字段名称。使用“数据表视图”创建表结构，可以定义字段名称、数据类型、字段大小、格式、默认值等属性，方法简单快捷，但是无法提供更详细的属性设置，因而对于复杂的表结构来说，在利用“数据表视图”创建后，可以使用“设计视图”进行完善。

【范例 8-3】　使用表设计视图创建商品表。

操作步骤如下。

（1）打开“商品销售管理”数据库。

（2）单击“创建”选项卡，单击“表格”组中的“表设计”按钮，进入“表设计视图”。

（3）单击设计视图的第一行“字段名称”列，并在其中输入“商店编号”，单击“数据类型”列，从下拉列表中选择“文本”类型，在“说明”中输入说明信息“主键”，将字段属性区中的字段大小设为“10”，如图 8-6 所示。

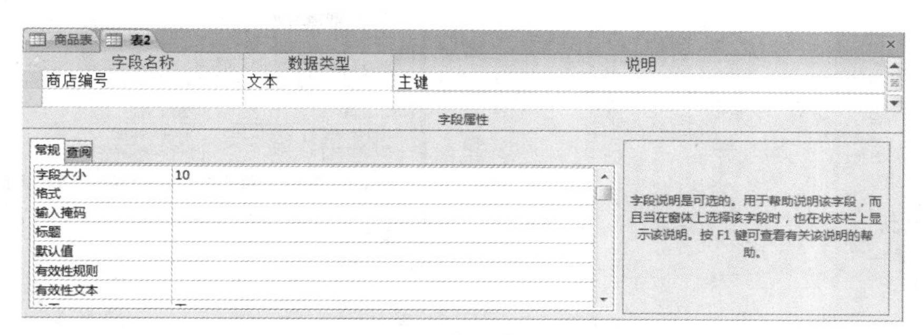

图 8-6　表设计视图

（4）根据表 8-2，参照步骤 3 所列字段名称和数据类型等信息，定义表中其他字段，表设计结果如图 8-8 所示。

（5）单击快速访问工具栏上的“保存”按，在弹出“另存为”对话框中的“表名称”文本框中输入“商店表”，单击“确定”按钮。由于在上述操作步骤中未指明表的主键，因此 Access 2010 会弹出“Microsoft Access”创建主键的提示框，如图 8-7 所示。

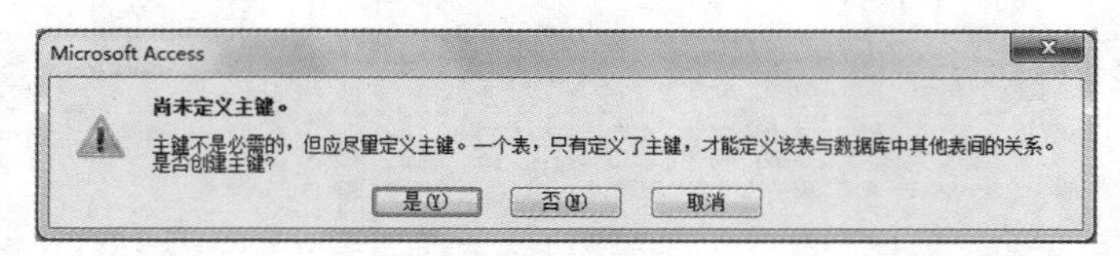

图 8-7　主键提示框

（7）单击“是”按钮，Access 2010 会为新建的表自动创建数据类型为自动编号的主键，其值从 1 开始；单击“否”按钮，则不会创建自动编号的主键；单击“取消”按钮，放弃保存表操作，这里单击“否”按钮。表设计视图是创建表结构以及修改表结构最方便、有效的工具。

【范例 8-4】　将“商品表”中“商品编号”字段定义为主键。

操作步骤如下。

（1）打开“商品销售管理”数据库。

（2）用鼠标右键单击窗口左侧列表中的“商品表”，从弹出的快捷菜单中选择“设计视图”命令，打开设计视图。

（3）单击“商品编号”字段的字段选定器，单击“表格工具/设计”选项卡下“工具”组中的“主键”按钮，这时主键字段选定器上显示一个“钥匙”图标，表明该字段是主键字段，设计结果如图 8-8 所示。

如果要在多个字段上建立主键，应按 Ctrl 键，然后单击要作为主键字段的多个字段选定器。

【范例 8-5】　将“商品表”中“生产日期”的格式属性设置为“短日期”。

操作步骤如下。

（1）用“设计视图”打开“商品表”，单击“生产日期”字段的任意列。

（2）在字段属性区域的“输入掩码”属性框中单击鼠标左键，这时该框右侧出现一个“生成器”按钮，单击该按钮打开“输入掩码向导”第一个对话框，如图 8-9 所示。

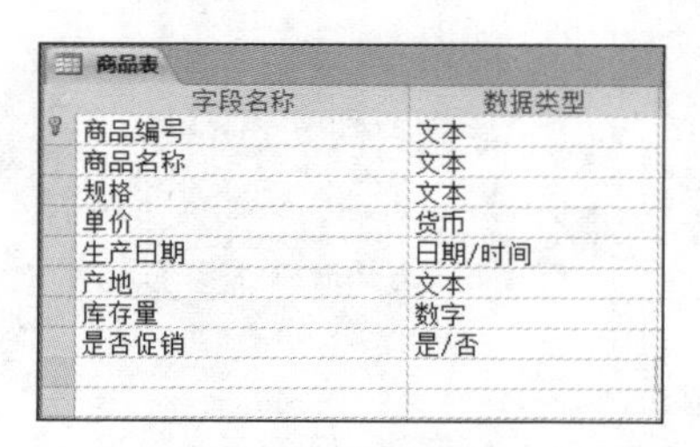

图 8-8　设置主键

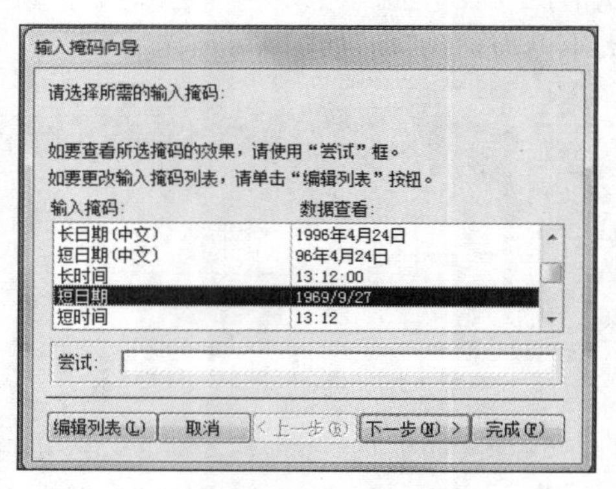

图 8-9　输入掩码向导对话框 1

（3）在该对话框的“输入掩码”列表框中选择“短日期”选项，然后单击“下一步”按钮，出现“输入掩码向导”第二个对话框，如图 8-10 所示。

（4）在该对话框中，确定输入的掩码方式和分隔符。

（5）单击“下一步”按钮，在弹出的“输入掩码向导”最后一个对话框中单击“完成”按钮，设置结果如图 8-11 所示。

在打开“输入掩码向导”对话框时，Access2010 提示要保存表结构。输入掩码只为文本型和日期/时间型字段提供向导，对于数字或货币类型字段，只能使用字符直接定义输入掩码属性。直接使用字符定义输入掩码属性时，可以根据需要将字符组合起来。例如，假设“学生”表中“年龄”字段的值只能为数字，且不能超过 2 位，则可将该字段的输入掩码属性定义为“00”。“文本”或“日期/时间”型字段，也可以直接使用字符进行定义。

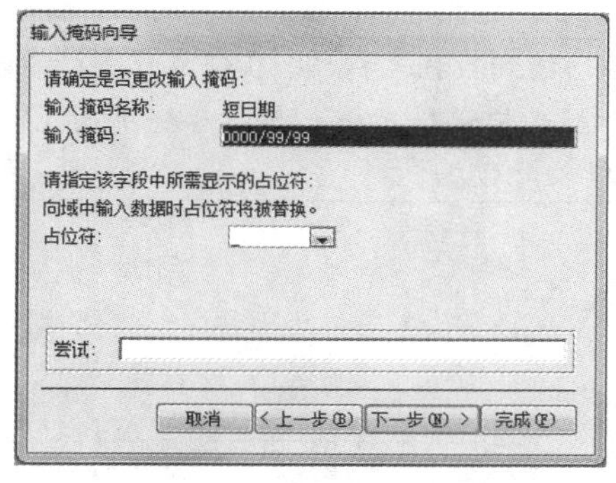

图 8-10　输入掩码向导对话框 2

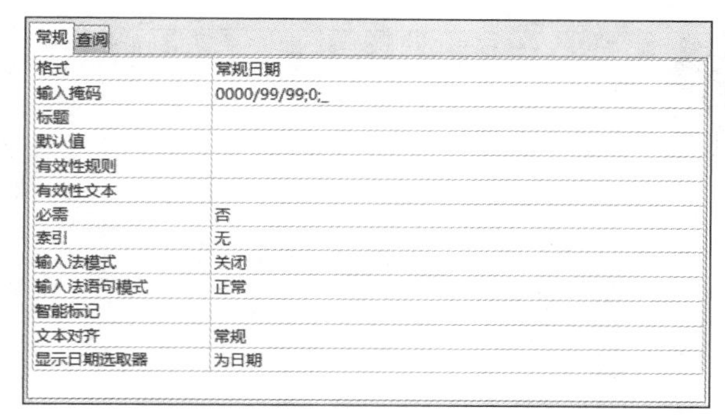

图 8-11　输入日期掩码设置

【范例 8-6】 为“商店表”中“固定电话”字段设置输入格式。输入格式为前 4 位是“010-”，后 8 位是数字。

操作步骤如下。

（1）用设计视图打开“商店表”，单击“电话号码”字段行。

（2）在“输入掩码”文本框中输入：“0411-”00000000，结果如图 8-12 所示。

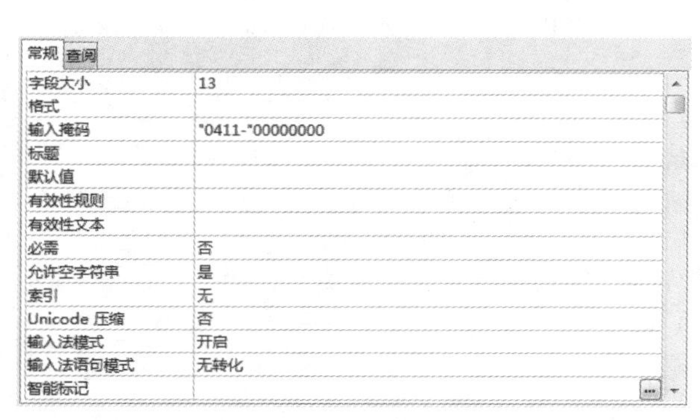

图 8-12　输入电话号码掩码设置

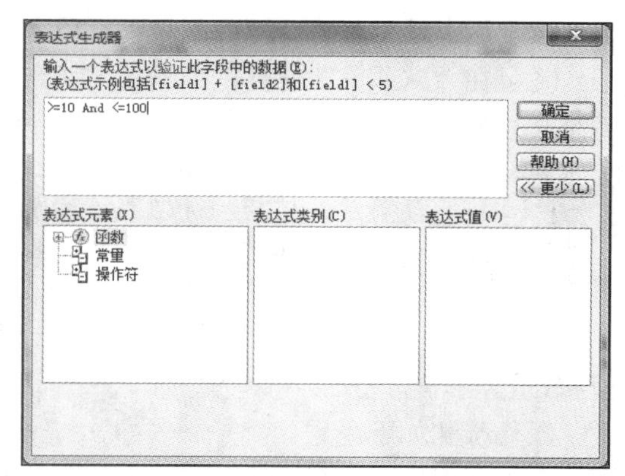

图 8-13　表达式生成器

（3）保存“商店表”。

如果为某字段定义了输入掩码，同时又设置格式属性，格式属性将在数据显示时优先于输入掩码的设置。这意味着即使已经保存了输入掩码，在数据显示时将被忽略。

【范例 8-7】 将“商品表”中“数量”字段的有效性规则设为“10-100”之间的数字，有效性文本值为“请输入 10-100 之间的数据！”。

操作步骤如下。

（1）用设计视图打开“商品表”，单击“数量”字段所在行的任意列。

（2）在“有效性规则”属性框中输入表达式：>=10 And <=100(或 Between 10 and 100)。也可以单击“生成器”按钮打开“表达式生成器”对话框，利用“表达式生成器”输入表达式，如图 8-13 所示.

（3）在“有效性文本”框中输入文本：“请输入 10-100 之间的数据！”，如图 8-14 所示。

（4）保存“商品表”表。

有效性属性设置后，可对其进行检验。方法是切换到数据表视图，在任意记录的“数量”列中输入 5，按 Enter 键，此时屏幕上会立即显示错误提示框，如图 8-15 所示。这说明输入的值与有效性规则出现冲突，系统拒绝接收此数据。

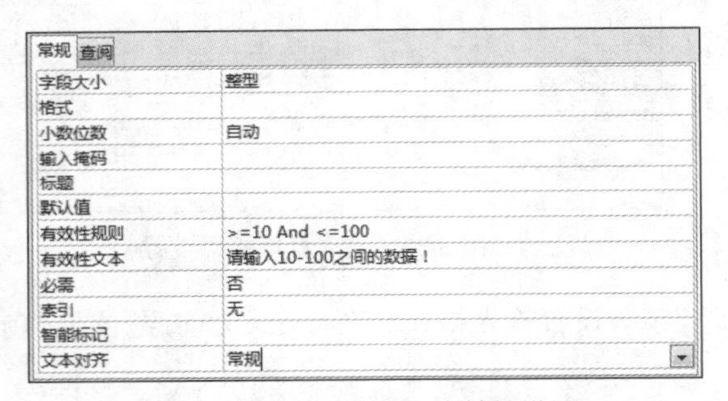

图 8-14 “数量”字段有效性设置

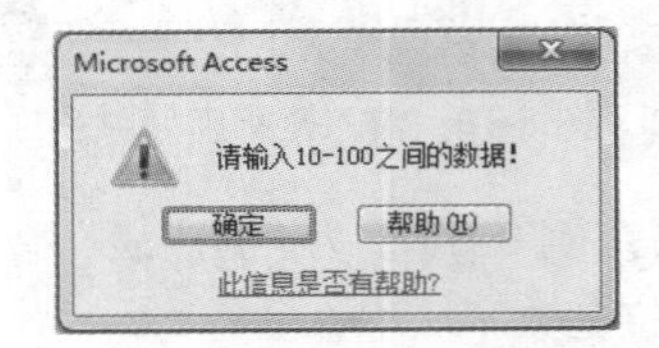

图 8-15 有效性提示框

【范例 8-8】 将“商品表”中“产地”字段的默认值属性设置为“北京”。

操作过程如下。

（1）用设计视图打开“商品表”，单击“产地”字段所在行的任意列。

（2）在“默认值”属性框中输入“北京”，如图 8-16 所示。输入文本值时，可以不加引号，系统会自动加上引号。

设置默认值后，新记录的该字段使用这个默认值，如图 8-17 所示，也可以输入新值替换默认值。默认值可以使用函数和表达式来定义，但必须与字段的数据类型相匹配。

【范例 8-9】 在“商品表”增加一个计算字段，字段名称为“总价值”，计算公式为：总价值=数量×单价。

操作步骤如下。

（1）利用设计视图打开“商品表”表，单击“是否促销”行下方第一个空行的“字段名称”，并在其中输入“总价值”。

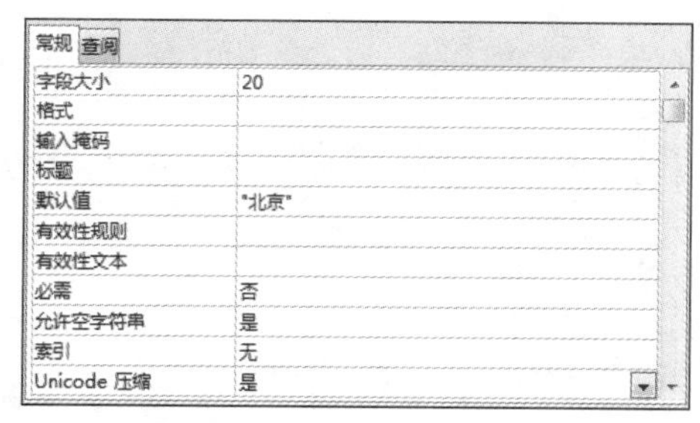

图 8-16 “产地”字段默认值

图 8-17 “产地”默认值北京

（2）单击“数据类型”列，从列表中选择“计算”类型，弹出“表达式生成器”窗口。

（3）在“表达式类别”列表中选择“数量”和“单价”，在“表达式元素”列表中选择操作符“*”，计算公式如图 8-18 所示。

（4）单击“确定”按钮，返回设计视图。

（5）设置“结果类型”属性值为“货币”，“格式”属性值为“标准”，“小数位数”属性值为“4”，设置结果如图 8-19 所示。

（6）单击“设计”选项卡中的“视图”按钮，切换到数据表视图，总价值字段自动计算。

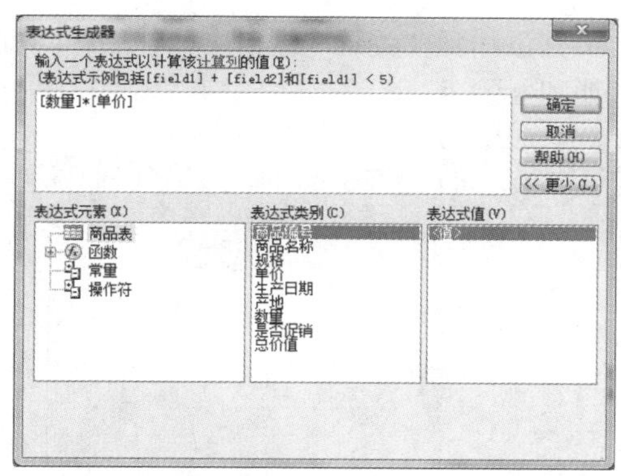

图 8-18 表达式生成器

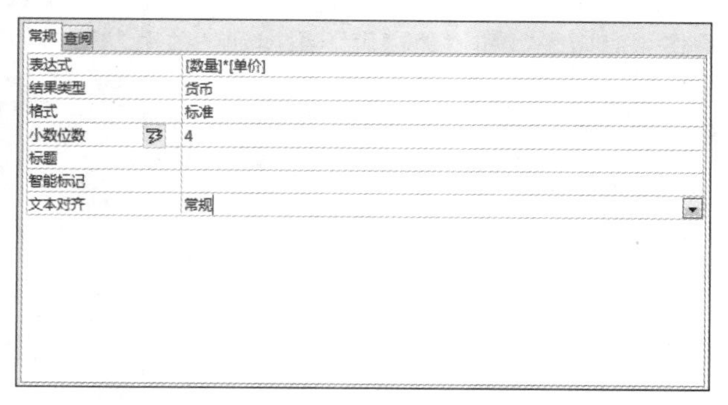

图 8-19 “总价值”计算字段的设置

【范例 8-10】 为“商品表”设置索引，索引字段为“生产日期”。该字段包含重复值，因此在设置“索引”时应选择“有（有重复）”选项。

操作步骤如下。

（1）用表设计视图打开“商品表”，单击“生产日期”字段所在行的任意列。

（2）单击“索引”属性框，然后在下拉列表中选择“有（有重复）”选项，如图 8-20 所示。

（3）单击“设计”选项卡中的“视图”按钮，切换到数据表视图，记录已经按“出生日期”字段排序。

【范例 8-11】 为“商店表”设置多字段索引，索引字段包括“商店编号”“商店名称”。

操作步骤如下。

（1）用“表设计视图”打开“销售表”，单击“表格工具/设计”选项卡中“显示/隐藏”组中的“索引”按钮，弹出“索引”对话框。

（2）在“索引名称”第一个空白行中输入要设置的索引名称“商店编号”，单击“字段名称”，从下拉列表中选择“商品编号”字段，排序次序选择“升序”，用相同方法定义索引名称“商店名称”，并将要“商店名称”字段加入“字段名称”列中，排序次序选择“降序”，如图 8-21 所示。

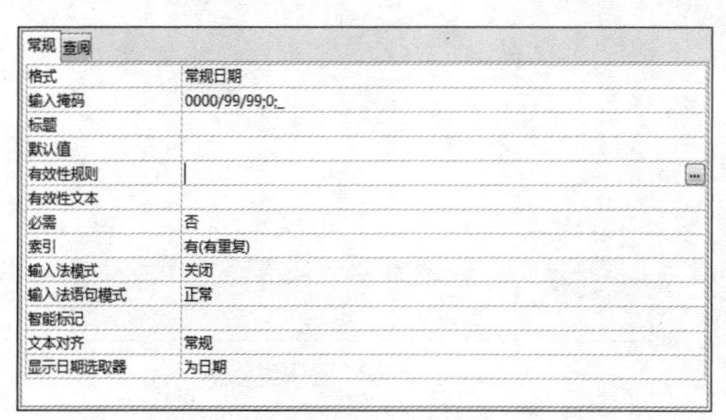

图 8-20 “出生日期”字段索引属性设置

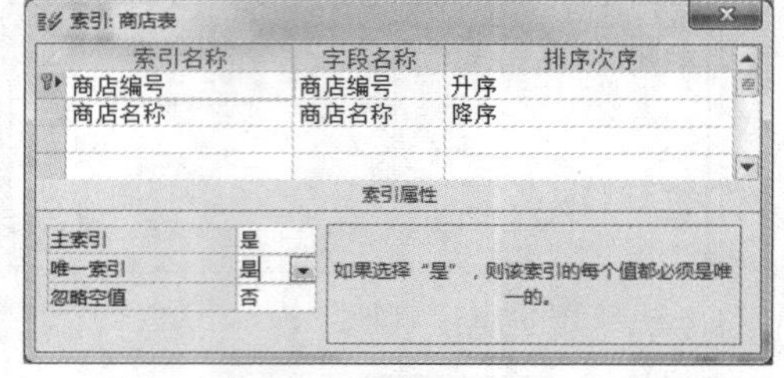

图 8-21 多字段索引设置

【范例 8-12】 在“商品销售管理”数据库中建立“商品表”“商店表”和“销售表”之间的关系。

操作步骤如下。

（1）选择“数据库工具”选项卡，单击“关系”组中的“关系”按钮，弹出“关系”窗口。

（2）在“设计”选项卡的“关系”组中，单击“显示表”按钮，打开“显示表”对话框，如图 8-22 所示。

（3）在“显示表”对话框中，通过双击“商品表”将其添加到“关系”窗口中，使用相同方法将“商店表”和“销售表”添加到“关系”窗口中，如图 8-23 所示。

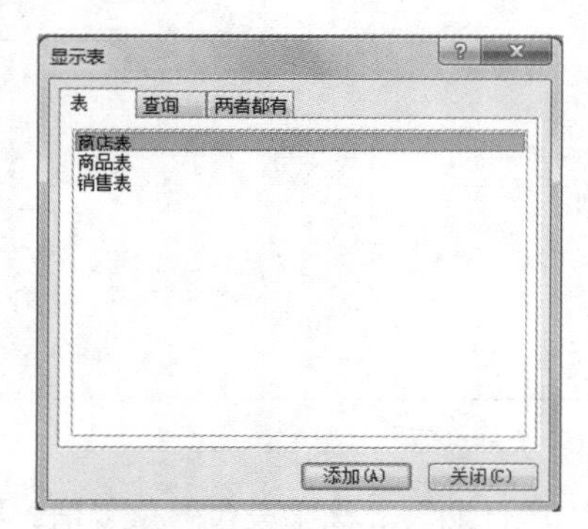

图 8-22 “显示表”对话框

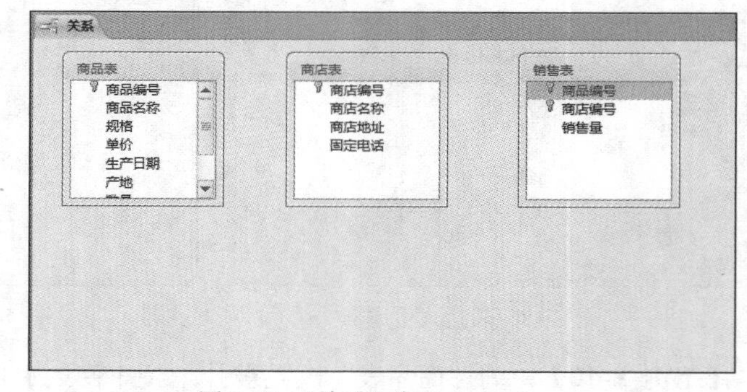

图 8-23 “关系”窗口

（4）鼠标左键选定“商品表”中的“商品编号”字段，拖曳到“销售表”中“商品编号”字段上，释放鼠标左键，弹出“编辑关系”对话框，如图 8-24 所示。

（5）在“编辑关系”对话框中的“表/查询”列表框中，列出了主表“商品表”的相关字段“商品编号”，在“相关表/查询”列表框中，列出了相关表“销售表”的相关字段“商品编号”。在下方有 3 个复选框，如果选中“实施参照完整性”复选框，然后选中“级联更新相关字段”复选框，可以在主表的主键值更改时，自动更新相关表中的对应数值；如果选中“实施参照完整性”复选框，然后选择“级联删除相关记录”复选框，可以在删除主表中的记录时，自动删除相关表中的相关信息；如果只选中“实施参照完整性”复选框，则相关表中的相关记发生变化时，主表中的主键不会相应变化，而且当删除相关表中的任何记录时，也不会更改主表中的记录。

（6）选中“实施参照完整性”复选框，单击“创建”按钮，返回“关系”窗口。

（7）使用相同方法创建“商店表”与“销售表”之间关系，设置结果如图 8-25 所示。

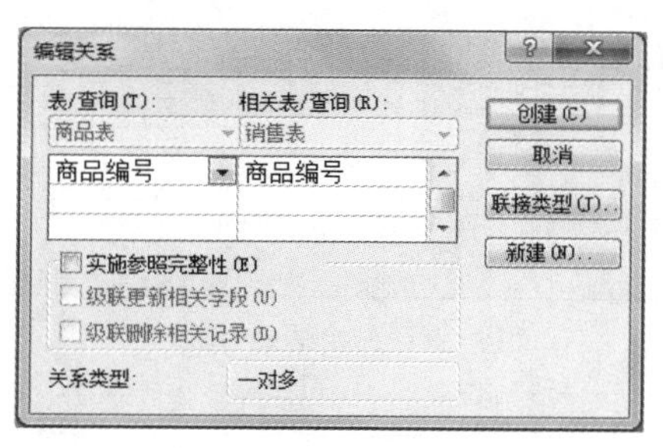

图 8-24　“编辑关系”对话框

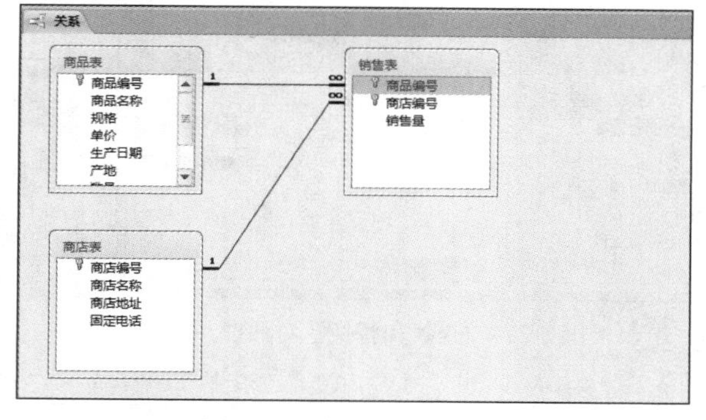

图 8-25　表关系设置窗口

（8）单击“关闭”按钮，Access 询问是否保存更改的布局，单击“是”按钮。

Access 2010 具有自动确定两个表之间关系类型的功能。建立关系后，可以看到在两个表的相同字段之间出现了一条关系线，并且在“商品表”的一方显示“1”，在“销售表”的一方显示“∞”，表示一对多关系，即“商品表”中一条记录关联“销售表”中的多条记录。“1”方表中的字段是主键，“∞”方表中的字段称为外键（外部关键字）。

【范例 8-13】　将指针定位到“商品表”的第 6 条记录上。

操作步骤如下。

（1）用数据视图打开“商品表”。

（2）在记录导航条“当前记录”框中输入记录号 6。

（3）按 Enter 键，这时光标将定位在该记录上，如图 8-26 所示。

商品表

商品编号	商品名称	规格	单价	生产日期	产地	数量	是否促销
SP0001	长江彩电	G-A201	1,500.00	2015/1/19	北京	90	☑
SP0002	长江彩电	G-A202	2,400.00	2016/3/9	上海	50	☐
SP0003	黄河洗衣机	TR-209	1,250.00	2015/8/31	西安	89	☐
SP0004	北极冰箱	WM-002	5,000.00	2016/4/7	南京	35	☑
SP0005	北极冰箱	WM-091	3,600.00	2016/2/2	南京	65	☐
SP0006	电饭煲	CT-002	550.00	2015/10/12	广州	70	☐
SP0007	恒立空调	KT-056	2,010.00	2015/12/8	北京	60	☐
SP0008	恒立空调	KT-087	1,980.00	2016/5/25	上海	45	☑

记录: 第 6 项(共 8 项)　无筛选器　搜索

图 8-26　快速定位记录

虽然这种方法简单，但多数情况下，在查找数据之前并不知道所要找的数据的记录号和位置，因此这种方法并不能满足更多的查找要求，此时可以借助“查找”对话框来实现数据的查找。

【范例 8-14】　在“商品表”中查找产地为“北京”的商品。

操作方法如下。

（1）用“数据表视图”打开“商品表”，单击“产地”字段选中该列。

（2）单击“开始”选项卡，单击“查找”组中的“查找”按钮，弹出“查找和替换”。

（3）在“查找内容”文本框中输入“北京”，其他部分选项如图 8-27 所示。

（4）单击“查找下一个”按钮，这时将查找指定内容的下一个，Access 2010 将反相显示找到的数据，如图 8-28 所示。单击“查找下一个”按钮，可以继续查找指定的内容。

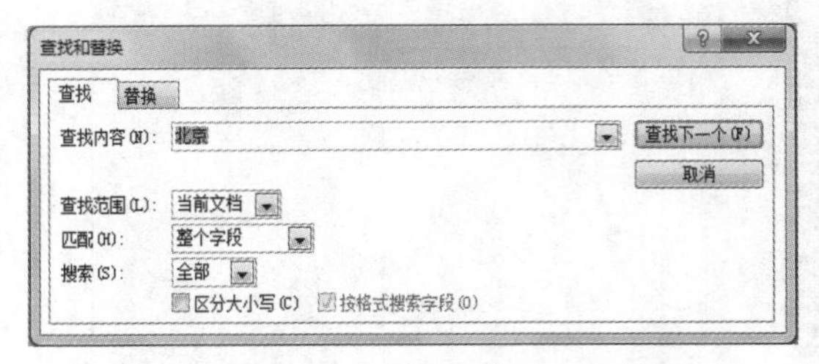

图 8-27 “查找和替换”对话框

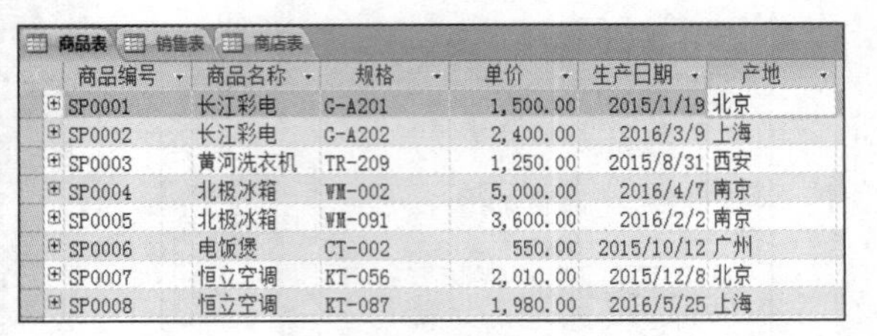

商品表 | 销售表 | 商店表

商品编号	商品名称	规格	单价	生产日期	产地
SP0001	长江彩电	G-A201	1,500.00	2015/1/19	北京
SP0002	长江彩电	G-A202	2,400.00	2016/3/9	上海
SP0003	黄河洗衣机	TR-209	1,250.00	2015/8/31	西安
SP0004	北极冰箱	WM-002	5,000.00	2016/4/7	南京
SP0005	北极冰箱	WM-091	3,600.00	2016/2/2	南京
SP0006	电饭煲	CT-002	550.00	2015/10/12	广州
SP0007	恒立空调	KT-056	2,010.00	2015/12/8	北京
SP0008	恒立空调	KT-087	1,980.00	2016/5/25	上海

图 8-28 查找结果

“查找范围”下拉列表中的“当前字段”表明在光标所在的字段内查找。一个节省时间的做法是在查找之前将光标移到所要查找的字段上。在“匹配”下拉列表中。

【范例 8-15】 在“商品表”中查找以“长江”开头的电器信息。

操作步骤如下。

（1）用数据表视图打开“商品表”。

（2）单击“商品名称”字段列的字段名行。

（3）在“开始”选项卡中单击“查找”组中的“查找”按钮，弹出“查找和替换”对话框。

（4）在“查找内容”文本框中输入“长江*”，匹配选择“整个字段”，搜索选择“全部”，如图 8-29 所示。

（5）单击“查找下一个”按钮，结果如图 8-30 所示。

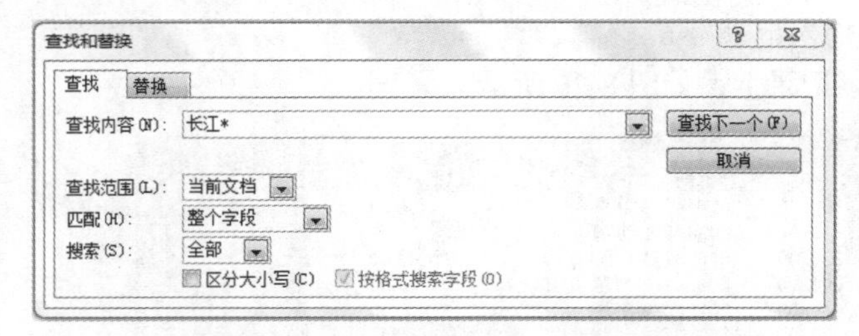

图 8-29 “查找和替换”对话框设置

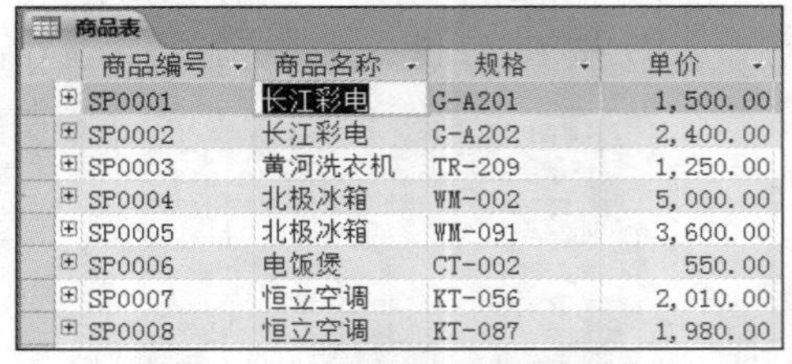

商品表

商品编号	商品名称	规格	单价
SP0001	长江彩电	G-A201	1,500.00
SP0002	长江彩电	G-A202	2,400.00
SP0003	黄河洗衣机	TR-209	1,250.00
SP0004	北极冰箱	WM-002	5,000.00
SP0005	北极冰箱	WM-091	3,600.00
SP0006	电饭煲	CT-002	550.00
SP0007	恒立空调	KT-056	2,010.00
SP0008	恒立空调	KT-087	1,980.00

图 8-30 查找结果

有时在指定查找内容时，只知道部分内容或者根据特定要求来查找数据，可以使用通配符“*”和“?”。

【范例 8-16】 将“商品表”中“北极冰箱”更名为“北极冰柜”。

操作步骤如下。

（1）用“数据表视图”打开“商品表”，单击“商品名称”字段列的字段名行。

（2）在“开始”选项卡的“查找”组中，单击“替换”按钮，弹出“查找和替换”对话框。

（3）在“查找内容”中输入“北极冰箱”，在“替换为”中输入“北极冰柜”。

（4）在“匹配”框中，确保选择的是“整个字段”选项，如图 8-31 所示。

（5）单击“全部替换”按钮，屏幕出现一个替换操作的确认信息，选择全部替换指定的内容，结果如图 8-32 所示。

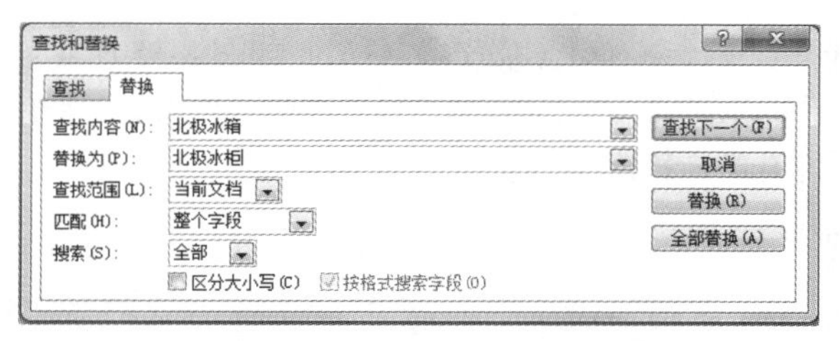

图 8-31　“查找和替换”对话框设置

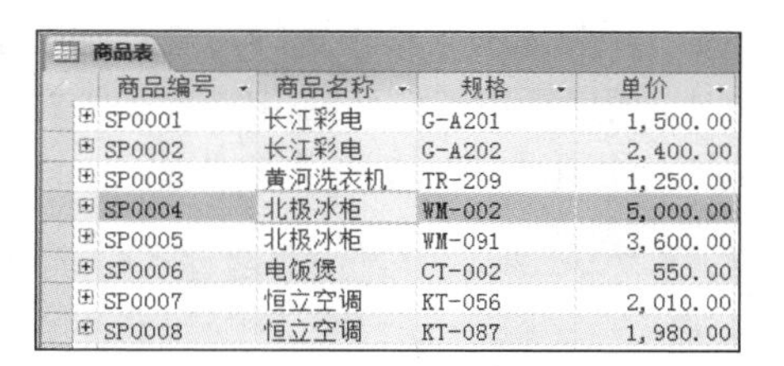

商品编号	商品名称	规格	单价
SP0001	长江彩电	G-A201	1,500.00
SP0002	长江彩电	G-A202	2,400.00
SP0003	黄河洗衣机	TR-209	1,250.00
SP0004	北极冰柜	WM-002	5,000.00
SP0005	北极冰柜	WM-091	3,600.00
SP0006	电饭煲	CT-002	550.00
SP0007	恒立空调	KT-056	2,010.00
SP0008	恒立空调	KT-087	1,980.00

图 8-32　替换结果

替换操作是不可恢复的操作，为了避免替换操作失误，在进行替换操作之前最好进行备份。

【范例 8-17】　打开“商品表”，按“生产日期”升序排列。

操作步骤如下。

（1）用数据表视图打开“商品表”，单击“生产日期”字段所在的列。

（2）在“开始”选项卡中单击“排序和筛选”组中的“升序”按钮，记录按照生产日期升序排序，如图 8-33 所示。

Access 首先根据第一个字段按照指定的顺序进行排序，当第一个字段具同值时，再按照第二个字段进行排序，依此类推，直到按全部指定的字段排好序为止。按多个字段排序记录的方法有两种，使用“升序”或“降序”按钮和使用“高级筛选/排序”命令。

【范例 8-18】　在“商品表”中按“产地”和“数量”两个字段升序排序。

操作步骤如下。

（1）用数据表视图打开“商品表”。

（2）选中用于排序、且相邻的“产地”和“数量”两个字段列。

（3）在“开始”选项卡的“排序和筛选”组中，单击“升序”按钮，结果如图 8-34 所示。

商品编号	商品名称	规格	单价	生产日期
SP0001	长江彩电	G-A201	1,500.00	2015/1/19
SP0003	黄河洗衣机	TR-209	1,250.00	2015/8/31
SP0006	电饭煲	CT-002	550.00	2015/10/12
SP0007	恒立空调	KT-056	2,010.00	2015/12/8
SP0005	北极冰柜	WM-091	3,600.00	2016/2/2
SP0002	长江彩电	G-A202	2,400.00	2016/3/9
SP0004	北极冰柜	WM-002	5,000.00	2016/4/7
SP0008	恒立空调	KT-087	1,980.00	2016/5/25

图 8-33　“生产日期”排序结果

商品编号	商品名称	规格	单价	生产日期	产地	数量
SP0007	恒立空调	KT-056	2,010.00	2015/12/8	北京	60
SP0001	长江彩电	G-A201	1,500.00	2015/1/19	北京	90
SP0006	电饭煲	CT-002	550.00	2015/10/12	广州	70
SP0004	北极冰柜	WM-002	5,000.00	2016/4/7	南京	35
SP0005	北极冰柜	WM-091	3,600.00	2016/2/2	南京	65
SP0008	恒立空调	KT-087	1,980.00	2016/5/25	上海	45
SP0002	长江彩电	G-A202	2,400.00	2016/3/9	上海	50
SP0003	黄河洗衣机	TR-209	1,250.00	2015/8/31	西安	89

图 8-34　“产地”和“数量”排序结果

虽然使用“升序”或“降序”按钮排序两个字段比较简单，但它要求所有字段都按同一种次序排序，而且这些字段的位置必须相邻。

【范例 8-19】　在“商店表”中的记录先按“商店编号”降序排列，再按“固定电话”升序排列。

操作步骤如下。

（1）用数据表视图打开“商店表”。

（2）在“开始”选项卡的“排序和筛选”组中，单击“高级”按钮。

（3）从弹出的菜单中选择“高级筛选/排序”命令，弹出“筛选”窗口，如图 8-35 所示。

（4）用鼠标单击设计网格中第一列字段行右侧，选择“商店编号”段，在排序中选择“降序”。

（5）使用同样的方法设置“固定电话”为升序，排序条件设置如图 8-36 所示。

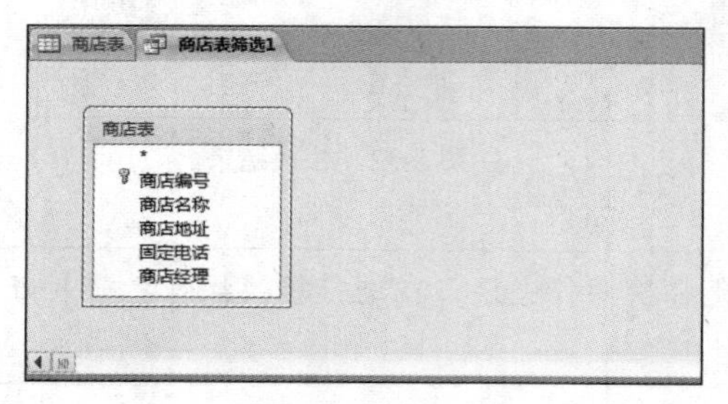

图 8-35 “筛选”窗口

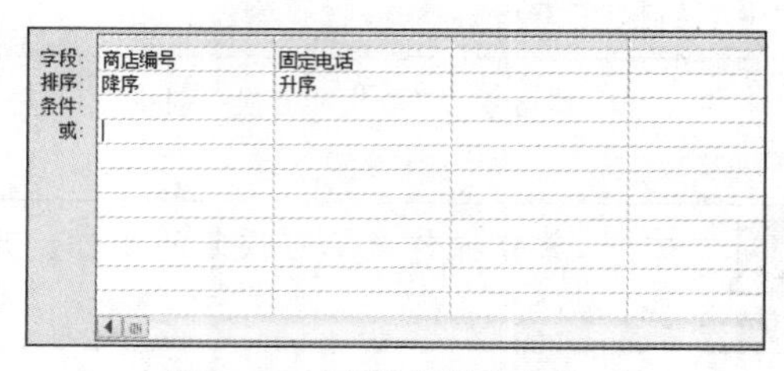

图 8-36 “字段”排序条件

（6）在“开始”选项卡的“排序和筛选”组中，单击“切换筛选”按钮，Access 2010 将按上述设置排序“商店表”中的所有记录，如图 8-37 所示。

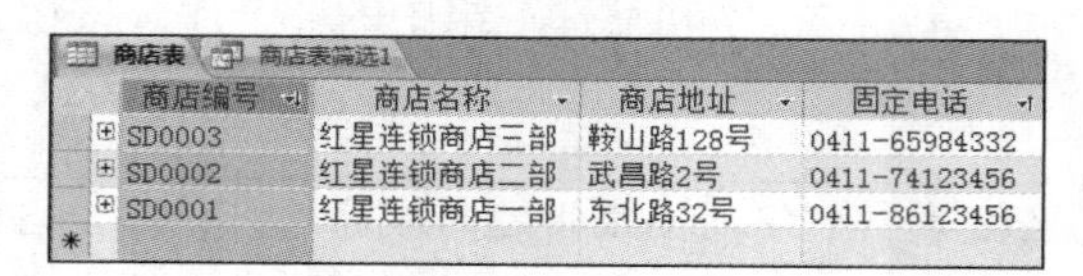

商店编号	商店名称	商店地址	固定电话
SD0003	红星连锁商店三部	鞍山路128号	0411-65984332
SD0002	红星连锁商店二部	武昌路2号	0411-74123456
SD0001	红星连锁商店一部	东北路32号	0411-86123456

图 8-37 排序结果

“高级筛选/排序”命令适合两个字段按不同的次序排，或者按两个不相邻的字段排序。在“开始”选项卡的“排序和筛选”组中，单击“取消排序”按钮，恢复到初始的记录顺序。

【范例 8-20】 在“商品表”中筛选出促销商品。

操作步骤如下。

（1）用“数据表视图”打开“商品表”。

（2）在“开始”选项卡的“排序和筛选”组中，单击“选择”按钮，弹出如图 8-38 所示的菜单，选择“是-1”。

（3）Access 2010 会筛选出促销商品记录，结果如图 8-39 所示。

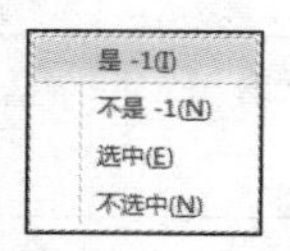

图 8-38 选择菜单

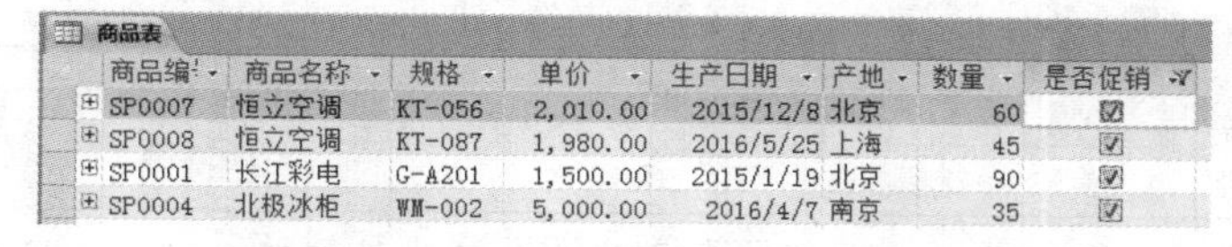

商品编号	商品名称	规格	单价	生产日期	产地	数量	是否促销
SP0007	恒立空调	KT-056	2,010.00	2015/12/8	北京	60	☑
SP0008	恒立空调	KT-087	1,980.00	2016/5/25	上海	45	☑
SP0001	长江彩电	G-A201	1,500.00	2015/1/19	北京	90	☑
SP0004	北极冰柜	WM-002	5,000.00	2016/4/7	南京	35	☑

图 8-39 “是否促销”筛选结果

在“是/否”类型中，非用 0 表示，是用-1 表示。

【范例 8-21】 筛选出“商品表”中南京产的促销商品。

操作步骤如下。

（1）用数据表视图打开“商品表”。

（2）在“开始”选项卡中单击“排序和筛选”组中的“高级”按钮，从中选择“按窗体筛选”命令，显示“按窗体筛选”窗口。

（3）单击“产地”字段，从下拉列表中选择“南京”。

（4）选中“是否促销”字段中的复选框，结果如图 8-40 所示。

（5）在“开始”选项卡的“排序和筛选”组中，单击“切换筛选”按钮只切换，可以看到筛选结果，如图 8-41 所示。

图 8-40　“按窗体筛选”窗口

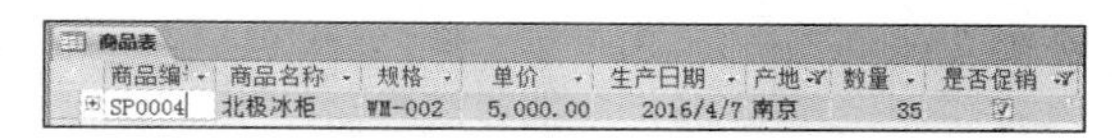

图 8-41　筛选结果

使用“筛选”窗口可以筛选出满足复合条件的记录。

【范例 8-22】　在“商品表”中，找出 2015 年生产的商品，并按“单价”升序排序。

操作步骤如下。

（1）数据表视图打开“商品表”。

（2）单击“开始”选项卡，单击“排序和筛选”组中的“高级”按钮。

（3）从弹出的下拉菜单中选择“高级筛选/排序”命令，弹出“筛选”窗口。

（4）在“筛选”窗口的第一列“字段”中选择“生产日期”，在“条件”单元格中输入条件：<#2016-01-01#。

（5）在“筛选”窗口的第二列“字段”中选择“单价”，在“排序”单元格中选择“升序”，设置如图 8-42 所示。

（6）在“开始”选项卡的“排序和筛选”组中，单击“切换筛选”按钮，结果如图 8-43 所示。

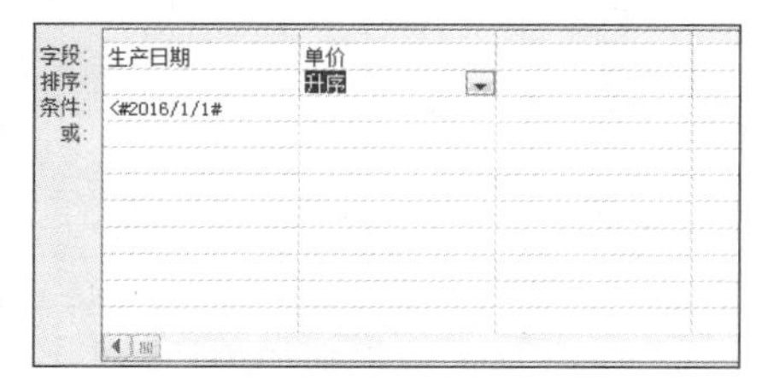

图 8-42　筛选/排序设置

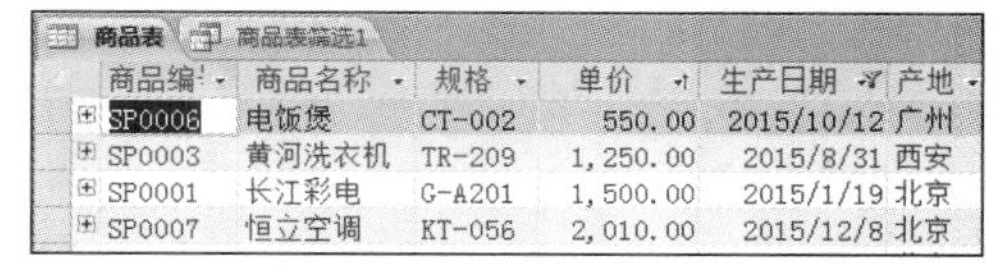

图 8-43　筛选/排序结果

清除筛选设置筛选后，如果不再需要筛选的结果，可以将其清除。清除筛选是将数据表恢复到筛选前的状态。可以从单个字段中清除单个筛选，也可以从所有字段中清除所有筛选。清除所有筛选的方法是单击“开始”选项卡，然后单击“排序和筛选”组中的“高级”按钮，从弹出的下拉菜单中选择“清除所有筛选器”命令。

【范例 8-23】　查询“商品表”中商品的商品名称、单价和数量。

操作步骤如下。

（1）在 Access 2010 中，在“创建”选项卡中单击“查询”组中的“查询向导”按钮，弹出“新建查询”对话框，如图 8-44 所示。

（2）选择“简单查询向导”，然后单击“确定”按钮，弹出“简单查询向导”的第一个对话框。

（3）单击“表/查询”右侧的按钮，选择“商品表”，在“可用字段”列表框中显示“商品表”中包含的所有字段。双击“商品名称”“单价”和“数量”字段添加到“选定字段”列表框中。结果如图 8-45 所示。

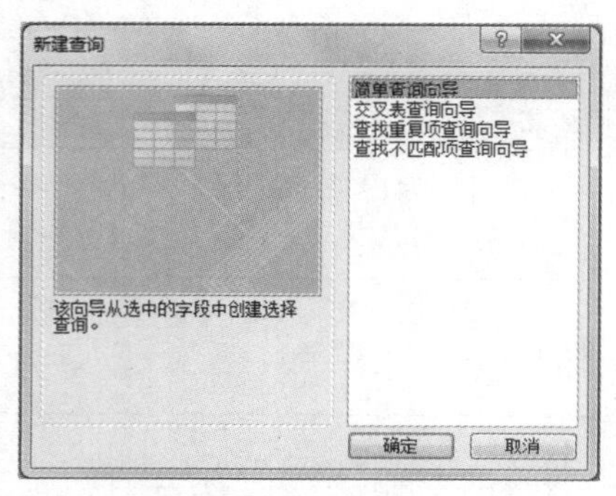

图 8-44 “新建查询”对话框

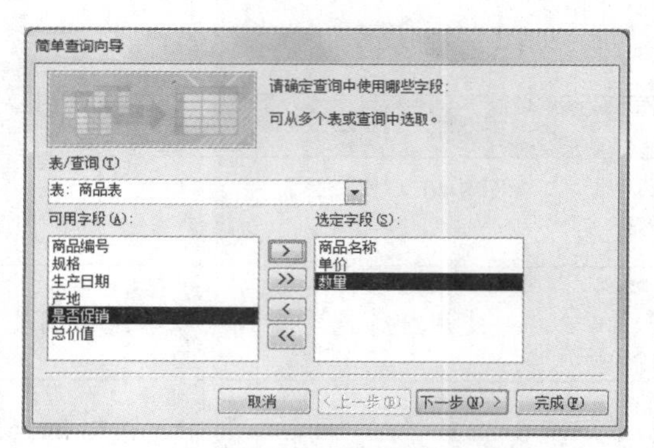

图 8-45 字段选择对话框

（4）单击“下一步”按钮，弹出“简单查询向导”第二个对话框，如图 8-46 所示。

（5）单击“下一步”按钮，出现“简单查询向导”的第三个对话框，在“请为查询指定标题”文本框中输入所需的查询名称，本例使用默认标题。如果要打开查询查看结果，则单击“打开查询查看信息”按钮；如果要修改查询设计，则单击“修改查询设计”按钮。查看结果如图 8-47 所示。

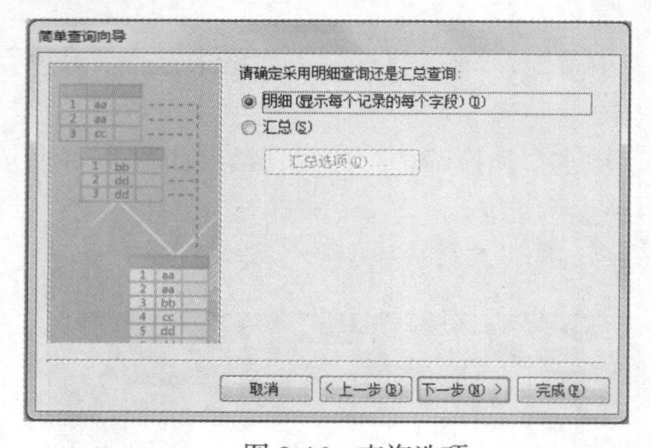

图 8-46 查询选项

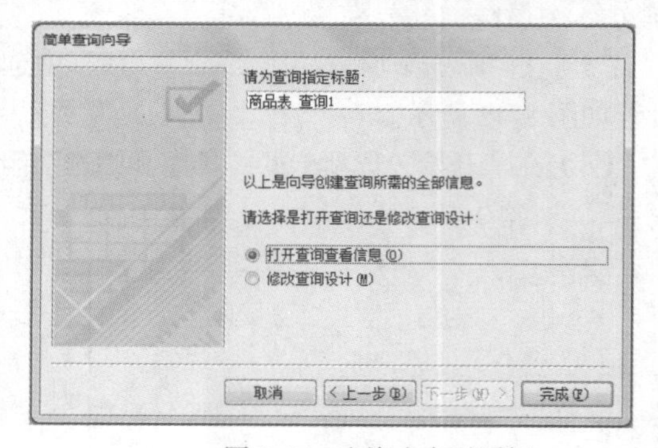

图 8-47 查询去向对话框

（6）单击“完成”按钮。查询结果如图 8-48 所示。

查询数据源既可以来自于一个表或查询中的数据，也可以来自于多个表或查询。

【范例 8-24】 查询“商品表”中同名商品的名称、产地和生产日期。

操作步骤如下。

（1）在 Access 2010 中，单击“创建”选项卡，单击“查询”组中的“查询向导”按钮，弹出“新建查询”对话框，如图 8-49 所示。

（2）选择“查找重复项查询向导”，单击“确定”按钮，弹出“查找重复项查询向导”第一个对话框。

商品名称	单价	数量
长江彩电	1,500.00	90
长江彩电	2,400.00	50
黄河洗衣机	1,250.00	89
北极冰柜	5,000.00	35
北极冰柜	3,600.00	65
电饭煲	550.00	70
恒立空调	2,010.00	60
恒立空调	1,980.00	45

图 8-48　查询结果

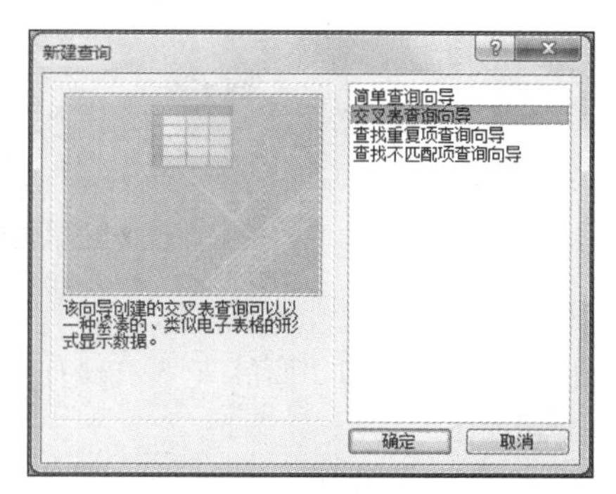

图 8-49　“新建查询”对话框

（3）选择“表：商品表”，如图 8-50 所示，单击“下一步”按钮，弹出“查找重复项查询向导”第二个对话框。

（4）双击“商品名称”字段，将其添加到“重复值字段”列表框中，如图 8-51 所示。

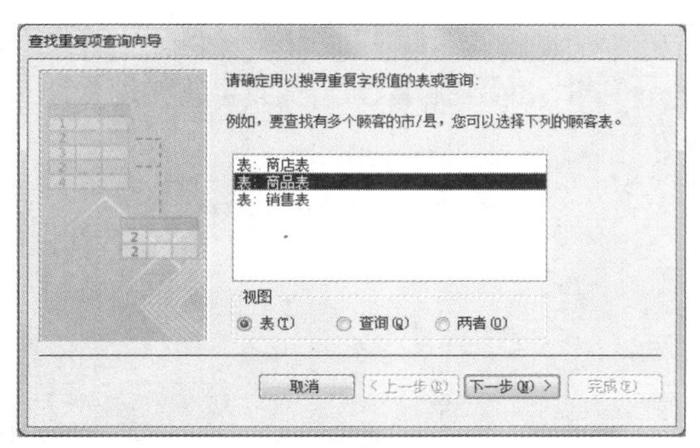

图 8-50　数据源选择对话框

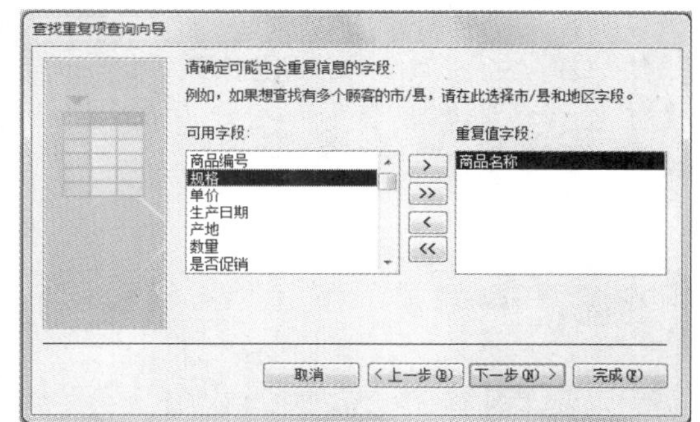

图 8-51　选择重复的字段对话框

（5）单击“下一步”按钮，弹出“查找重复项查询向导”第三个对话框。

（6）分别双击“产地”和“生产日期”字段，添加到“另外的查询字段”列表框中，如图 8-52 所示。

（7）单击“下一步”按钮，弹出“查找重复项查询向导”的第四个对话框。

（8）在“请指定查询的名称”文本框中输入“查找相同商品名称的商品产地和生产日期”，然后单击“查看结果”单选按钮，如图 8-53 所示。

（9）单击“完成”按钮，查询结果如图 8-54 所示。

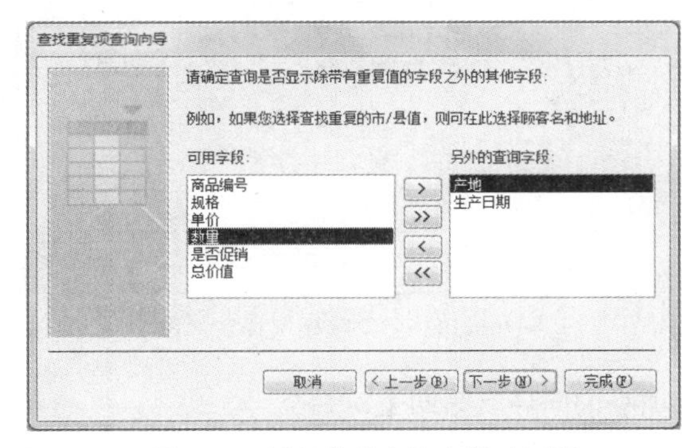

图 8-52　添加其他查询字段对话框

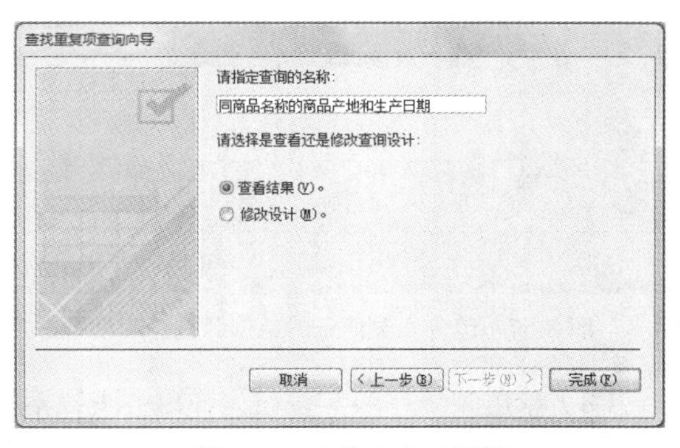

图 8-53　查询去向对话框

商品名称	产地	生产日期
北极冰柜	南京	2016/2/2
北极冰柜	南京	2016/4/7
长江彩电	上海	2016/3/9
长江彩电	北京	2015/1/19
恒立空调	上海	2016/5/25
恒立空调	北京	2015/12/8

图 8-54　查询结果

【范例 8-25】　查询“商品表”中没有销售记录的商品名称和规格字段。

操作步骤如下。

（1）在 Access 2010 中，在“创建”选项卡中单击“查询”组中的“查询向导”按钮，弹出“新建查询”对话框，如图 8-55 所示。

（2）选择“查找不匹配项查询向导”，然后单击“确定”按钮，弹出“查找不匹配项查询向导”第一个对话框。

（3）选择“表：商品表”选项，即包含查询信息的数据表，如图 8-56 所示。

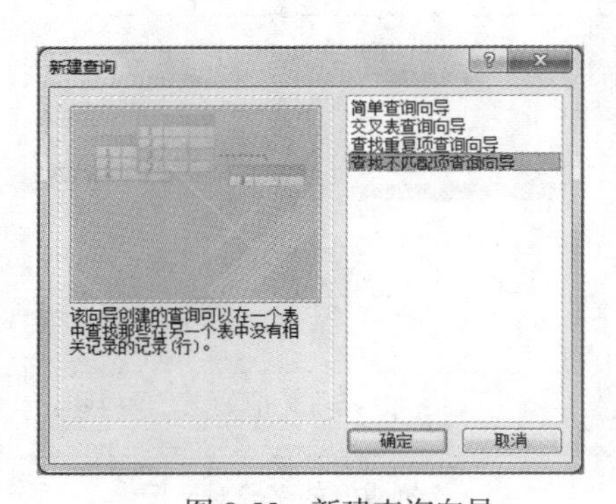

图 8-55　新建查询向导

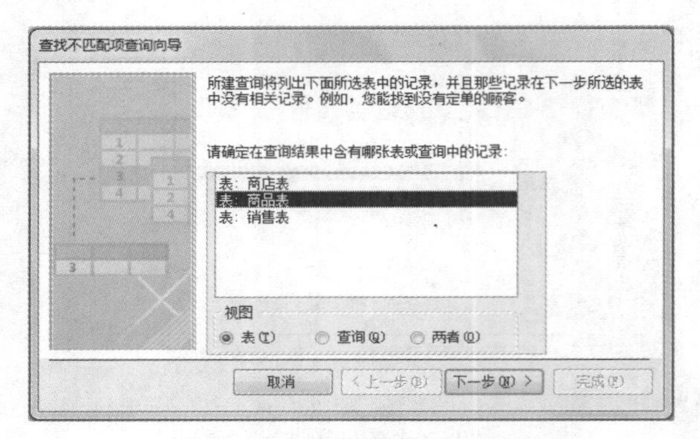

图 8-56　查询数据源选择对话框

（4）单击“下一步”按钮，弹出“查找不匹配项查询向导”第二个对话框。

（5）单击“表：销售表”选项，选择相关数据所在的数据表，如图 8-57 所示。

（6）单击“下一步”按钮，弹出“查找不匹配项查询向导”第三个对话框。

（7）Access 2010 会自动找出两个表中公共字段“商品编号”，如图 8-58 所示。

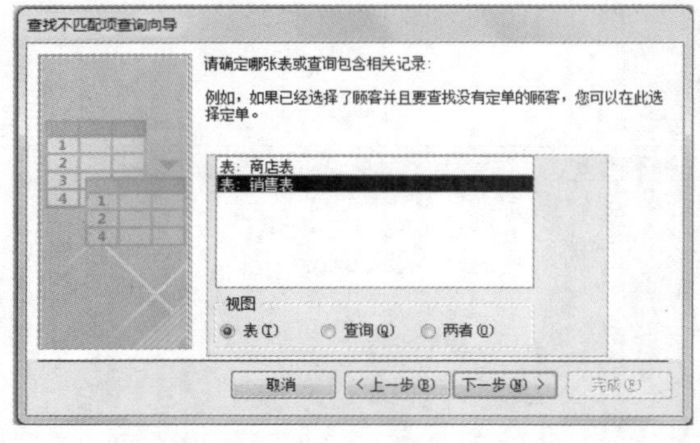

图 8-57　包含相关信息的数据源选择对话框

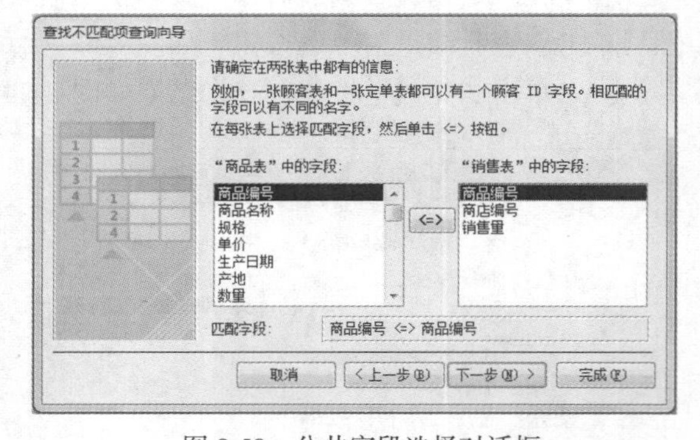

图 8-58　公共字段选择对话框

（8）单击“下一步”按钮，弹出“查找不匹配项查询向导”第四个对话框。

（9）分别双击“商品名称”和“规格”，将它们添加到“选定字段”列表框中，如图 8-59 所示。

（10）单击“下一步”按钮，弹出“查找不匹配项查询向导”第五个对话框。

（11）在“请指定查询名称”文本框中输入“没有销售记录的商品”，然后单击“查看结果”单选按钮。

（12）单击“完成”按钮，查询结果如图 8-60 所示。

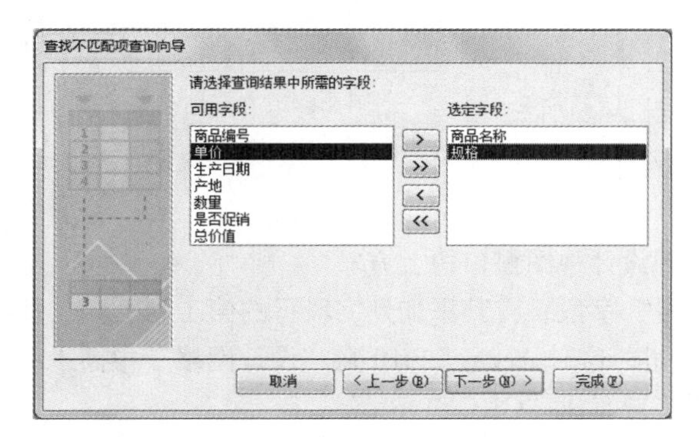

图 8-59　查询结果字段选择对话框

图 8-60　查询结果

【范例 8-26】　查询“商品表”中 2016 年生产，且产地为“南京”和“上海”的商品信息。

操作步骤如下。

（1）打开查询设计视图，弹出“显示表”对话框，如图 8-61 所示。

（2）选择“商品表”，单击“添加”按钮，将其添加到设计视图窗口的上方，如图 8-62 所示。

图 8-61　“显示表”对话框

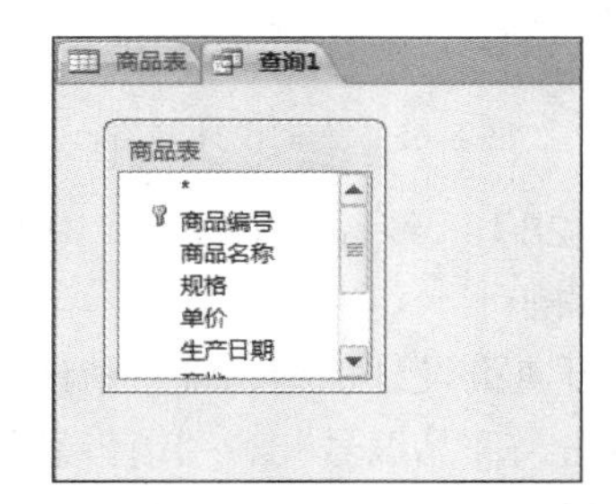

图 8-62　设计视图窗口

（3）分别双击“商品名称”“生产日期”和“产地”字段，将它们添加到设计网格中。

（4）单击设计网格第 4 行，选中“商品名称”“生产日期”和“产地”字段的“显示”复选框。

（5）按照例题要求，“产地”字段还要设置条件，在“产地”列的“条件”单元格中输入“南京”，在“或”单元格中输入“上海”。

（6）按照例题要求，“生产日期”字段也要设置条件，在“生产日期”列的“条件”单元格中输入条件：year（[生产日期]）=2016，如图 8-63 所示。

（7）保存所建查询，将其命名为“2016 年南京和上海产地生产的商品”。

（8）在“设计”选项卡中单击“结果”组中的“视图”按钮或“运行”按钮，查询结果如图 8-64 所示。

字段:
表:
排序:
显示:
条件:
或:
商品名称
商品表
生产日期
商品表
[产地]
商品表
"南京"
"上海"
Year([生产日期])
2016

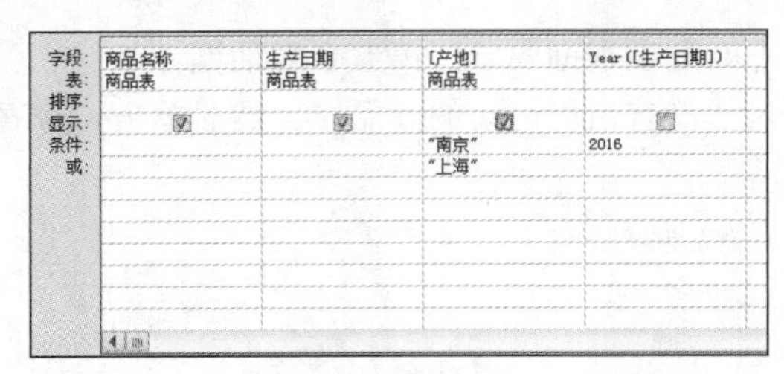

图 8-63　查询设计网格

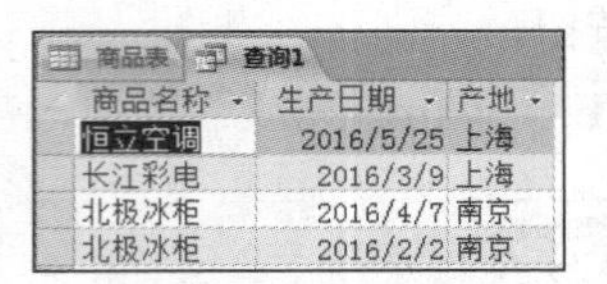

商品表
查询1
商品名称
生产日期
产地
恒立空调
2016/5/25
上海
长江彩电
2016/3/9
上海
北极冰柜
2016/4/7
南京
北极冰柜
2016/2/2
南京

图 8-64　查询结果

【范例 8-27】　统计“商品表”中各种商品的总价值。

操作步骤如下。

（1）打开查询设计视图，将“商品表”添加到设计视图窗口的上方。

（2）双击“商品表”字段列表中的“教师编号”字段，将其添加到字段行的第 1 列上。

（3）在“显示/隐藏”组中，单击“汇总”按钮，这时 Access 2010 在“设计网格”中插入一行，并自动将“商品编号”字段的“总计”单元格设置成“GROUP BY”。

（4）单击“教师编号”字段的“总计”行单元格，选择“计数”，设计结果如图 8-65 所示。

（5）单击快速访问工具栏上的“保存”按钮，输入“统计商品种类”作为查询名称，单击“确定”按钮。

（6）单击“结果”组中的“运行”按钮，结果如图 8-66 所示。

字段:
表:
总计:
排序:
显示:
条件:
或:
商品编号
商品表
计数

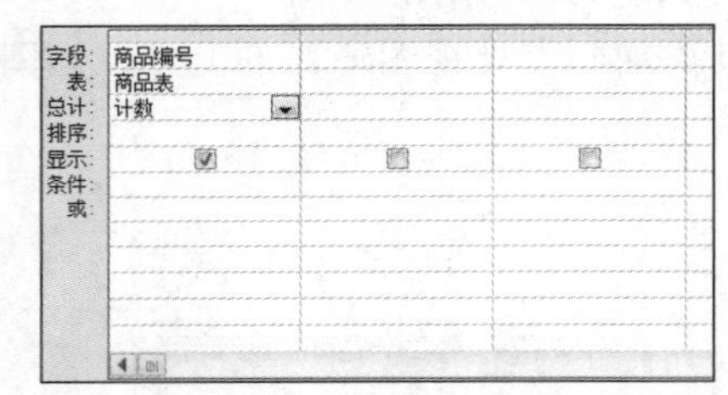

图 8-65　查询设计网格

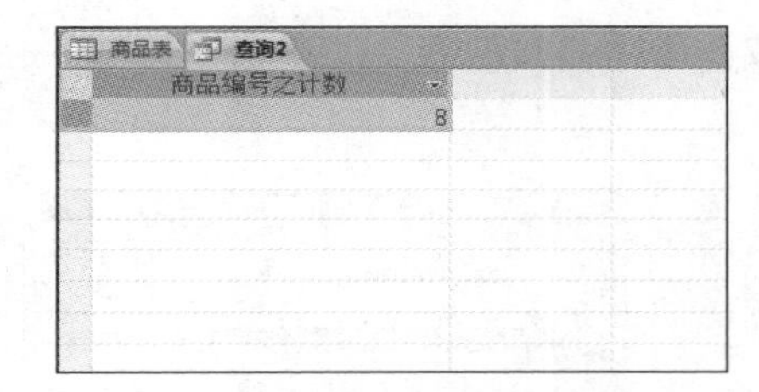

商品表
查询2
商品编号之计数
8

图 8-66　查询结果

【范例 8-28】　统计“销售表”中各种商品的销售情况。

操作步骤如下。

（1）打开查询设计视图，将“销售表”添加到设计视图窗口的上方。

（2）双击“商品编号”和“销售量”字段，将它们添加到设计网格中。

（3）选择“商品编号”列，在“显示/隐藏”组中，单击“汇总”按钮，在“设计网格”中插入一行，并自动将“商品编号”字段和“销售量”字段的“总计”单元格设置成“GROUP BY”。

（4）选择“销售量”列，在“总计”列表中选择“合计”，设计结果如图 8-67 所示。

（5）保存该查询，并将其命名为“商品的销售量”。

（6）单击“结果”组中的“运行”按钮，结果如图 8-68 所示。

字段:
表:
总计:
排序:
显示:
条件:
或:
商品编号
销售表
Group By
销售量
销售表
合计

图 8-67　查询设计网格

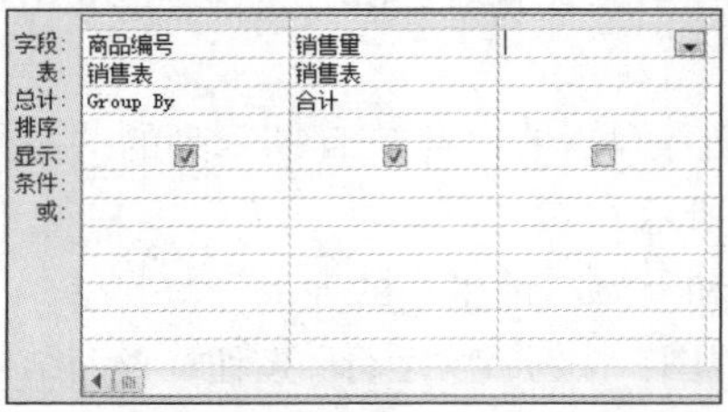

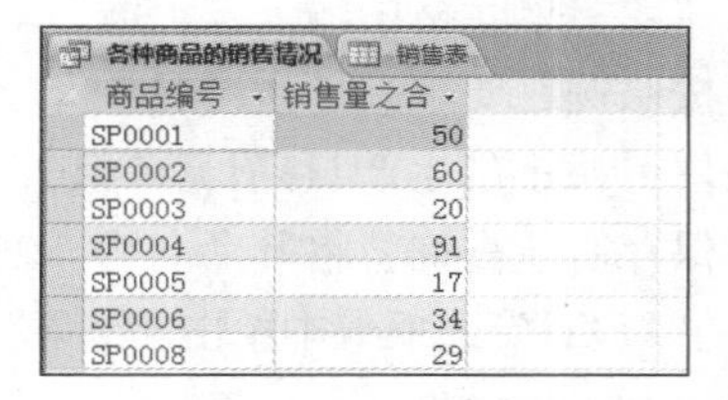

各种商品的销售情况
销售表
商品编号
销售量之合
SP0001
50
SP0002
60
SP0003
20
SP0004
91
SP0005
17
SP0006
34
SP0008
29

图 8-68　查询结果

三、实战练习

【练习 8-1】　设有关系 R 和 S。

R：

A	B	C
3	6	7
2	5	7
7	3	4
4	4	3

S：

A	B	C
3	4	5
7	2	3

列表计算 $R \cup S$、$R-S$、$R \times S$、$\pi_{3,2}$（S）、$\delta_{B<5}$（R）。

第9章 信息安全

实验1 浏览器与电子邮箱的使用

一、实验目的

掌握浏览器和电子邮件的使用方法。

二、实验范例

【范例9-1】 浏览器的设置（以IE为例）。

操作步骤如下。

（1）启动IE浏览器。在Windows桌面或快速启动栏中，单击图标。

（2）输入网页地址(URL)。例如，在地址栏输入大连海洋大学主页的URL（http://www.dlou.edu.cn/），IE浏览器将打开大连海洋大学的主页，如图9-1所示。

图9-1 网址页面

（3）网页浏览。在IE打开的页面中，包含有指向其他页面的超链接。当将鼠标光标移动到具有超链接的文本或图像上时，鼠标指针会变为形，单击鼠标左键，将打开该超链接所指向的网页。

（4）断开当前连接。单击工具栏中的“查看”菜单→“停止”，中断当前网页的传输。

（5）重新建立连接。在执行步骤 4 之后，单击工具栏中的“查看”菜单→“刷新”，将重新开始被中断的网页的传输。

（6）保存当前网页信息。使用“文件”菜单的“另存为”命令，将当前网页保存到本地计算机。

（7）保存图像或动画。在当前网页中选择一幅图像或动画，单击鼠标右键，从弹出的快捷菜单中选择“图片另存为”，将该图像或动画保存到本地计算机。

（8）将当前网页地址保存到收藏夹。使用“收藏”菜单的“添加到收藏夹”命令，将当前网页放入收藏夹。

（9）在已经浏览过的网页之间跳转。通常的方法是单击工具栏中的“后退”按钮与“前进”按钮，返回到前一页，或回到后一页。也可以单击地址栏中的“▼”形按钮，从弹出的下拉列表中直接选择某个浏览过的网页。

（10）浏览历史记录。单击工具栏中的“查看”→“浏览器栏”→“历史记录”，会在 IE 窗口的左边打开“历史记录”窗口，该窗口列出了最近一段时间以来所有浏览过的页面。

（11）主页设置。使用“工具”菜单中的“Internet 选项”命令，打开“Internet 选项”对话框。单击“常规”属性页，在“主页”的地址栏中，输入一个 URL 地址（如 http://www.hao123.com），单击“确定”按钮，即可以将输入的 URL 设置为 IE 的主页，如图 9-2 所示。

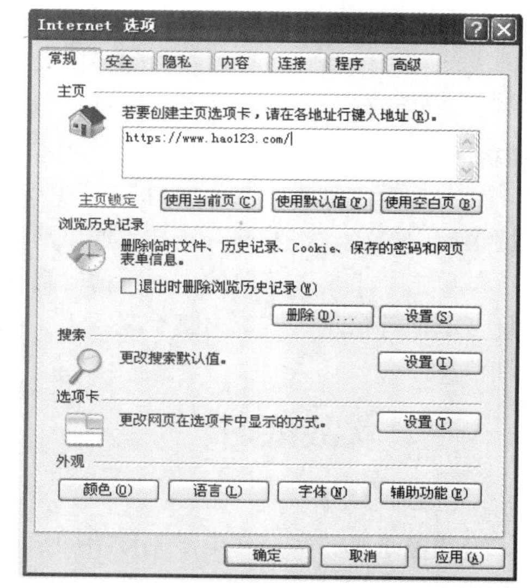

图 9-2　主页设置

（12）代理设置：单击“工具”菜单中的“Internet 选项”命令，打开“Internet 选项”属性对话框；然后在属性对话框中单击“连接”属性页，接着单击“局域网设置”按钮，打开“局域网（LAN）设置”对话框；然后在“代理服务器”输入框中，选上“为 LAN 使用代理服务器”复选框，并在地址输入框中输入所使用的代理服务器的 URL，在端口输入框中输入所使用的代理服务器的端口，如“8080”，并选上“对于本地地址不使用代理服务器”复选框。

设置代理服务器后，连接到 Internet 会要求输入使用代理服务器的用户名和密码。如果没有代理服务器的用户名和密码，将无法打开所需浏览的页面，可以到网络中心开通代理服务器的账户，或向代理服务器的管理人员请求账户。

【范例 9-2】　收发电子邮件。

操作步骤如下。

（1）免费电子邮箱的申请。如果有 QQ，可以使用 QQ 邮箱。若无电子邮箱，需要首先申请一个免费的电子邮箱。例如，可以在 IE 地址栏中输入 http://mail.163.com/，打开 163 网站的免费电子邮箱页面，单击“注册”，按着注册向导的要求，即可注册一个新的电子邮箱地址。

（2）启动电子邮件管理程序 Outlook Express。在 Windows 环境下启动应用程序 Outlook Express。

（3）将自己的Email地址添加到Internet账户列表中。使用“工具”菜单的“账户”命令，打开“Internet账户”窗口，再单击“添加”按钮选择添加邮件，打开“Internet连接向导”，依次输入自己希望的显示名、E-mail地址、接收服务器域名、发送服务器域名、账户名和密码等内容。

（4）撰写和发送邮件。单击“创建邮件”按钮，打开“新邮件”窗口，在“收件人”和“抄送”文本框中输入收件人的E-mail地址，若希望同时发送到多个邮箱地址，则地址之间用逗号或分号隔开；在“主题”文本框中输入邮件的标题；在文本编辑区输入邮件的具体内容；然后单击“发送”按钮。

若希望在邮件中添加附件，则单击“附件”按钮，打开“插入附件”窗口，可将各种类型的文件（如文本、图片、声音、压缩文件等）作为该邮件的附件传送给收件人。

（5）阅读、回复或转发邮件。单击“发送和接收”按钮时，一旦检测到有新邮件到达就将它们放置到“收件箱”文件夹中。未阅读的邮件有一个未拆封的信封☒图标，已经阅读的邮件图标为打开的信封。

回复邮件：选中要回复的邮件，单击“答复”按钮，打开回复邮件窗口，此时不需要输入“收件人”和“主题”，只需在本编辑区直接输入回复邮件的内容即可。

转发邮件：选中要转发的邮件，单击“转发”按钮，打开转发邮件窗口。此时邮件的主题和内容已经存在，只需在“收件人”文本框中输入收件人E-mail地址即可。

（6）向通讯簿中添加用户。选中“收件箱”文件夹中的某邮件，单击鼠标右键，从弹出的快捷菜单中选择“将发件人添加到通讯簿”命令，将该邮件的发件人添加到通讯簿。

单击“工具”菜单的“通讯簿”命令，打开通讯簿窗口，查看“联系人”的姓名、E-mail地址、电话等信息。若双击某个联系人，则打开该联系人的属性窗口，可查看或输入该联系人的详细信息。

三、实战练习

【练习9-1】

用电子邮箱写一封电子邮件给同学或者朋友，简要介绍一下自己所在的大学。

实验2 IE浏览器的安全设置

一、实验目的

掌握IE浏览器的安全设置。

二、实验范例

【范例9-3】 IE浏览器的安全设置。

操作步骤如下。

（1）双击桌面上的Internet explorer 图标，打开IE浏览器，选择菜单工具栏下的“Internet选项”，单击“安全标签”。

（2）安全选项设置有四种区域（见图9-3）。

① Internet区域：单击“默认级别”按钮，可以看到“Internet”区域的默认安全级为“中”。

也可以单击“自定义级别”按钮，在弹出的窗口，可以设置本区域安全级别。

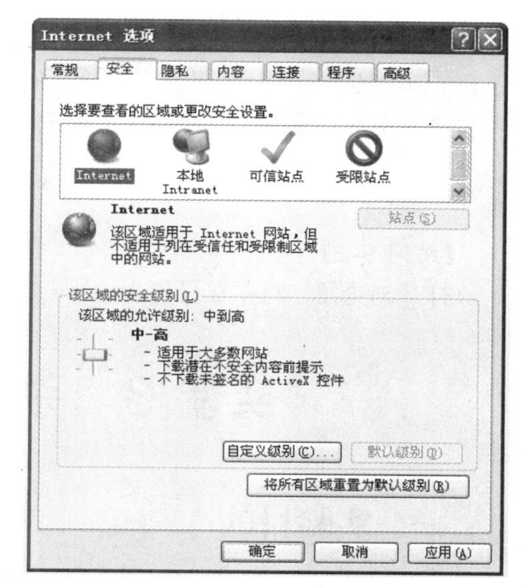

图 9-3　安全选项

② 本地 Intranet 区域：该区域通常包含按照系统管理员定义的不需要代理服务器的所有地址。包括在“连接”选项中指定的站点、网络路径和本地 Internet 站点。“本地 Internet”区域的默认安全级是“中低”，因此，Internet Explore 允许该区域中的网站在计算机上保存 Cookie，并且创建 Cookie 的网站可以读取。选择“本地 Intranet 区域”图标，单击下方的“站点”按钮，可以看到本区域所包括哪些网站。

③ 受信任的站点区域：该区域包含信任的站点，用户可以直接从这里下载或运行文件，而不用担心会危害计算机或数据。“受信任的站点”区域的默认安全级是“低”，因此，Internet Explore 允许该区域中的网站在计算机上保存 Cookie，并且创建按钮，弹出对话框，可以添加和删除可信站点。

④ 受限制的站点区域：该区域包含您不信任的站点，不能肯定是否可以从该站点下载或运行文件而不损害计算机或数据。“受限制的站点”区域的默认安全级别是“高”，因此，Internet Explore 将阻止来自该区域中的网站的所有 Cookie。选择“受限制的站点区域”图标，单击下方的“站点”按钮，弹出对话框，可以添加和删除受限站点。

此外，已经存放在本地计算机上的任何文件都被认为是最安全的，所以它们被设置为最低的安全级。无法将本地计算机上的文件夹或驱动器分配到任何安全区域。

可以更改某个区域的安全级别，例如可能需要将“本地 Internet”区域的安全设置改为“低”；或者可以自定义某个区域的设置；也可以通过从证书颁发机构导入隐私设置为某个区域自定义设置。

（3）更改隐私设置。在 Internet Explore 的“工具”菜单下，单击“Internet 选项”，选择“隐私”选项卡，将滑块上移到更高的隐私级别，或者下移到更低的隐私级别，可以看到不同的信息。

（4）启用分级审查并设置限制。

① 打开 Internet Explore 中的“工具”菜单，然后单击“Internet 选项”，打开 Internet 选项。单击“内容”选项卡，在“分级审查”下，单击“启用”，可以看到图中可选择各项类别，并拖动下面的滑块，可用看到不同类别下不同级别分别代表什么内容。

② 单击许可站点标签。

③ 可以从这里添加不论如何分级都许可和未许可的网站列表，许可的站点以绿色的“√”表示，未许可得站点以红色的“—”表示。

④ 单击“常规”标签，这里可以设置监督人密码，还可以查看分级系统等。

⑤ 单击“高级”标签，这里可以选择分级部门和导入预先制定好的规则。

⑥ 设定好各项内容以后，单击“确定”按钮，弹出“创建监督人密码”窗口，可以设置更改内容审查程序的密码和提示。

⑦ 填入自己容易记住的密码和信息，单击“确定”按钮，可以看到对话框。

⑧ 单击“确定”按钮，返回到 Internet 选项设置窗口，这是分级审查已经启用，如果要再次设置分级审查内容，单击“设置”，要求输入刚才设置的密码。

⑨ 在 Internet 选项设置里也可以查看本机安装的 CA 证书和个人地址，单击“自动完成”按钮，在弹出的窗口中，可以设置表单上的密码和 Web 页地址的有关信息，也可以单击“清除表单”和“清除密码”来清除自动完成历史记录。

三、实战练习

【练习 9-2】

打开浏览器，将主页设置为 www.hao123.com。

实验 3　杀毒软件的使用方法

一、实验目的

掌握 360 安全卫士和 360 杀毒的使用方法。

二、实验范例

【范例 9-4】　360 杀毒软件的使用。

操作步骤如下。

1. 360 安全卫士

（1）下载并安装 360 安全卫士，双击桌面上的 360 安全卫士图标。

（2）首次运行 360 安全卫士，会进行第一次系统全面检测。

（3）360 安全卫士界面集电脑体检、查杀木马、清理插件、修复漏洞、清理垃圾、清理痕迹、系统修复等多种功能为一身，并独创了“木马防火墙”功能，同时还具备开机加速、垃圾清理等多种系统优化功能，可大大加快电脑运行速度，内含的 360 软件管家还可帮助用户轻松下载、升级和强力卸载各种应用软件。并且还提供多种实用工具帮用户解决电脑问题和保护系统安全。

（4）电脑体验：对电脑系统进行快速一键扫描，对木马病毒、系统漏洞、差评插件等问题进行修复，并全面解决潜在的安全风险，提高电脑运行速度。

（5）查杀木马：先进的启发式引擎，智能查杀未知木马和云安全引擎双剑合一查杀能力倍增，如果用户使用常规扫描后感觉电脑仍然存在问题，还可尝试 360 强力查杀模式。

（6）清理插件：可以给浏览器和系统瘦身，提高电脑和浏览器速度。用户可以根据评分、好评率、恶评率来管理。

（7）修复漏洞：为用户提供的漏洞补丁均由微软官方获取。及时修复漏洞，保证系统安全。

（8）清理垃圾：全面清除电脑垃圾，最大限度提升用户的系统性能，还用户一个洁净、顺畅的系统环境。

（9）清理痕迹：可以清理用户使用电脑后所留下个人信息的痕迹，这样做可以极大地保护用户的隐私。

（10）系统修复：一键解决浏览器主页、开始菜单、桌面图标、文件夹、系统设置等被恶意篡改的诸多问题，使系统迅速恢复到健康状态。

2. 360 杀毒软件

360 杀毒软件具有实时病毒防护和手动扫描功能，为用户的系统提供全面的安全防护。实时防护功能在文件被访问时对文件进行扫描，及时拦截活动的病毒。在发现病毒时会通过提示窗口警告用户。

360 杀毒提供了四种手动病毒扫描方式：快速扫描、全盘扫描、指定位置扫描及右键扫描。

快速扫描：扫描 Windows 系统目录及 Program Files 目录。

全盘扫描：扫描所有磁盘。

指定位置扫描：扫描用户指定的目录。

右键扫描：集成到右键菜单中，当用户在文件或文件夹上单击鼠标右键时，可以选择“使用 360 杀毒扫描”对选中文件或文件夹进行扫描。

360 杀毒提供网络自动升级服务，当有升级包时，软件会进行检测，并下载更新病毒库。

三、实战练习

【练习 9-3】

使用任意一种杀毒软件对电脑进行全面的清理。

第10章 习题与参考答案

习题1 计算机基础知识

一、单选题

1. 世界上第一台电子数字计算机取名为（ ）。
   A. EDVAC B. EDSAC C. ENIAC D. UNIVAC
2. 个人计算机简称为PC，这种计算机属于（ ）。
   A. 微型计算机 B. 超级计算机 C. 小型计算机 D. 巨型计算机
3. 目前制造计算机所采用的电子器件是（ ）。
   A. 中小规模集成电路 B. 超导体
   C. 晶体管 D. 超大规模集成电路
4. 主要决定微机性能的是（ ）。
   A. CPU B. 价格 C. 质量 D. 耗电量
5. 计算机存储数据的最小单位是二进制的（ ）。
   A. 位（比特） B. 字节 C. 字长 D. 千字节
6. 1字节包括（ ）个二进制位。
   A. 8 B. 16 C. 64 D. 32
7. 1MB等于（ ）B。
   A. 1000000 B. 1024000 C. 100000 D. 1048576
8. 下列数据中，有可能是八进制数的是（ ）。
   A. 597 B. 317 C. 488 D. 189
9. 与十进制36.875等值的二进制数是（ ）。
   A. 110100.011 B. 100100.111 C. 100110.111 D. 100101.101
10. 下列逻辑运算结果不正确的是（ ）。
    A. 0+0=0 B. 1+0=1 C. 0+1=0 D. 1+1=1
11. 计算机采用二进制最主要的理由是（ ）。
    A. 符合习惯 B. 存储信息量大
    C. 结构简单，运算方便 D. 数据输入、输出方便

12. 在不同进制的 4 个数中，最小的一个数是（　　）。

A. （1101100）$_2$　B. （65）$_{10}$　C. （70）$_8$　D. （A7）$_{16}$

13. 根据计算机的（　　），计算机的发展可划分为四代。

A. 应用范围　B. 体积　C. 运算速度　D. 主要元器件

14. 汇编语言是（　　）。

A. 机器语言　B. 低级语言　C. 自然语言　D. 高级语言

15. 编译程序的作用是（　　）。

A. 将高级语言源程序翻译成目标程序　B. 将汇编语言源程序翻译成目标程序

C. 对源程序边扫描边翻译执行　D. 对目标程序装配连接

16. 一台计算机的字长是 4B，这意味着它（　　）。

A. 能处理的字符串最多由 4 个英文字母组成

B. 能处理的数值最大为 4 位十进制数 9999

C. 在 CPU 中作为一个整体加以传送处理的二进制数码为 32 位

D. 在 CPU 中运算的结果最大为 2 的 32 次方

17. 已知字母“A”的二进制 ASCII 编码为“1000001”，则字母“B”的十进制 ASCII 编码为（　　）。

A. 33　B. 65　C. 66　D. 32

18. 一般使用高级程序设计语言编写的应用程序称为源程序，这种程序不能直接在计算机中运行，需要有相应的语言处理程序翻译成（　　）程序后才能运行。

A. C 语言　B. 汇编语言　C. Pascal 语言　D. 机器语言

19. 在不同进制的 4 个数中，最大的一个数是（　　）。

A. （1101100）$_2$　B. （65）$_{10}$　C. （70）$_8$　D. （A7）$_{16}$

20. 计算机的发展经历了电子管计算机、晶体管计算机、集成电路计算机和（　　）计算机的 4 个发展阶段。

A. 二极管　B. 晶体管　C. 小型　D. 大规模集成电路

二、填空题

1. ________年 2 月，世界上第一台电子计算机在________的宾夕法尼亚大学问世，取名为________。

2. ________（Computer Aided Design）就是用计算机帮助各类设计人员进行设计。

3. CAM 是________，CAI 是________。

4. ________（Artificial Intelligence）是指模拟人脑进行编译推理和采取决策的思维过程。

5. 通常把一个数的最高位定义为符号位，用________表示正，________表示负。

6. ASCII 码的每个字符用________位二进制表示，而一个字符在计算机内实际是用 8 位表示，正常情况下，最高一位为________。

参考答案

一、单选题

1. C　2. A　3. D　4. A　5. A

6. A　7. D　8. B　9. B　10. C

11. C　12. D　13. D　14. B　15. B
16. C　17. C　18. D　19. D　20. D

二、填空题

1. 1946　美国　ENIAC
2. 计算机辅助设计
3. 计算机辅助制造　计算机辅助教学
4. 人工智能
5. 0　1
6. 8　0

习题 2　计算机系统基础知识

一、单选题

1. 冯·诺依曼计算机工作原理的核心是（　　）和程序控制。
   A. 计算机采用二进制　　B. 存储程序
   C. 计算机由五大部件组成　　D. 运算存储分离
2. 计算机硬件系统由（　　）组成。
   A. 控制器、显示器、打印机、主机和键盘
   B. 控制器、运算器、存储器、输入/输出设备
   C. CPU、主机、显示器、硬盘、电源
   D. 机箱、集成块、显示器、电源
3. CPU 与（　　）组成了计算机主机。
   A. 运算器　　B. 外存储器　　C. 内存储器　　D. 控制器
4. 在微型计算机中，运算器和控制器合称为（　　）。
   A. 逻辑部件　　B. 算术运算部件
   C. 微处理器　　D. 算术和逻辑部件
5. 运算器为计算机提供了计算与逻辑功能，因此称它为（　　）。
   A. EU　　B. EPROM　　C. CPU　　D. ALU
6. 计算机存储器主要由内存储器和（　　）组成。
   A. 外存储器　　B. 硬盘　　C. 软盘　　D. 光盘
7. 下列 4 条叙述中，属于 RAM 特点的是（　　）。
   A. 可随机读写数据，且断电后数据不会丢失
   B. 可随机读写数据，断电后数据将全部丢失
   C. 只能顺序读写数据，断电后数据将部分丢失
   D. 只能顺序读写数据，且断电后数据将全部丢失
8. 计算机中的地址是指（　　）。
   A. CPU 中指令编码　　B. 存储单元的有序编号
   C. 软盘的磁道数　　D. 数据的二进制编码

9. 内存为 64KB 的存储单元用十六进制的地址编码，则地址编号从 0000H 到（　　）。
A. 1111H　B. 10000H　C. 0FFFFH　D. 9999H
10. 在微机系统中访问速度最快的存储器是（　　）。
A. RAM　B. Cache　C. 光盘　D. 硬盘
11. 在使用计算机时，如果发现计算机频繁地读写硬盘，可能存在的问题是（　　）。
A. CPU 的速度太慢　B. 硬盘的容量太小
C. 内存储器的容量太小　D. 软盘的容量太小
12. 在微机的性能指标中，内存储器容量指的是（　　）。
A. ROM 的容量　B. RAM 的容量
C. ROM 和 RAM 容量的总和　D. CD-ROM 的容量
13. 存储容量是以（　　）为基本单位计算的。
A. 位　B. 字节　C. 字符　D. 数
14. 下列不能用做存储容量单位的是（　　）。
A. B　B. KB　C. GB　D. MIPS
15. 下列设备中，（　　）都是输入设备。
A. 键盘、打印机、显示器　B. 扫描仪、鼠标、光笔
C. 键盘、鼠标、绘图仪　D. 绘图仪、打印机、键盘
16. 不是计算机输出设备的是（　　）。
A. 显示器　B. 绘图仪　C. 打印机　D. 扫描仪
17. 所谓“裸机”是指（　　）。
A. 无任何外围设备的计算机　B. 仅指 CPU
C. 不装备任何软件的计算机　D. 无应用程序的计算机
18. 计算机的软件系统分为（　　）。
A. 程序和数据　B. 工具软件和测试软件
C. 系统软件和应用软件　D. 系统软件和测试软件
19. 任何程序都必须加载到（　　）中才能被 CPU 执行。
A. 磁盘　B. 内存储器　C. 外存储器　D. 硬盘
20. 在软件方面，第一代计算机主要使用（　　）。
A. 机器语言　B. 高级程序设计语言
C. 数据库管理系统　D. BASIC 和 FORTRAN
21. 机器语言程序在机器内是以（　　）形式表示的。
A. 内码　B. 二进制编码　C. 字母码　D. 符号码
22. 为方便记忆、阅读和编程，把机器语言进行符号化，相应的语言称为（　　）。
A. 汇编语言　B. 高级语言　C. C 语言　D. VB 语言
23. 高级语言编写的程序必须转换成（　　）程序，计算机才能执行。
A. 汇编语言　B. 机器语言　C. 中级语言　D. 算法语言
24. 组成计算机指令的两部分是（　　）。
A. 数据和字符　B. 运算符和运算结果
C. 运算符和运算数　D. 操作码和地址码
25. 关于硬件系统和软件系统的概念，下列叙述不正确的是（　　）。

A. 计算机硬件系统的基本功能是接受计算机程序，并在程序控制下完成数据输入和数据输出任务

B. 软件系统建立在硬件系统的基础上，它使硬件功能得以充分发挥，并为用户提供一个操作方便、工作轻松的环境

C. 一台计算机只要装入系统软件后，即可进行文字处理或数据处理工作

D. 没有装配软件系统的计算机不能做任何工作，没有实际的使用价值

26. 下列不属于微机总线的是（　　）。

A. 地址总线　　B. 通信总线　　C. 控制总线　　D. 数据总线

27. 20 根地址线的寻址空间可达（　　）。

A. 512KB　　B. 1024KB　　C. 640KB　　D. 4096KB

28. 高速缓冲存储器是（　　）。

A. SRAM　　B. DRAM　　C. ROM　　D. Cache

29. 标准接口的鼠标器一般连接在（　　）上。

A. 并行接口　　B. 串行接口　　C. 显示器接口　　D. 打印机接口

30. 下列设备中，微机系统必须具备的是（　　）。

A. 扫描仪　　B. 触摸屏　　C. 显示器　　D. 打印机

31. 速度快、分辨率高的打印机类型是（　　）。

A. 非击打式　　B. 击打式　　C. 激光式　　D. 点阵式

32. 激光打印机属于（　　）式打印机。

A. 点阵　　B. 热敏　　C. 击打　　D. 非击打

33. 硬盘工作时应特别注意避免（　　）。

A. 噪声　　B. 震动　　C. 潮湿　　D. 日光

34. 不是计算机存储设备的是（　　）。

A. 软盘　　B. 硬盘　　C. 光盘　　D. CPU

35. DVD-ROM 属于（　　）。

A. 大容量可读可写外存储器　　B. 大容量只读外部存储器

C. CPU 可直接存取的存储器　　D. 只读内存储器

36. 在描述信息传输中，b/s 表示的是（　　）。

A. 每秒传输的字节数　　B. 每秒传输的指令数

C. 每秒传输的字数　　D. 每秒传输的位数

37. 微机的性能主要取决于（　　）。

A. 内存容量　　B. 磁盘容量　　C. CPU 型号　　D. 价格高低

38. MIPS 是用于衡量计算机系统（　　）的指标。

A. 存储容量　　B. 时钟容量　　C. 处理能力　　D. 运算速度

39. 在不同的计算机中，字节的长度是固定不变的。设计算机的字长是 4B，那么意味着（　　）。

A. 该机最长可使用 4B 的字符串

B. 该机在 CPU 中一次可以处理 32 位

C. CPU 可以处理的最大数是 24

D. 该机以 4 字节为 1 个单位将信息存放在软盘上

40. 微机的分类通常以微处理器的（　　）来划分。

A. 规　　B. 芯片名　　C. 字长　　D. 寄存器的数目

二、填空题

1. 一个完整的计算机系统应包括________和________。

2. 被誉为“现代电子计算机之父”的是美籍匈牙利数学家________。

3. 冯·诺依曼计算机的体系结构设计思想主要包含采用二进制表示数据和指令，________与计算机由五大部件组成。

4. ________是人们为解决某一实际问题而编写的让计算机执行的若干指令的集合。

5. 计算机硬件系统的核心是________。

6. 计算机的主机包括 CPU 和________。

7. 通常所说的 CPU 芯片包括________和运算器。

8. ________的主要功能是进行算术运算和逻辑运算，又被称为“算术逻辑单元”，简称________。

9. ________是整个 CPU 的指挥控制中心。

10. ________专门保存程序中下一条要执行指令的地址。

11. 外存储器的信息只有装入________才能被 CPU 处理。

12. 数据一旦存入后，不能改变其内容，所存储的数据只能读取，但无法将新数据写入的存储器，叫做________。

13. 对存储器的读写操作也被称为________。

14. 计算机所能辨认的最小信息单位是________。

15. 磁盘存储器存、取信息的最基本单位是________。

16. 在内存中，每个基本单位都被赋予一个唯一的序号，这个序号称为________。

17. ________是 CPU 一次能并行处理的二进制位数，它直接反映了一台计算机的计算精度。

18. 计算机软件包括________和________。

19. 系统软件包含操作系统、程序设计语言、语言处理系统、________和各种系统辅助处理程序。

20. 计算机系统软件的核心是________。

21. 计算机能够直接识别和处理的语言是________。

22. ________是能被计算机识别并执行的二进制代码，规定了计算机要完成的某一具体操作，是向计算机下达的命令。

23. 计算机的指令由________和操作数或地址码组成。

24. 将一种计算机所能识别和执行的所有指令的集合称为该计算机的________。

25. 在微机系统中的总线由________、________和________组成。

26. 16 根地址总线的寻址范围是________。

27. USB（Universal Serial Bus）是通用________总线标准。

28. 微机中常把 CD-ROM 称为________光盘，它属于________存。

29. 光驱用倍速来表示数据的传输速度，CD 的 40 倍速是指每秒传输________的数据。

30. ________是指 CPU 的时钟频率，也就是 CPU 运算时的工作频率。

参考答案

一、单选题

1. B	2. B	3. C	4. C	5. D
6. A	7. B	8. B	9. C	10. B
11. C	12. B	13. B	14. D	15. B
16. D	17. C	18. C	19. B	20. A
21. B	22. A	23. B	24. D	25. C
26. B	27. B	28. D	29. B	30. C
31. C	32. D	33. B	34. D	35. B
36. D	37. C	38. D	39. B	40. C

二、填空题

1. 硬件系统　软件系统
2. 冯·诺依曼
3. 存储程序、自动执行
4. 程序
5. CPU
6. 内存
7. 控制器
8. 运算器　ALU
9. 控制器
10. 程序计数器
11. 内存
12. 只读存储器
13. 存取操作
14. 位
15. 字节
16. 物理地址
17. 字长
18. 系统软件　应用软件
19. 数据库管理系统
20. 操作系统
21. 机器语言
22. 指令
23. 操作码
24. 指令系统
25. 数据总线　地址总线　控制总线
26. 0000H～0FFFFH
27. 串行
28. 只读型　外或辅
29. 6000KB
30. 主频

习题3　Windows 7操作系统

一、单选题

1. 在桌面上图标右键菜单中没有“删除”命令的图标是（　　）。
   A. 我的文档　B. 计算机　C. 网上邻居　D. 回收站
2. 在桌面上有上一些常用的图标，可以浏览计算机中的内容的是（　　）。
   A. 计算机　B. 文件夹　C. 回收站　D. 网上邻居
3. 不能打开“资源管理器”的操作方法是（　　）。
   A. “计算机”的右键菜单　B. “开始”菜单的右键菜单

C. “开始”→“程序”→“附件”　　D. “Word 2003”的右键菜单

4. 在 Windows 7 中，移动窗口时，鼠标指针要停留在（　　）处拖曳。

A. 菜单栏　　B. 标题栏　　C. 边框　　D. 状态栏

5. 在 Windows 7 下，下列（　　）不属于窗口内的组成部分。

A. 标题栏　　B. 状态栏　　C. 菜单栏　　D. 对话框

6. 在 Windows 7 中，用户可以同时启动多个应用程序，在启动了多个应用程序后，用户可以按组合键（　　）在各应用程序之间进行切换。

A. Alt+Tab　　B. Alt+Shift　　C. Ctrl+Alt　　D. Ctrl+Esc

7. Windows 7 的窗口与对话框，下列说法正确的是（　　）。

A. 窗口与对话框都有菜单栏

B. 对话框既不能移动位置也不能改变大小

C. 窗口与对话框都可以移动位置

D. 窗口与对话框都不能改变大小

8. 在 Windows 7 资源管理器中选定了文件和文件夹后，若要将其复制到相同驱动器中，其操作为（　　）。

A. 按住 Ctrl 键拖动鼠标　　B. 直接拖动鼠标

C. 按住 Shift 键拖动鼠标　　D. 按住 Alt 键拖动鼠标

9. 在 Windows 7 的命令菜单中，命令后面带“…”表示（　　）。

A. 该命令正在起作用　　B. 选择此菜单后将弹出对话框

C. 该命令当前不可选择　　D. 该命令的快捷键

10. 在资源管理器中选定文件方法不正确的是（　　）。

A. 双击要选定的文件　　B. 按住鼠标左键选定文件所在的区域

C. 按住 Ctrl 键逐个单击被选定的文件　　D. 按住 Shift 键单击首尾文件图标

11. 在 Windows 7 中，任务栏（　　）。

A. 只能改变位置不能改变大小

B. 只能改变大小不能改变位置

C. 既不能改变位置也不能改变大小

D. 既能改变位置也能改变大小

12. 在“显示属性”对话框，要对桌面的墙纸进行设置，应选择（　　）选项卡。

A. “桌面”选项卡　　B. “屏幕保护程序”选项卡

C. “外观”选项卡　　D. “效果”选项卡

13. 在下列操作中，（　　）直接删除文件而不把删除文件送入回收站。

A. Del　　B. Shift+Del　　C. Alt+Del　　D. Ctrl+Del

14. 在 Windows 7 中输入法由英文切换到中文时，切换键是（　　）。

A. Alt+Shift　　B. Alt+Del　　C. Ctrl+Shift　　D. Ctrl+空格键

15. 对文件重命名的方法不正确的是（　　）。

A. 单击“工具栏”→“重命名”按钮

B. “文件”→右键菜单→“重命名”

C. 连续两次单击“文件”的名称区域

D. “文件”→“重命名”

16. 启动 Windows 任务管理器的热键是（　　）。

A. Alt+Del+Ctrl　　B. Alt+Del+空格

C. Shift+Del+Ctrl　　D. Shift+Del+Alt

17. 设置屏幕分辨率，可以从桌面属性的（　　）选项卡中找到。

A. 主题　　B. 桌面　　C. 外观　　D. 设置

18. 在 Windows“对话框”中，有些项目在文字说明的左边标有一个小方框，当小方框里有对号“√”时表明（　　）。

A. 这是一个复选按钮，而且未被选中

B. 这是一个复选按钮，而且已被选中

C. 这是一个单选按钮，而且未被选中

D. 这是一个单选按钮，而且已被选中

19. 下列程序不属于附件的是（　　）。

A. 计算器　　B. 记事本

C. 网上邻居　　D. 画图

20. Windows 7 中磁盘清理程序的正确功能是（　　）。

A. 磁盘清理程序可用来检测和清理磁盘

B. 磁盘清理程序只可检测磁盘，不能清理磁盘

C. 磁盘清理程序不能清理压缩过的磁盘

D. 磁盘清理程序可清理硬盘

21. 画图程序的扩展名是（　　）。

A. BAS　　B. BMP　　C. DOC　　D. DOT

22. 在“资源管理器”窗口中，如果想选定多个连续的文件，正确的操作是（　　）。

A. 按住 Shift 键，然后单击每一个要选定的文件图标

B. 按住 Ctrl 键，然后单击每一个要选定的文件图标

C. 选中第一个文件，然后按住 Shift 键，再单击最后一个要选定的文件名

D. 选中第一个文件，然后按住 Ctrl 键，再单击最后一个要选定的文件名

23. 下列不属于文件和文件夹的显示方式的是（　　）

A. 缩略图　　B. 平铺　　C. 图标　　D. 摘要

24. 在 Windows 7 中，窗口的最小化是指（　　）。

A. 窗口占屏幕的最小区域　　B. 窗口尽可能小

C. 窗口缩小为任务栏上的一个图标　　D. 关闭窗口

25. 在 Windows 环境中，鼠标器主要有 3 种操作方式，即：单击、双击和（　　）。

A. 连续交替按左右键　　B. 拖曳

C. 连击　　D. 与键盘击键配合使用

26. 在 Windows 7 环境中，屏幕上可以同时打开若干个窗口，它们的排列方式是（　　）。

A. 既可以堆叠也可以并排，由用户选择

B. 只能堆叠

C. 只能由系统决定，用户无法改变

D. 只能并排

27. 在下列有关 Windows 7 菜单命令的说法中，不正确的是（　　）。

A. 带省略号的命令执行后打开一个对话框
B. 命令前有“√表示该命令有效
C. 菜单项呈暗色，表示程序被破坏
D. 带有“>”选项拥有下一级子菜单

28. “计算机”→“文件”菜单没有的命令是（　　）。
A. 新建文件　B. 新建文件夹　C. 复制　D. 关闭

29. 操作系统是根据文件的（　　）来区分文件类型的。
A. 打开方式　B. 名称　C. 建立方式　D. 文件扩展名

30. Word 是一个多文档应用程序，正确解释是（　　）。
A. 能将当前文档同时保存成多个文档　B. 能打开多种不同类型文档
C. 能同时打开多个文档　D. 能多次运行才能打开同一个文档

31. 下面的文件名不正确的是（　　）。
A. File?abc.doc　B. 文件 File.doc
C. File_.doc　D. File Name.doc

32. 在 Windows 7 中，要将整个屏幕的内容复制到剪贴板，应使用（　　）。
A. PrintScreen　B. Alt+PrintScreen
C. Ctrl+PrintScreen　D. Ctrl+P

33. 在 Windows 7 中，要将当前窗口的全部内容复制到剪贴板，应使用（　　）。
A. PrintScreen　B. Alt+PrintScreen
C. Ctrl+PrintScreen　D. Ctrl+P

二、填空题

1. 不经过回收站，永久删除所选中文件和文件夹中要按________。
2. 选定多个不连续的文件或文件夹，先选定一个文件或文件夹，然后按住键，再选择其他的文件或文件夹。
3. Windows 7 提供了两个字处理程序，分别是________和________。
4. 在“计算机”或“资源管理器”中，要打开文档或启动程序，可________该文档或程序的图标。
5. 在 Windows 7 中，文件或文件夹的管理使用________结构。
6. Windows 7 桌面墙纸排列方式有填充、适应、________、平铺和拉伸。
7. 用 Windows 7 的“记事本”所创建文件的缺省扩展名是________。
8. 在 Windows 7 中，“剪贴板”是________上的一块区域。
9. 在 Windows 7 安装期间将自动创建名为________的账户，是 Windows 7 初始的管理员账户。
10. “关机”菜单下可以完成睡眠、锁定、________、注销、切换用户等操作。

参考答案

一、单选题

1. D　2. A　3. D　4. B　5. D　6. A　7. C　8. A
9. B　10. A　11. D　12. A　13. B　14. D　15. A　16. A
17. D　18. B　19. C　20. D　21. B　22. C　23. D　24. C

25. B　26. A　27. C　28. C　29. D　30. C　31. A　32. A
33. B

二、填空题

1. Shift　　2. Ctrl
3. 记事本 写字板　　4. 双击
5. 树形　　6. 居中
7. txt　　8. 内存
9. Administrator　　10. 重新启动

习题 4　文字处理软件 Word 2010

一、单选题

1. 中文 Word 2010 是（　　）。
A. 文字编辑软件　B. 系统软件　C. 硬件　D. 操作系统
2. 用 Word 2010 中进行编辑时，要将选定区域的内容放到的剪贴板上，可单击开始功能区中的（　　）按钮。
A. 剪切或替换　B. 剪切或清除　C. 剪切或复制　D. 剪切或粘贴
3. 设置字符格式用（　　）。
A. 开始功能区中的相应按钮　B. 常用工具栏中的相关图标
C. 格式菜单中的字体选项　D. 格式菜单中的段落选项
4. 能显示页眉和页脚的方式是（　　）。
A. 普通视图　B. 页面视图　C. 大纲视图　D. 全屏幕视图
5. Word 2010 在编辑一个文档完毕后，要想知道它打印后的结果，可使用（　　）功能。
A. 打印预览　B. 模拟打印
C. 提前打印　D. 屏幕打印
6. 启动 Word 2010 后系统提供的第一个默认文件名是（　　）。
A. Word　B. Word1　C. 文档　D. 文档 1
7. Word 2010 文档默认使用的扩展名是（　　）。
A. RTF　B. TXT　C. DOCX　D. DOTX
8. 在 Word 2010 中，默认的视图方式是（　　）。
A. 页面视图　B. Web 板式视图
C. 大纲视图　D. 普通视图
9. 在 Word 2010 中，默认的字体和字号是（　　）。
A. 楷体，四号　B. 宋体，五号　C. 隶书，5 号　D. 黑体，4 号
10. 在 Word 2010 中，与打印预览显示效果基本相同的视图方式是（　　）。
A. 普通视图　B. 大纲视图　C. 页面视图　D. 主控文档视图
11. 在 Word 2010 编辑状态下，利用（　　）可快速，直接调整文档的左右边界。
A. 功能区　B. 工具栏　C. 菜单　D. 标尺

12. 在 Word 2010 的编辑状态下，单击粘贴按钮，可将剪贴板上的内容粘贴到插入点，此时剪贴板上的内容（　　）。

A. 完全消失　　B. 回退到前一次剪切的内容

C. 不发生变化　　D. 是随机的，无法确定

13. 在 Word 2010 的编辑状态下，对于选定的文字（　　）。

A. 可以设置颜色，不可以设置动态效果

B. 可以设置动态效果，不可以设置颜色

C. 即可以设置颜色，也可以设置动态效果

D. 不可以设置颜色，也不可以设置动态效果

14. 在 Word 2010 中，使用（　　）组中的工具可以插入艺术字。

A. 表格　　B. 插图　　C. 文本　　D. 符号

15. 在 Word 2010 中，页眉和页脚组在（　　）选项卡中。

A. 开始　　B. 插入　　C. 页面布局　　D. 视图

16. Word 2010 提供的分栏命令在（　　）选项卡中。

A. 开始　　B. 插入　　C. 页面布局　　D. 视图

17. 在 Word 2010 中，表格组在（　　）选项卡中。

A. 开始　　B. 插入　　C. 页面布局　　D. 视图

18. 在 Word 2010 的表格编辑状态中，若选定整个表格后按 Delete 键，则（　　）。

A. 删除了整表　　B. 仅删除了表格中的内容

C. 没有变化　　D. 将表格转换成为文字

19. 在 Word 2010 中，若要给文档添加项目符号，应使用（　　）。

A. 开始选项卡中的段落　　B. 插入选项卡中的插图组

C. 审阅选项卡中的修订组　　D. 页面布局选项卡中的页面设置组

20. 在 Word 2010 中，窗口组在（　　）选项卡中。

A. 开始　　B. 视图　　C. 引用　　D. 审阅

二、填空题

1. 在 Word 2010 中，要调整文档段落之间的距离，应使用________对话框中的缩进和间距选项卡。

2. 在 Word 2010 中，默认的文字的录入状态是________。

3. Word 2010 的编辑状态下，若要完成复制操作，首先要进行的是________操作。

4. 在 Word 2010 中，要在页面上插入页眉和页脚，应使用________选项卡的页眉和页脚组。

5. 在 Word 2010 文档编辑中，若需要改变纸张的大小，应选择页面布局选项卡中的________组。

6. Word 2010 可以在，________对话框中定义上标或下表。

7. 在表格中将一列数字相加，可使用自动求和按钮，其他类型的计算可使用表格菜单下的________命令。

8. 在 Word 2010 中，选定文本后，会显示出________，可以对字体进行快速设置。

9. 在 Word 2010 中插入了表格后，会出现________选项卡，对表格进行设计和布局的操作设置。

10. 在 Word 2010 文档中，利用工具栏中的________按钮，可以复制文档的格式信息。

参考答案

一、单选题

1. A　2. C　3. A　4. B　5. A
6. D　7. C　8. A　9. B　10. C
11. D　12. C　13. C　14. C　15. B
16. C　17. B　18. B　19. A　20. B

二、填空题

1. 段落　2. 插入
3. 选定　4. 插入
5. 页面设置　6. 字体
7. 公式　8. 浮动工具栏
9. 工具　10. 格式刷

习题 5　电子表格软件 Excel 2010

一、单选题

1. 在 Excel 中，名称 Sheet1、Sheet2、Sheet3 默认的含义是（　　）。
   A. 工作表标签　B. 工作簿名称　C. 单元格名称　D. 菜单
2. 在 Excel 中，在单元格中输入数值 19，不正确的输入形式是（　　）。
   A. 19　B. 019　C. +19　D. *19
3. 在 Excel 中，某个单元格的数值为 1.234E+5，与它相等的数值是（　　）。
   A. 1.23405　B. 1.2345　C. 6.234　D. 123400
4. 在 Excel 中，下列选项属于对单元格的绝对引用的是（　　）。
   A. B3　B. %B#3　C. ￥B$3　D. B3
5. 在 Excel 中，工作表中选择不连续的区域，应先按住（　　）键。
   A. Ctrl　B. Alt
   C. Shift　D. Delete
6. 在 Excel 中，“A2，B4”表示单元格的范围是（　　）。
   A. 第 1 行第 2 列和第 2 行第 4 列　B. 第 2 行第 1 列和第 4 行第 2 列
   C. 第 1 行第 2 列到第 2 行第 4 列　D. 第 2 行第 1 列到第 4 行第 2 列

7. 对工作表中 A2～A6 五个单元格组成的区域进行求和运算，在选中存放计算结果的单元格后，应输入（　　）。
   A. SUM(A2:A6)　B. A2+A3+A4+A5+A6
   C. =SUM(A2:A6)　D. =SUM(A2,A6)
8. Excel 中公式“=AVERAGE(C3:C5)”等价于（　　）。
   A. C3+C4+C5/3　B. (C3+C4+C5)/3

C. C3+C5/2　　　　D. (C3+C5)/2

二、填空题

1. 在 Excel 2010 中，工作簿的扩展名为________。
2. 在 Excel 中，如果先输入一个单引号，再输入数字数据，则数据靠单元格________对齐。
3. 在 Excel 中，将“=A1+A2+A3”用函数表示为________。
4. 在 Excel 中，某单元格执行“= ‘north’ & ‘wind’ ”的结果是________。
5. 在 Excel 中，进行分类汇总前必须对数据进行________。

参考答案

一、单选题

1. A　2. D　3. D　4. D　5. A　6. B　7. C　8. B

二、填空题

1. xlsx
2. 左
3. =SUM(A1:A3)
4. northwind
5. 排序

习题 6　演示文稿软件 PowerPoint 2010

一、单选题

1. 在 PowerPoint 2010 中，要隐藏某张幻灯片，不正确的操作是（　　）。
   A. 单击“幻灯片放映”选项卡→“设置”组中的“隐藏张幻灯片”按钮
   B. 在普通视图下的“幻灯片”窗格中，右键单击幻灯片并选择“隐藏幻灯片”命令
   C. 在幻灯片浏览视图下右键单击幻灯片并选择“隐藏幻灯片”命令
   D. 以上说法都不正确
2. 在 PowerPoint 2010 中，插入组织结构图的方法是（　　）。
   A. 插入自选图形
   B. 插入来自文件的图形
   C. 在“插入”选项卡中的 SmartArt 图形选项中选择“层次结构”图形
   D. 以上说法都不对
3. 在 PowerPoint 2010 中，选定了文字或图片等对象后，可以插入超链接，超链接中所链接的目标可以是（　　）。
   A. 计算机硬盘中的可执行文件
   B. 其他幻灯片文件（即其他演示文稿）
   C. 同一演示文稿的某一张幻灯片
   D. 以上都可以

4. 在幻灯片中插入声音元素，幻灯片播放时（　　）。

A. 用鼠标单击声音图标，才能开始播放

B. 只能在有声音图标的幻灯片中播放，不能跨幻灯片连续播放

C. 只能连续播放声音，中途不能停止

D. 可以按需要灵活设置声音元素的播放

5. 在 PowerPoint 2010 中，下列有关幻灯片背景设置的说法，正确的是（　　）。

A. 可以同时对当前演示文稿中的所有幻灯片设置背景

B. 不可以使用图片作为幻灯片背景

C. 不可以为单张幻灯片进行背景设置

D. 不可以为幻灯片设置不同的颜色、图案或者纹理的背景

6. 在 PowerPoint 2010 中，若要更换另一种幻灯片的版式，下列操作正确的是（　　）。

A. 单击“开始”选项卡→“幻灯片”组中“版式”命令按钮

B. 单击“设计”选项卡→“幻灯片”组中“版式”命令按钮

C. 单击“插入”选项卡→“幻灯片”组中“版式”命令按钮

D. 以上说法都不正确

7. 在 PowerPoint 2010 中，下列关于幻灯片主题的说法中，错误的是（　　）。

A. 选定的主题可以应用于当前幻灯片

B. 选定的主题可以应用于选定的幻灯片

C. 选定的主题只能应用于所有的幻灯片

D. 选定的主题可以应用于所有的幻灯片

8. 若将 PowerPoint 文档保存只能播放不能编辑的演示文稿，操作方法是（　　）。

A. 保存对话框中的保存类型选择为“PDF”格式

B. 保存对话框中的保存类型选择为“网页”

C. 保存对话框中的保存类型选择为“模板”

D. 保存（或另存为）对话框中的保存类型选择为“PowerPoint 放映”

9. 播放演示文稿时，以下说法正确的是（　　）。

A. 可以按任意顺序播放

B. 只能按顺序播放

C. 只能按幻灯片编号的顺序播放

D. 不能倒回去播放

10. 在 PowerPoint 2010 中，幻灯片放映时使光标变成“激光笔”效果的操作是（　　）。

A. 按 Ctrl+F5 组合键

B. 按 Shift+F5 组合键

C. 按住 Ctrl 键的同时，按住鼠标左键

D. 执行“幻灯片放映”选项卡→“自定义幻灯片放映”按钮

二、填空题

1. 若想在 PowerPoint 2010 的每张幻灯片相同的位置插入学校的校徽，最好是利用幻灯片的________进行操作。

2. 在 PowerPoint 2010 中，按快捷键________可快速添加新幻灯片。

3. 按住鼠标左键不放，将幻灯片拖动到其他位置是进行幻灯片的________操作。
4. 在“幻灯片浏览”视图中按住________键再单击幻灯片可以选择多张不连续的幻灯片。
5. 在 PowerPoint 2010 中，可通过________选项卡插入图片、表格、艺术字、音频、视频。
6. 在 PowerPoint 2010 中，可通过________选项卡设置幻灯片动画效果。
7. 在 PowerPoint 2010 中，可通过________选项卡设置幻灯片的切换效果以及切换方式。
8. 在 PowerPoint 2010 中，可通过________选项卡对幻灯片进行页面设置。
9. 使 PowerPoint 2010 从第一张幻灯片开始放映幻灯片的快捷键是________，从当前选定的幻灯片开始播放应按________快捷键，按键盘上的________键，可随时结束放映。
10. 在 PowerPoint 2010 中，若需用打印机打印幻灯片，可以用快捷键________。

参考答案

一、单选题

1. D　2. C　3. D　4. D　5. A
6. B　7. C　8. D　9. A　10. C

二、填空题

1. 母版视图　2. Ctrl+M
3. 移动　4. Ctrl
5. 插入　6. 动画
7. 切换　8. 设计
9. F5，Shift+F5，Esc　10. Ctrl+P

习题 7　计算机网络基础

一、单选题

1. 如果一个电子邮件的地址为××××@163.com，则××××代表（　　）。
   A. 用户地址　B. 用户名
   C. 用户口令　D. 主机域名
2. Internet 中的第一级域名 net 一般表示（　　）。
   A. 非军事政府部门　B. 大学和其他教育机构
   C. 商业和工业组织　D. 网络运行和服务中心
3. 下面（　　）符合标准的 IP 地址格式。
   A. 160.123.256.11　B. 180.188.81.1
   C. 25.36.189.261　D. 213.80.210
4. 拥有计算机并以拨号方式接入网络的用户需要使用（　　）。
   A. CD-ROM　B. 鼠标　C. 电话机　D. Modem
5. 接入 Internet 的计算机必须共同遵守（　　）。
   A. CPI/IP　B. PCT/IP　C. PTC/IP　D. TCP/IP
6. 在 Internet 中，用来进行数据传输控制的协议是（　　）。

A. IP　B. TCP　C. HTTP　D. FTP

7. 若要使计算机连接到网络中，必须给计算机加上（　　）。

A. 网络适配器（网卡）　B. 中继器

C. 路由器　D. 集线器

8. 计算机网络的目标是实现（　　）。

A. 数据处理　B. 文件检索

C. 资源共享和数据传输　D. 信息传输

9. 局域网硬件中占主要地位的是（　　）。

A. 服务器　B. 工作站　C. 公用打印机　D. 网卡

10. 在我国，CSTNET 是指（　　）。

A. 中国金桥网　B. 中国公用计算机互联网

C. 中国教育与科研网　D. 中国科学技术网

11. TCP/IP 的含义是（　　）。

A. 局域网的传输协议　B. 拨号入网的传输协议

C. 传输控制协议和网际协议　D. OSI 协议集

12. 若某一用户要拨号上网，（　　）是不必要的。

A. 一个调制解调器　B. 一个上网账号

C. 一条普通的电话线　D. 一个路由器

13. OSI 模型的最高层、最低层是（　　）。

A. 网络层/应用层　B. 应用层/物理层

C. 传输层/链路层　D. 表示层/物理层

14. 网络设备中 Hub 称为（　　）。

A. 网卡　B. 网桥

C. 服务器　D. 集线器

15. WAN 是（　　）的英文缩写。

A. 城域网　B. 网络操作系统

C. 局域网　D. 广域网

16. 网络通信传输介质中速度最快的是（　　）。

A. 同轴电缆　B. 光纤

C. 双绞线　D. 铜制电缆

17. 关于 Modem,以下（　　）是错误的。

A. Modem 的中文叫调制解调器

B. Modem 既是输入设备,也是输出设备

C. Modem 能将模拟信号转换成数字信号

D. Modem 不能将数字信号转换成模拟信号

18. 计算机以拨号方式接入网络需要使用（　　）。

A. CD-ROM　B. 鼠标

C. 电话机　D. Modem

19. 信息高速公路是指（　　）。

A. 装备有通信设施的高速公路　B. 电子邮政系统

C. 快速专用通道　　D. 国家信息基础设施

20. （　　）描述了网络体系结构中的分层概念。

A. 保持网络灵活且易于修改

B. 所有网络体系结构使用相同的层次名称和功能

C. 把相关的网络功能组合在一层中

D. A 和 C

21. 以下网络属于广域网的是（　　）。

A. 因特网　　B. 校园网

C. 企业内部网　　D. 以上网络都不是

22. 电子邮箱地址格式是（　　）。

A. 用户名@主机域名　　B. 主机名@用户名

C. 用户名.主机域名　　D. 主机域名.用户名

23. 网络分类主要依据于（　　）。

A. 传输技术与覆盖范围　　B. 传输技术与传输介质

C. 互连设备的类型　　D. 服务器的类型

24. 网络体系结构可以定义为（　　）。

A. 一种计算机网络的实现

B. 执行计算机数据处理的软件模块

C. 由 ISO 定义的一个标准

D. 一套建立、使用通信硬件软件的规则和规范

25. Internet 的核心内容是（　　）。

A. 全球程序共享　　B. 全球数据共享

C. 全球信息共享　　D. 全球指令共享

26. 当前（　　）已成为最大的信息中心。

A. Intranet　　B. Internet

C. Nowell　　D. NT

27. Internet 上计算机的名字由许多域构成，域间用（　　）分隔。

A. 小圆点　　B. 逗号　　C. 分号　　D. 冒号

28. ISDN 的含义是（　　）。

A. 计算机网　　B. 广播电视网

C. 综合业务数字网　　D. 同轴电缆网

29. 以下不属于局域网中常用设备是（　　）。

A. 网卡　　B. 集线器

C. 路由器　　D. 交换机

30. Internet 的域名中，顶级域名为 gov 代表（　　）。

A. 教育机构　　B. 商业机构

C. 政府部门　　D. 军事部门

二、填空题

1. 计算机网络的主要功能是________。

2. 因特网上目前使用的 IP 地址采用________位二进制代码。
3. 星型拓扑结构是以________。为中心，把若干外围的节点机连接而成的网络。
4. Internet 上最基本的通信协议是________。
5. Internet 的层次模型最底层为网络接口层，最上层为________。
6. 中国互联网络的域名体系中顶级域名为________。
7. 在 Internet 中用于文件传送的服务是________。
8. 一般来讲,一个典型的计算机网络由________和________组成。
9. 网络通信协议的三要素是语法、________和定时。
10. 域名系统的缩写是________。
11. 计算机网络节点的地理分布和互连关系上的几何排序称为计算机的________结构。
12. IP 地址采用分层结构，由________和主机地址组成。
13. 在计算机网络中，通常把提供并管理共享资源的计算机称为________。
14. 局域网常用的传输介质有双绞线、同轴电缆和________。
15. Internet 的 NIC 为了组建企业网、局域网的方便，划定 3 个专用局域网 IP 地址：C 类地址范围________。

参考答案

一、单选题

1. B	2. D	3. B	4. D	5. D	6. B
7. A	8. C	9. A	10. D	11. C	12. D
13. B	14. D	15. D	16. B	17. D	18. D
19. D	20. D	21. A	22. A	23. A	24. D
25. C	26. B	27. A	28. C	29. C	30. C

二、填空题

1. 资源共享	2. 32
3. 计算机	4. TCP/IP
5. 应用层	6. cn
7. FTP	8. 通信子网　资源子网
9. 语义	10. DNS
11. 网络拓扑	12. 网络地址
13. 服务器	14. 光纤

15. 192.168.0.0～192.168.255.255

习题 8 多媒体技术基础

一、单选题

1. 多媒体是由（　　）等媒体元素组成的。
   A. 图形、图像、动画、音乐、磁盘

B. 文字、颜色、动画、视频、图形

C. 文本、图形、图像、声音、动画、视频

D. 图像、视频、动画、文字、杂志

2. 多媒体技术是指一种能够对多种媒体信息进行（　　）的计算机技术。

A. 采集、存储、加工　　B. 采集、传递、处理

C. 处理、传递、加工　　D. 集成、加工、存储

3. 计算机多媒体技术主要有（　　）等特征。

A. 数字化、交互性、多样性、实时性、超媒体结构

B. 数字化、多样性、正确性、超媒体结构

C. 交互性、多样性、实时性、正确性

D. 数字化、交互性、多样性、正确性、超媒体结构

4. 在网页制作中，（　　）。

A. 只能加入文字

B. 只能加入文字和图片

C. 能加入文字、声音和图片，但不能加入视频和动画

D. 能加入几乎所有媒体元素

5. 以下所列选项中，属于未来多媒体技术研究方向的是（　　）。

A. 图像的处理方法　　B. 视频的采集与加工

C. 多媒体作品的结构　　D. 多媒体通信与分布处理

6. 关于图形和图像，以下描述正确的是（　　）。

A. 用数码相机拍摄的照片是一种图形

B. 根据图的几何形状进行存储的是图形

C. 图形通常适合于表现画面中的丰富色彩

D. 图中的色彩数量不超过 256 色的只能用图形来表现

7. 以下各种文件格式中，属于矢量图格式的是（　　）。

A. JPEG　　B. WMF　　C. TIFF　　D. BMP

8. 关于点阵图，以下说法不正确的是（　　）。

A. 由许多像素组成的画面

B. 图像质量主要由图像的分辨率和色彩位数决定

C. 所占的空间相对较大

D. 点阵图放大不会失真

9. 关于图像的获取方法，以下说法不正确的是（　　）。

A. 数码相机主要用于拍摄照片，并可将照片直接输入计算机

B. 扫描仪主要用于将现有的照片输入计算机

C. 从屏幕截取的图片精度很高

D. 图片可以从因特网上下载获得

10. 若要使图像变暗一点，应该执行的操作是（　　）。

A. 调整亮度　　B. 调整色彩　　C. 调整对比度　　D. 调整大小

11. 以下关于图像的处理，不属于几何形状处理的是（　　）。

A. 镜像处理　　B. 缩放处理　　C. 旋转处理　　D. 对比度处理

12. 关于声卡的功能，以下说法正确的是（　　）。
    A. 只能将话筒接收的声音输入计算机
    B. 只能播放音乐
    C. 能将声音的模拟信号转换为数字信号输入计算机
    D. 能直接将声音输入计算机中，不需要转换
13. 以下选项中，不属于声卡功能的是（　　）。
    A. 录制数字声音文件
    B. 对数字化的声音文件进行编辑加工，以实现某种特殊的效果
    C. 控制音源的音量
    D. 将声音与视频合成在一起
14. 关于计算机声音处理中的采样频率，以下说法正确的是（　　）。
    A. 采样的时间间隔越短，采样频率越低，所需存储空间越小
    B. 采样的时间间隔越长，采样频率越高，所需存储空间越大
    C. 采样的时间间隔越短，采样频率越高，所需存储空间越大
    D. 采样的时间间隔与所需的存储空间大小无关
15. 关于计算机声音处理中的量化位数，以下说法正确的是（　　）。
    A. 采样后的数据位数越多，数字化精度就越高，音质越好
    B. 采样后的数据位数越少，数字化精度就越高，音质越好
    C. 采样后的数据位数越多，数字化精度就越低，音质越差
    D. 量化位数与音质无关
16. 关于声音文件参数，以下说法正确的是（　　）。
    A. 音质与采样频率无关，与量化位数有关
    B. 声音文件的大小与采样频率无关，与量化位数有关
    C. 音质与采样频率和量化位数均相关
    D. 音质取决于声道数
17. 以下文件类型中，不属于声音文件格式的是（　　）。
    A. MP3　　B. WAV　　C. MIDI　　D. JPG
18. 关于对他人创作的声音文件的获取和使用，正确的说法是（　　）。
    A. 可以随意从网上下载音乐并用作作品的背景音乐
    B. 从 CD 上是无法截取音乐的
    C. 从 CD 上截取音乐也需要注意版权问题
    D. 网上下载的音乐没有版权问题
19. 关于声音文件的格式，以下说法正确的是（　　）。
    A. WAV 格式只能转换成 MP3 格式
    B. WAV 格式转换为 MP3 格式音质不会损失
    C. MP3 格式的音质要好于 CDA 格式
    D. 大多数声音文件格式都能互相转换
20. 下列各类操作中，不属于音频编辑的是（　　）。
    A. 降噪　　B. 改变音量大小
    C. 将音乐与解说合成在一起　　D. 将音乐与视频合成在一起

21. 关于数字声音的特点，以下说法错误的是（　　）。

A. 存储方便　　B. 可以进行压缩

C. 声音的编辑和处理方便　　D. 在存储和传输过程中，会有少量损失

22. 多媒体技术中的“多媒体”，可以认为是（　　）。

A. 磁带、磁盘、光盘等实体

B. 文字、图形、图像、声音、动画、视频等载体

C. 多媒体计算机、手机等设备

D. 互联网、Photoshop

23. 下列说法中正确的是（　　）。

① 图像是由一些排成行列的像素组成的，也称为位图图像。

② 图形是由一些排成行列的像素组成的，也称为矢量图形。

③ 图形文件中记录图中所包含的基本图形的大小和形状等信息，数据量较小。

④ 对位图图像进行缩放会出现锯齿状。

A. ①③④　　B. ①②④　　C. ①③　　D. ②④

24. 扫描仪可完全实现下列（　　）。

A. 将照片扫描成数字图像　　B. 图像编辑处理

C. 图像中文字的识别　　D. 将图像打印成照片

25. 计算机存储信息的文件格式有多种，“. doc”格式的文件是用于存储（　　）信息的。

A. 文本　　B. 图片　　C. 声音　　D. 视频

26. 以下（　　）不是常用的声音文件格式。

A. JPEG 文件　　B. WAV 文件　　C. MIDI 文件　　D. MP3 文件

27. 构成 RGB 颜色模型的三种基本色是（　　）

A. 红、绿、黑　　B. 青、黄、黑

C. 红、绿、蓝　　D. 洋红、青、黄

28. 以下（　　）是多媒体技术在商业中的应用。

A. 可视电话　　B. 产品操作手册

C. 电子图书　　D. 桌上多媒体通信系统

29. 下列（　　）说法是正确的。

① 冗余压缩法不会减少信息量，可以原样恢复原始数据。

② 冗余压缩法减少冗余，不能原样恢复原始数据。

③ 冗余压缩法是有损压缩法。

④ 冗余压缩的压缩比一般都比较小。

A. ①④　　B. ①②　　C. ①②③　　D. 全部

30. 信息接收者在没有接收到完整的信息前就能处理那些已接收到的信息。这种一边接收，一边处理的方式叫（　　）。

A. 多媒体技术　　B. 流媒体技术　　C. 所见即所得　　D. 动态处理技术

31. 小刚买了一款 MP4，想往机器里添加一些电影，于是到网上下载了一些非常喜欢的影片，有 avi、rmvb、mov 等格式，结果有些影片在电脑里播放正常，传到 MP4 中却不能播放，你认为可能是（　　）原因。

A. 传到MP4前必须对视频文件进行格式转换

B. MP4播放器不支持某些视频文件格式

C. MP4播放器不支持除avi格式外的其他音频文件

D. 以上都对

32. 下列配置中（ ）是MPC（多媒体计算机）必不可少的硬件设备。

①CD-ROM驱动器 ②高质量的音频卡 ③高分辨率的图形图像显示卡 ④高质量的视频采集卡

A. ①　　B. ①②

C. ①②③　　D. 全部

二、填空题

1. 多媒体计算机具有________处理声、文、图等信息的功能。
2. 计算机多媒体信息的存储和传输采用________的形式。
3. 多媒体系统的关键技术之一是多媒体数据压缩和________技术。
4. 多媒体计算机最大的特点是________、________、非线性和无纸出版形式。
5. 对视频图像的压缩处理要求________完成。
6. 多媒体计算机与使用者作交互性沟通的特性称为________性。
7. 多媒体网络和通信技术包括语音压缩、图像压缩和多媒体的混合________技术。
8. 媒体在计算机领域有两种含义，一是________，二是________。
9. 电子出版物的内容可分为3大类，它们是________、娱乐类和工具类。
10. 多媒体技术中包括计算机交互技术和大容量________技术。
11. 电子出版物实质上属于多媒体________软件。
12. 多余的信息，在编码技术上称为信息________。
13. 动态图像压缩的国际通用标准是________，静态图像压缩的国际通用标准是________。
14. 调制解调器中，将数字信号转换为模拟信号的部分称为________，将模拟信号转换为数字信号的部分称为________。

参考答案

一、单选题

1. C　2. A　3. A　4. D　5. D　6. B　7. B　8. D　9. C
10. A　11. D　12. C　13. D　14. C　15. A　16. C　17. D　18. C
19. D　20. D　21. D　22. B　23. C　24. A　25. A　26. A　27. C
28. C　29. A　30. B　31. B　32. D

二、填空题

1. 综合　　2. 数字
3. 编码　　4. 继承性 交互性
5. 实时　　6. 交互性
7. 传输　　8. 存储信息的实体 传递信息的载体
9. 教育类　　10. 存储管理
11. 应用　　12. 冗余
13. MPEG JPEG　　14. 调制 解调

习题 9　软件技术基础

一、单选题

1. 数据的最小单位是（　　）。

A. 数据项　　B. 数据类型　　C. 数据变量　　D. 数据元素

2. 下面关于线性表的叙述错误的是（　　）。

A. 线性表采用顺序存储必须占用一片连续的存储空间

B. 线性表采用链式存储不必占用一片连续的存储空间

C. 线性表采用链式存储便于插入和删除操作的实现

D. 线性表采用顺序存储便于插入和删除操作的实现

3. 设顺序线性表中有 n 个数据元素，则删除表中第 i 个元素需要移动（　　）个元素。

A. i　　B. $n-i$　　C. $n-i-1$　　D. $n-i+1$

4. 设输入序列为 1、2、3、4、5、6，则通过栈的作用后可以得到的输出序列为（　　）。

A. 1，5，4，6，2，3　　B. 3，1，2，5，4，6

C. 3，2，5，6，4，1　　D. 5，3，4，6，1，2

5. 用链接方式存储的队列，在进行插入运算时（　　）。

A. 仅修改头指针　　B. 头、尾指针必须都修改

C. 仅修改尾指针　　D. 头、尾指针可能都要修改

6. 设指针变量 front 表示链式队列的队头指针，指针变量 rear 表示链式队列的队尾指针，指针变量 s 指向将要入队列的结点 X，则入队列的操作序列为（　　）。

A. front->next=s；front=s；　　B. s->next=rear；rear=s；

C. rear->next=s；rear=s；　　D. s->next=front；front=s；

7. 树最适合用来表示（　　）。

A. 有序数据元素　　B. 无序数据元素

C. 元素之间无联系的数据　　D. 元素间具有分支层次关系的数据

8. 设某棵二叉树中有 2000 个结点，则该二叉树的最小高度为（　　）。

A. 9　　B. 10　　C. 11　　D. 12

9. 设某棵二叉树的高度为 10，则该二叉树上叶子结点最多有（　　）。

A. 20　　B. 256　　C. 512　　D. 1024

10. 设某棵二叉树中只有度数为 0 和度数为 2 的结点且度数为 0 的结点数为 n，则这棵二叉树中共有（　　）个结点。

A. $n+1$　　B. $2n$　　C. $2n-1$　　D. $2n+1$

11. 设某棵二叉树的中序遍历序列为 ABCD，前序遍历序列为 CABD，则后序遍历该二叉树得到的序列为（　　）。

A. BADC　　B. BCDA　　C. CDAB　　D. CBDA

12. 设顺序表的长度为 n，则顺序查找的平均比较次数为（　　）。

A. n　　B. $n/2$　　C. $(n-1)/2$　　D. $(n+1)/2$

13. 设有序表中的元素为（11，15，26，32，45，58，63），则在其中利用二分法查找值为26的元素需要经过（　　）次比较。

A. 1　　B. 2　　C. 3　　D. 4

14. 设有序表中有1000个元素，则用二分查找查找元素X最多需要比较（　　）次。

A. 10　　B. 25　　C. 500　　D. 501

15. 设一组初始记录关键字序列为（Q，H，C，Y，P，A，M，S，R，D，F，X），则按字母升序的第一趟冒泡排序结束后的结果是（　　）。

A. （A，D，C，R，F，Q，M，S，Y，P，H，X）

B. （F，H，C，D，P，A，M，Q，R，S，Y，X）

C. （H，C，Q，P，A，M，S，R，D，F，X，Y）

D. （P，A，C，S，Q，D，F，X，R，H，M，Y）

16. 在面向对象的设计中，我们应遵循的设计准则除了模块化、抽象、低耦合、高内聚以外，还有（　　）。

A. 类的复用　　B. 类的开发

C. 隐藏复杂性　　D. 信息隐蔽

17. 对象实现了数据和操作的结合，使数据和操作（　　）于对象的统一体中。

A. 隐藏　　B. 封装　　C. 结合　　D. 抽象

18. 软件是一种（　　）

A. 程序　　B. 数据　　C. 逻辑产品　　D. 物理产品

19. “软件危机”是指（　　）。

A. 计算机病毒的出现

B. 利用计算机进行经济犯罪活动

C. 软件开发和维护中出现的一系列问题

D. 人们过分迷恋计算机系统

20. 以下（　　）不是软件危机的表现形式。

A. 开发的软件价格便宜　　B. 开发的软件可维护性差

C. 开发的软件不满足用户需要　　D. 开发的软件可靠性差

21. 瀑布模型的关键不足在于（　　）。

A. 过于简单　　B. 各个阶段需要进行评审

C. 过于灵活　　D. 不能适应需求的动态变更

22. 具有风险分析的软件生命周期模型是（　　）。

A. 瀑布模型　　B. 演化模型　　C. 螺旋模型　　D. 喷泉模型

23. 需求分析阶段的任务是确定（　　）。

A. 软件开发方法　　B. 软件开发工具

C. 软件开发过程　　D. 软件系统的功能

24. 数据字典是用来定义（　　）中的各个成分的具体含义的。

A. 流程图　　B. 功能结构图　　C. 系统结构图　　D. 数据流图

25. 结构化程序设计采用的三种基本控制结构是（　　）。

A. 顺序、分支、选择　　B. 顺序、选择、循环

C. 选择、循环、重复　　D. 输入、变换、输出

26. 单元测试是发现编码错误，集成测试是发现模块的接口错误，确认测试是为了发现功能错误，那么系统测试是为了发现（　　）。

A. 性能、质量不合要求　　B. 运行错误

C. 编程语言语法错误　　D. 文档错误

27. 下面说法正确的是（　　）。

A. 经过测试没有发现错误说明程序正确

B. 测试的目标是为了证明程序没有错误

C. 成功的测试是发现了迄今尚未发现的错误的测试

D. 成功的测试是没有发现错误的测试

28. 软件测试中根据测试用例设计的方法的不同可分为黑盒测试和白盒测试两种，它们（　　）。

A. 前者属于静态测试，后者属于动态测试

B. 都属于静态测试

C. 前者属于动态测试，后者属于静态测试

D. 都属于动态测试

29. 与确认测试阶段有关的文档是（　　）。

A. 源程序　　B. 需求规格说明书

C. 概要设计说明书　　D. 详细设计说明书

30. 因计算机硬件和软件环境的变化而作出的修改软件的过程称为（　　）。

A. 纠错性维护　　B. 适应性维护

C. 完善性维护　　D. 预防性维护

二、填空题

1. 算法的表示可以采用自然语言、________、N-S 图、伪代码和计算机语言。

2. 数据的物理结构主要包括________和________两种情况。

3. 设顺序线性表中有 n 个数据元素，则第 i 个位置上插入一个数据元素需要移动表中______个数据元素。

4. 栈的插入和删除只能在栈的栈顶进行，后进栈的元素必定先出栈，所以又把栈称为______表；队列的插入和删除运算分别在队列的两端进行，先进队列的元素必定先出队列，所以又把队列称为________表。

5. 设输入序列为 1、2、3，则经过栈的作用后可以得到________种不同的输出序列。

6. 设某顺序循环队列中有 m 个元素，且规定队头指针 F 指向队头元素的前一个位置，队尾指针 R 指向队尾元素的当前位置，则该循环队列中最多存储________队列元素。

7. 设 front 和 rear 分别表示顺序循环队列的头指针和尾指针，则判断该循环队列为空的条件为________。

8. 高度为 h 的完全二叉树中最少有________个结点，最多有________个结点。

9. 设二叉树中度数为 0 的结点数为 50，度数为 1 的结点数为 30，则该二叉树中总共有________个结点数。

10. 设某棵完全二叉树中有 100 个结点，则该二叉树中有________个叶子结点。

11. 设一棵完全二叉树的顺序存储结构中存储数据元素为 ABCDEF，则该二叉树的前序遍历

序列为________，中序遍历序列为________，后序遍历序列为________。

12. 设一棵二叉树的中序遍历序列为BDCA，后序遍历序列为DBAC，则这棵二叉树的前序序列为________。

13. 设一棵二叉树的前序序列为ABC，则有________种不同的二叉树可以得到这种序列。

14. 设有一组初始关键字序列为（22，46，6，28，19，25），则第3趟简单插入排序结束后的结果是________________________。

15. 设有一组初始关键字序列为（22，46，6，28，19，25），则第3趟简单选择排序结束后的结果是________________________。

16. 软件工程是从软件开发技术和________两个方面研究如何更好地开发和维护计算机软件的一门学科。

17. 计算机软件不单纯指程序，还包括一整套________。

18. 软件生命周期是指软件从提出、实现、使用、维护到________的过程。

19. ________的目的是用最小的代价，在尽可能短的时间内，确定该项目是否能够开发。

20. 主要了解用户对软件的全部需求，准确地解决“软件系统必须做什么”是________阶段的任务。

21. 需求分析阶段产生的最重要的文档之一是________，它可以作为软件开发工作的基础和依据，也是最终确认测试和验收的依据。

22. 传统的软件开发主要采用________。

23. ________是整个软件生命周期中持续时间最长的阶段。

24. ________是将生命周期各活动规定为按线性顺序连接的若干阶段的模型。

25. 数据流图中，每个加工至少有一个________和一个________。

26. ________阶段将给出各模块的实现算法和局部数据结构等。

27. 详细设计阶段要用表达工具详细描述每个模块的处理过程，常见的工具有________工具、表格工具和语言工具。

28. 软件开发是一个自顶向下逐步细化和求精的过程，而软件测试是一个 ________的过程。

29. 软件产品在交付使用之前一般要经过________、集成测试、确认测试和系统测试。

30. 软件维护活动主要包括纠错性维护、________、完善性维护和预防性维护等四种。

参考答案

一、单选题

1. A　2. A　3. B　4. C　5. D
6. C　7. D　8. C　9. C　10. C
11. A　12. D　13. C　14. A　15. C
16. D　17. B　18. C　19. C　20. A
21. D　22. C　23. D　24. D　25. B
26. A　27. C　28. D　29. B　30. B

二、填空题

1. 传统流程图
2. 顺序存储结构，链式存储结构
3. $n-i+1$
4. FILO，FIFO
5. 5
6. $m-1$

7. front==rear
8. 2^{h-1}，$2^{h}-1$
9. 129
10. 50
11. ABDECF，DBEAFC，DEBFCA
12. CBDA
13. 5
14. （6，22，46，28，19，25）
15. （6，19，22，28，46，25）
16. 软件开发管理
17. 文档
18. 停止使用退役
19. 可行性研究
20. 需求分析
21. 需求规格说明书
22. 结构化程序设计方法
23. 软件维护
24. 瀑布模型
25. 输入流，输出流
26. 详细设计
27. 图形
28. 自底向上
29. 单元测试
30. 适应性维护

习题 10　数据库系统基础

一、单选题

1. 对于现实世界中事物的特征，在实体—联系模型中使用（　　）。
   A. 主关键字描述　B. 属性描述　C. 二维表格描述　D. 实体描述
2. Access 数据库管理系统采用的数据模型是（　　）。
   A. 实体—联系模型　B. 层次模型
   C. 网状模型　D. 关系模型
3. 数据库（DB）、数据库系统（DBS）、数据库管理系统（DBMS）三者之间的关系是（　　）。
   A. DBS 包括 DB 和 DBMS　B. DBMS 包括 DB 和 DBS
   C. DBS 就是 DB，也就是 DBMS　D. DB 包括 DBS 和 DBMS
4. 将两个关系中具有相同属性值的元组连接到一起构成新关系的操作称为（　　）。
   A. 投影　B. 选择　C. 关联　D. 连接
5. 下列实体的联系中，属于多对多联系的是（　　）。
   A. 学生与课程　B. 住院的病人与病床
   C. 学校与校长　D. 职工与工资
6. Access 数据库最基础的对象是（　　）。
   A. 宏　B. 报表　C. 窗体　D. 表
7. 下列不属于关系数据库系统主要功能的是（　　）。
   A. 数据共享　B. 数据控制　C. 数据定义　D. 数据维护
8. 在下列叙述中，正确的是（　　）。
   A. Access 2010 只具备了模块化程序设计能力
   B. Access 2010 只能使用系统菜单创建数据库系统
   C. Access 2010 不具备程序设计能力
   D. Access 2010 具有面向对象的程序设计能力

9. 主关键字是关系模型中的重要概念。当一张二维表（A 表）的主关键字被包含到另一张二维表（B 表）中时，它就称为 B 表的（　　）。

A. 外部关键字　　B. 候选关键字　　C. 候选码　　D. 主关键字

10. 关于关系数据库的设计原则，下列说法不正确是（　　）。

A. 用主关键字确保有关联的表之间的联系

B. 关系数据库的设计应遵从概念单一化“一事一表”的原则，即一个表描述一个实体或实体之间的一种联系

C. 除了外部关键字之外，尽量避免在表之间出现重复字段

D. 表中的字段必须是原始数据和基本数据元素

11. Access 2010 数据库文件的扩展名是（　　）。

A. .dbf.　　B. .mdb　　C. .adp.　　D. .accdb

12. 以下不属于 Access 数据类型的是（　　）。

A. 文本　　B. 计算　　C. 附件　　D. 通用

13. 以下关于字段属性的叙述中，错误的是（　　）。

A. 格式属性只可能影响数据的显示格式

B. 可对任意类型的字段设置默认值属性

C. 有效性规则是用于限制字段输入的条件

D. 不同的字段类型，其字段属性有所不同

14. 以下关于 Access 表的叙述中，错误的是（　　）。

A. 设计表的主要工作是设计表的字段和属性

B. Access 数据库中的表是由字段和记录构成

C. Access 数据表一般包含一到两个主题信息

D. 数据表是查询、窗体和报表的主要数据源

15. 能够使用“输入掩码向导”创建输入掩码的字段类型是（　　）。

A. 文本和日期用时间　　B. 文本和货币

C. 数字和日期/时间　　D. 文本和数字

16. 在设置或编辑“关系”时，不属于可设置的选项是（　　）。

A. 实施参照完整性　　B. 级联更新相关字段

C. 级联追加相关记录　　D. 级联删除相关记录

17. 以下关于 Null 值叙述中，正确的是（　　）。

A. Null 值等同于空字符串　　B. Null 值等同于数值

C. Null 值表示字段值未知　　D. Null 值的串长度为 0

18. 在 Access 2010 数据表中，可以定义“格式”属性的字段类型是（　　）。

A. 文本、货币、超链接、附件

B. 日期/时间、是/否、备注、数字

C. 自动编号、文本、备注、OLE 对象

D. 日期/时间、数字、OLE 对象、是/否

19. 有效性规则是（　　）。

A. 控制符　　B. 条件　　C. 文本　　D. 表达式

20. 筛选的结果是滤除了（　　）。

A. 满足条件的字段　　B. 不满足条件的字段
C. 满足条件的记录　　D. 不满足条件的记录

21. Access 支持的查询类型是（　　）。
A. 选择查询、参数查询、操作查询、SQL 查询和交叉表查询
B. 基本查询、选择查询、参数查询、SQL 查询和操作查询
C. 多表查询、单表查询、参数查询、操作查询和交叉表查询
D. 选择查询、统计查询、参数查询、SQL 查询和操作查询

22. 在表中查找符合条件的记录，应使用的查询是（　　）。
A. 总计查询　　B. 更新查询　　C. 选择查询　　D. 生成表查询

23. 如果数值函数 INT(数值表达式)中，数值表达式为正，则返回的是数值表达式值的(　　)。
A. 绝对值　　B. 整数部分值　　C. 符号值　　D. 小数部分值

24. 条件“Between 10 And 90”的含义是（　　）。
A. 数值 10~90 的数字，且包含 10 和 90 数值
B. 10~90 的数字，不包含 10 和 90 数值
C. 10 和 90 这两个数字之外的数字
D. 数值 10 和 90 这两个数字

25. 在查询设计视图中（　　）。
A. 只能添加查询　　B. 可以添加数据表，也可以添加查询
C. 只能添加数据表　　D. 可以添加数据表，不可以添加查询

二、填空题

1. 在关系模型中，二维表中的每一行上的所有数据在关系中称为________。
2. 数据管理技术的发展经历了________、________、________阶段。
3. 关系的完整性约束条件包括________、________、________。
4. 数据库的核心操作是________。
5. Access 内置的开发工具是________。
6. 创建分组统计查询时，总计项应选择________。
7. 查询有 5 种：________、交叉表查询、________、操作查询和 SQL 查询。
8. 若希望使用一个或多个字段的值进行计算，需要在查询设计视图的“设计网格”中添加________字段。
9. 书写查询条件时，日期常量值应使用________符号括起来。

参考答案

一、单选题

1. A　2. D　3. A　4. D　5. A　6. D　7. A　8. D　9. A
10. A　11. D　12. D　13. B　14. C　15. A　16. A　17. C　18. B
19. D　20. D　21. A　22. C　23. B　24. A　25. B

二、填空题

1. 元组　　2. 人工管理 文件系统 数据库系统
3. 实体完整性、参照完整性、域完整性　　4. 数据库查询

5. VBA
6. Group by
7. 选择查询、参数查询
8. 计算
9. #

习题 11　信息安全

一、单选题

1. 信息安全是信息网络的硬件、软件及系统中的（　　）受到保护，不因偶然或恶意的原因而受到破坏、更改或泄露。

A. 用户　　B. 管理制度　　C. 数据　　D. 设备

2. 为了预防计算机病毒，应采取的正确措施是（　　）。

A. 每天都对计算机硬盘和软件进行格式化

B. 不用盗版软件和来历不明的 U 盘

C. 不同任何人交流

D. 不玩任何计算机游戏

3. 数字签名技术是公开密钥算法的一个典型的应用，在发送端，它是采用（　　）对要发送的信息进行数字签名。

A. 发送者的公钥　　B. 发送者的私钥

C. 接收者的公钥　　D. 接收者的私钥

4. 数字签名技术，在接收端，采用（　　）进行签名验证。

A. 发送者的公钥　　B. 发送者的私钥

C. 接收者的公钥　　D. 接收者的私钥

5. （　　）不是防火墙的功能。

A. 过滤进出网络的数据包　　B. 保护存储数据安全

C. 封堵某些禁止的访问行为　　D. 记录通过防火墙的信息内容和活动

6. Windows NT 和 Windows XP 系统能设置为在几次无效登录后锁定账号，这可以防止（　　）。

A. 木马　　B. 暴力攻击　　C. IP 欺骗　　D. 缓存溢出攻击

7. 在以下认证方式中，最常用的认证方式是（　　）。

A. 基于账户名/口令认证　　B. 基于摘要算法认证

C. 基于 PKI 认证　　D. 基于数据库认证

8. “保护数据库，防止未经授权的或不合法的使用造成的数据泄露、更改破坏。”这是指数据的（　　）。

A. 安全性　　B. 完整性

C. 并发控制　　D. 恢复

9. 文件型病毒传染的对象主要是（　　）类文件。

A. EXE 和 WPS　　B. COM 和 EXE

C. WPS　　D. DBF

10. 网络攻击的有效载体是（　　）。

A. 黑客
B. 网络
C. 病毒
D. 蠕虫

11. 有关数字签名的作用，不正确的是（　　）。
A. 唯一地确定签名人的身份
B. 对签名后信件的内容是否又发生变化进行验证
C. 发信人无法对信件的内容进行抵赖
D. 权威性

12. 为了防御网络监听，最常用的方法是（　　）。
A. 采用物理传输（非网络）
B. 信息加密
C. 无线网
D. 使用专线传输

13. 以下关于对称密钥加密说法正确的是（　　）。
A. 加密方和解密方可以使用不同的算法
B. 加密密钥和解密密钥可以是不同的
C. 加密密钥和解密密钥必须是相同的
D. 密钥的管理非常简单

14. 信息风险主要指（　　）。
A. 信息存储安全
B. 信息传输安全
C. 信息访问安全
D. 以上都正确

15. 与信息相关的四大安全原则是（　　）。
A. 保密性、访问控制、完整性、不可抵赖性
B. 保密性、鉴别、完整性、不可抵赖性
C. 鉴别、授权、不可抵赖性、可用性
D. 鉴别、授权、访问控制、可用性

二、填空题

1. ________是指秘密信息在产生、传输、使用和存储的过程中不被泄露或破坏。

2. ________又称传统密码算法，或单密钥算法，其采用了对称密码编码技术，其特点是文件加密和文件解密都使用相同的密钥。

3. ________________是一组计算机指令或者程序代码，能自我复制，通常嵌入在计算机程序中，能够破坏计算机功能或者毁坏数据，影响计算机的使用。

4. ____________借助于互联网数字通信技术向客户提供金融信息发布和金融交易服务，是传统银行业务在互联网上的延伸，是一种虚拟银行。

5. 计算机安全的定义从广以上来讲，凡是涉及计算机网络上信息的保密性、____________、________、________、________的相关技术和理论都是计算机网络安全研究的领域。

6. 基于密钥的加密算法通常有两类，即________和________。

7. 网络安全面临的主要威胁：________、________、________。

8. 对网络系统的攻击可分为：________和________。

9. 防火墙应该安装在________和________之间。

10. ________是指保证系统中的数据不被无关人员识别。

参考答案

一、单选题

1. C　2. B　3. B　4. A　5. B　6. B　7. A　8. A　9. B

10. C　11. D　12. B　13. C　14. D　15. B

二、填空题

1. 信息安全
2. 对称加密算法
3. 计算机病毒
4. 网上银行
5. 完整性 可用性 真实性 可控性
6. 对称算法　公用密钥算法
7. 黑客攻击　计算机病毒　拒绝服务
8. 主动攻击　被动攻击两类
9. 内部网　外部网
10. 保密性

第 11 章 模拟练习题与参考答案

模拟练习题 1

一、填空题

1. 在计算机网络中，通常把提供并管理共享资源的计算机称为________。
2. 局域网常用的传输介质有双绞线、同轴电缆和________。
3. ________是一种特殊的线性表，其按照先进先出的原则组织数据。
4. 树中度为 0 的结点称为________结点。
5. 数据结构包括数据的存储结构、数据的________及对数据的操作运算。
6. 设一棵完全二叉树共有 300 个结点，则在该二叉树中有________个叶子结点。
7. DBAS 是________的英文简称。
8. 计算机的发展方向为________、微型化、网络化和智能化。
9. 1949 年 5 月，第一台带有存储程序结构的电子计算机________在英国剑桥大学数学实验室研制成功。
10. 32 位微机中的“32”指的是________。
11. 在 Internet 网页中支持的图像文件类型主要有________、GIF、BMP。
12. 数据总线为________在系统模块之间的传输提供通信线路。
13. 地址总线用来指明数据总线上的数据的________地址或________地址。
14. $(6789)_{10}$的 8421 码为________。
15. 对媒体做如下分类：感觉媒体、表示媒体、表现媒体、________、传输媒体。
16. ________设备可以将各种数据转换成为计算机能处理的形式并输送到计算机存储设备中。
17. 内存储器通常有________、________、________3 类。
18. $(69)_{10}$=(________)$_2$=(________)$_8$=(________)$_{16}$。
19. 1MB=________KB。
20. Modem 的中文称为________。

二、判断题

1. 若某文件被设置成“隐藏”属性，则它在任何情况下都不会显示出来。（ ）

2. 电子计算机的计算速度很快但计算精度不高。（ ）
3. 外码是用于将汉字输入计算机而设计的汉字编码。（ ）
4. 买来的软件是系统软件，自己编写的软件是应用软件。（ ）
5. ROM是只读存储器，其中的内容只能读出一次。（ ）
6. Windows 7是一种多用户、多任务、图形化的操作系统。（ ）
7. 位图是用数学公式对物体进行描述以建立图像。（ ）
8. 压缩可以分为有损压缩和无损压缩。（ ）
9. 星形拓扑结构中，一旦中心结点出现故障，则全网瘫痪。（ ）
10. 路由器是一种可以在相同的网络之间进行信号转换的互连设备。（ ）
11. 满二叉树一定是完全二叉树。（ ）
12. 二叉树的遍历是指全部访问到二叉树中的所有结点。（ ）
13. 已知完全二叉树的第6层有8个结点，则叶子结点数是18。（ ）
14. 对于程序语句的结构选择方面，在保证基本程序正确性的基础上，应尽可能少使用模块和结构化的程序设计思想。（ ）
15. 高级语言普遍存在执行速度快、面向机器、可移植性差的缺点。（ ）
16. 软件开发模型给出了软件开发活动各阶段之间的关系。（ ）
17. 软件按测试的性质来分，可分为静态测试和动态测试。（ ）
18. 计算机只要安装了防毒、杀毒软件，上网浏览就不会感染病毒。（ ）
19. 对软盘进行全面格式化也不一定能消除软盘上的计算机病毒。（ ）
20. 二叉树的左、右子树可任意颠倒。（ ）

三、单选题

1. 使用超大规模集成电路制造的计算机应该归属于（ ）计算机。
   A. 第一代 B. 第二代 C. 第三代 D. 第四代
2. 完整的计算机系统由（ ）组成。
   A. 运算器、控制器、存储器、输入设备和输出设备
   B. 主机和外围设备
   C. 硬件系统和软件系统
   D. 机箱、显示器、键盘、鼠标、打印机
3. 十进制数27对应的二进制数为（ ）。
   A. 1011 B. 1100 C. 10111 D. 11011
4. 根据所传递的内容与作用不同，将系统总线分为数据总线、地址总线和（ ）。
   A. 内部总线 B. 系统总线 C. 控制总线 D. I/O总线
5. 微机中运算器的主要功能是进行（ ）。
   A. 算术运算 B. 逻辑运算
   C. 算术和逻辑运算 D. 函数运算
6. Windows的目录结构采用的是（ ）。
   A. 树形结构 B. 线形结构 C. 层次结构 D. 网状结构
7. 将回收站中的文件还原时，被还原的文件将回到（ ）。
   A. 桌面上 B. “文档”中 C. 内存中 D. 被删除的位置

8. 操作系统的功能是（　　）

A. 处理机管理、存储器管理、设备管理、文件管理

B. 运算器管理、控制器管理、打印机管理、磁盘管理

C. 硬盘管理、软盘管理、存储器管理、文件管理

D. 程序管理、文件管理、编译管理、设备管理

9. Windows 中，将一个应用程序窗口最小化之后，该应用程序（　　）。

A. 仍在后台运行　B. 暂时停止运行　C. 完全停止运行　D. 出错

10. 在 Windows 中，启动应用程序的正确方法是（　　）。

A. 将鼠标指针指向该应用程序图标　B. 将该应用程序窗口最小化成图标

C. 将该应用程序窗口还原　D. 双击该应用程序图标

11. 下面不是像素的色彩组成色英文简称的是（　　）。

A. R　B. Y　C. B　D. G

12. 音乐属于（　　）。

A. 存储媒体　B. 表现媒体　C. 表示媒体　D. 感觉媒体

13. 以下（　　）不是数字图形、图像的常用文件格式。

A. BMP　B. GIF　C. EXE　D. JPG

14. 多媒体计算机是指（　　）。

A. 能处理声音的计算机

B. 能处理图像的计算机

C. 能进行文本、声音、图像等多种媒体处理的计算机

D. 能进行通信处理的计算机

15. 多媒体计算机系统的两大组成部分是（　　）。

A. 多媒体功能卡和多媒体主机

B. 多媒体通信软件和多媒体开发工具

C. 多媒体输入设备和多媒体输出设备

D. 多媒体计算机硬件系统和多媒体计算机软件系统

16. 下列不是计算机网络拓扑结构的是（　　）。

A. 网状结构　B. 单线结构　C. 总线结构　D. 星型结构

17. 下列网络中，最常用的广域网是（　　）。

A. 因特网　B. 校园网

C. 企业内部网　D. 以上网络都不是

18. 以下属于计算机网络分类主要依据的是（　　）。

A. 传输技术与覆盖范围　B. 传输技术与传输介质

C. 互连设备的类型　D. 服务器的类型

19. 只有共同遵守（　　），计算机才能够接入 Internet。

A. CPI/IP 协议　B. PCT/IP 协议　C. PTC/IP 协议　D. TCP/IP 协议

20. 如果一个电子邮件的地址为 zhang@163. com，则 zhang 代表（　　）。

A. 用户地址　B. 用户名　C. 用户口令　D. 主机域名

21. 只允许在一端插入元素，而在另一端进行删除元素的线性表被称为（　　）。

A. 栈　B. 队列　C. 树　D. 二叉树

22. 下列描述中正确的是（　　）。

A. 线性链表是线性表的链式存储结构　B. 栈与队列是非线性结构

C. 双向链表是非线性结构　D. 只有根结点的二叉树是线性结构

23. 下列关于队列的叙述中正确的是（　　）。

A. 在队列中只能插入数据　B. 在队列中只能删除数据

C. 队列是先进先出的线性表　D. 队列是先进后出的线性表

24. 对于长度为 n 的线性表，在最坏情况下，下列各排序法所对应的比较次数中正确的是（　　）。

A. 冒泡排序为 $n/2$　B. 冒泡排序为 n

C. 快速排序为 n　D. 快速排序为 $n(n-1)/2$

25. 树是结点的集合，它的根结点数目是（　　）。

A. 有且只有 1　B. 1 或多于 1　C. 0 或 1　D. 至少 2

26. 数据库系统的最核心部分是（　　）。

A. 数据库　B. 数据库管理系统

C. 数据模型　D. 软件工程

27. 用树型结构来表示实体之间联系的模型是（　　）。

A. 关系模型　B. 层次模型　C. 网状模型　D. 数据模型

28. 在关系数据库中，用来表示实体之间联系的模型是（　　）。

A. 树结构　B. 网结构　C. 线性表　D. 二维表

29. 假设数据库中表 A 与表 B 创建了“一对多”关系，表 B 为“多”方，则下述说法正确的是（　　）。

A. 表 A 中的一个记录能与表 B 中的多个记录匹配

B. 表 B 中的一个记录能与表 A 中的多个记录匹配

C. 表 A 中的一个字段能与表 B 中的多个字段匹配

D. 表 B 中的一个字段能与表 A 中的多个字段匹配

30. 数据库设计分为 4 个阶段，分别是需求分析、概念设计、逻辑设计和（　　）。

A. 编码设计阶段　B. 测试阶段　C. 运行阶段　D. 物理设计

31. 一个算法应该具有“确定性”等 5 个特性，下面对另外 4 个特性的描述中错误的是(　　)。

A. 有零个或多个输入　B. 有零个或多个输出

C. 有穷性　D. 可行性

32. 在计算机中，算法是指（　　）。

A. 查询方法　B. 加工方法

C. 解题方案的准确而完整的描述　D. 排序方法

33. 结构化程序设计主要强调的是（　　）。

A. 程序的规模　B. 程序的易读性

C. 程序的执行效率　D. 程序的可移植性

34. 在面向对象方法中，一个对象请求另一对象为其服务的方式是通过发送（　　）。

A. 调用语句　B. 命令　C. 口令　D. 消息

35. 下面概念中，不属于面向对象方法的是（　　）。

A. 对象　B. 继承　C. 类　D. 过程调用

36. 下列描述中正确的是（　　）。

A. 软件工程只是解决软件项目的管理问题

B. 软件工程主要解决软件产品的生产率问题

C. 软件工程的主要思想是强调在软件开发过程中需要应用工程化原则

D. 软件工程只是解决软件开发中的技术问题

37. 软件开发和软件维护中出现的一系列问题，称为（　　）。

A. 软件投机　　B. 软件危机　　C. 软件工程　　D. 软件产生

38. 下列叙述中正确的是（　　）。

A. 软件测试应该由程序开发者来完成

B. 程序经调试后一般不需要再测试

C. 软件维护只包括对程序代码的维护

D. 以上 3 种说法都不对

39. 软件工程的理论和技术性研究的内容主要包括软件开发技术和（　　）。

A. 消除软件危机　　B. 软件工程管理

C. 程序设计自动化　　D. 实现软件可重用

40. 下列叙述中正确的是（　　）。

A. 程序设计就是编制程序

B. 程序的测试必须由程序员自己去完成

C. 程序经调试改错后还应进行再测试

D. 程序经调试改错后不必进行再测试

41. 以下可实现身份鉴别的是（　　）。

A. 口令　　B. 智能卡　　C. 视网膜　　D. 以上都是

42. 计算机病毒（　　）。

A. 都具有破坏性　　B. 有些病毒无破坏性

C. 都破坏 EXE 文件　　D. 不破坏数据，只破坏文件

43. 网络安全最基本的技术是（　　）。

A. 信息加密技术　　B. 防火墙技术

C. 网络控制技术　　D. 反病毒技术

44. 下列有关计算机病毒的说法中，（　　）是错误的。

A. 游戏软件常常是计算机病毒的载体

B. 用消毒软件将一片软盘消毒之后，该软盘就没有病毒了

C. 尽量做到专机专用或安装正版软件，是预防计算机病毒的有效措施

D. 计算机病毒在某些条件下被激活之后，才开始起干扰和破坏作用

45. 知识产权包括（　　）。

A. 著作权　　B. 专利权　　C. 商标权　　D. 以上都是

46. 国标码（GB 2312—1980）是（　　）的标准编码。

A. 汉字输入码　　B. 汉字字型码　　C. 汉字机内码　　D. 汉字交换码

47. 与二进制数 01011011 对应的十进数是（　　）。

A. 91　　B. 87　　C. 107　　D. 123

48. 在计算机中，1 字节是由（　　）个二进制位组成的。

A. 4　　B. 8　　C. 16　　D. 24

49. 数值10H是（　　）进位制表示方法。

A. 二进制数　　B. 八进制数　　C. 十进制数　　D. 十六进制数

50. 通常所说的PC是指（　　）。

A. 大型计算机　　B. 小型计算机　　C. 中型计算机　　D. 微机

51. 计算机之所以能按人们的意图自动地进行操作，主要是因为采用了（　　）。

A. 汇编语言　　B. 机器语言　　C. 高级语言　　D. 存储程序控制

52. 在桌面上有一些常用的图标，可以浏览计算机中的内容的是（　　）。

A. 我的电脑　　B. 文件夹　　C. 回收站　　D. 网上邻居

53. 微机的运算器、控制器及内存储器统称为（　　）。

A. ALU　　B. CPU　　C. ALT　　D. 主机

54. 物质、能量和（　　）是构成世界的三大要素。

A. 原油　　B. 信息　　C. 煤炭　　D. 水

55. 在计算机应用领域中，CAT的中文含义是（　　）。

A. 计算机辅助设计　　B. 计算机辅助制造

C. 计算机辅助教学　　D. 计算机辅助测试

56. ASCII码用于表示（　　）编码。

A. 模拟　　B. 字符　　C. 数字　　D. 数模

57. 为了在计算机中正确表示有符号数，通常规定最高位为符号位，并用（　　）表示正数。

A. +　　B. −　　C. 0　　D. 1

58. 计算机物理实体通常是由（　　）等几部分组成的。

A. 运算器、控制器、存储器、输入设备和输出设备

B. 主板、CPU、硬盘、软盘和显示器

C. 运算器、放大器、存储器、输入设备和输出设备

D. CPU、软盘驱动器、显示器和键盘

59. 在计算机系统中，指挥、协调计算机工作的设备是（　　）。

A. 输入设备　　B. 控制器　　C. 运算器　　D. 输出设备

60. 微机的运算器、控制器统称为（　　）。

A. ALU　　B. CPU　　C. ALT　　D. 主机

参考答案

一、填空题

1. 服务器　　2. 光纤
3. 队列　　4. 根
5. 逻辑结构　　6. 150
7. 数据库应用系统　　8. 巨型化
9. EDSAC　　10. 字长
11. JPG　　12. 数据信息
13. 源　目的　　14. 0110 0111 1000 100
15. 存储媒体　　16. 输入

17. 只读存储器　随机读/写存储器　高速缓冲存储器
18. 1000101　105　45
19. 1024
20. 调制解调器

二、判断题

1	2	3	4	5	6	7	8	9	10
×	×	√	×	√	√	×	√	√	×
11	12	13	14	15	16	17	18	19	20
√	×	×	×	×	√	√	×	×	×

三、单选题

1. D　2. C　3. D　4. C　5. C
6. A　7. D　8. A　9. A　10. D
11. B　12. D　13. C　14. C　15. D
16. B　17. A　18. A　19. D　20. B
21. B　22. A　23. C　24. D　25. A
26. B　27. B　28. D　29. A　30. D
31. B　32. C　33. B　34. D　35. D
36. C　37. B　38. D　39. B　40. C
41. D　42. B　43. B　44. B　45. D
46. D　47. A　48. B　49. D　50. D
51. D　52. A　53. D　54. B　55. D
56. B　57. C　58. A　59. B　60. B

模拟练习题 2

一、填空题

1. OSI 七层协议的最底层是________。
2. 按网络的作用范围来划分网络，网络被划分为________、城域网和广域网。
3. 在队列中，通常使用 rear 来表示队________指针。
4. 在________树中不存在度大于 2 的结点。
5. 在最坏情况下，选择排序的时间复杂度为________。
6. 在关系数据库中，唯一标识一条记录的一个或多个字段称为________。
7. 目前世界上最大的计算机互联网络是________。
8. 在计算机中，表示信息数据编码的最小单位是________。
9. 目前主流显示器分为阴极射线管显示器和________两大类。
10. 鼠标是一种________设备。
11. 多媒体附属硬件主要有两类，即适配卡和外围设备，显示卡属于________。

12. 多媒体的主要特点有多样性、集成性、交互性、________。

13. 信号可分为数字信号和________。

14. ________是指通信双方可以同时双向传输。

15. IP 地址采用分层结构，由________和网络地址组成。

16. 树中结点的后件个数称为结点的________。

17. 栈的基本运算有 3 种：入栈、________和读栈顶元素。

18. 计算机要想连入 Internet 必须安装的通信协议是________。

19. 多媒体技术处理的主要信息类型有文字、图片、________、音频、视频。

20. ________是一种调制速率，是指数字信号经过调制后的速率，即调制后的模拟信号每秒变化的次数，其单位为波特。

二、判断题

1. 在 Windows 中，未格式化的磁盘不能用于存储数据。 (　　)
2. 用汉字输入法输入汉字时，只能单个字输入，不能输入词组。 (　　)
3. 计算机的原码和反码相同。 (　　)
4. 裸机是指没有配置任何外围设备的主机。 (　　)
5. 显示器屏幕上显示的信息，既有用户输入的内容又有计算机输出的结果，所以显示器既是输入设备又是输出设备。 (　　)
6. 40 倍速光驱的含义是指该光驱的读写速度是软盘驱动器读写速度的 40 倍。 (　　)
7. 就编辑图像而言，RGB 颜色模型是最佳的色彩模式。 (　　)
8. Windows 的标准数字音频文件是扩展名 wav 的波形文件。 (　　)
9. OSI 模型中最底层和最高层分别为物理层和应用层。 (　　)
10. 以“信息高速公路”为主干网的 Internet 是世界上最大的互联网络。 (　　)
11. 在栈中，允许插入与删除操作的一端称为栈底。 (　　)
12. 线性表中，除根结点与终端结点之外，其他结点有且只有一个前驱结点，有且只有一个后继结点。 (　　)
13. 栈和队列也是线性表。 (　　)
14. 符号名的命名、程序注释、视觉组织都属于源程序文档化。 (　　)
15. 一个算法至少要包括一个输入和一个输出。 (　　)
16. 软件生命周期中的最后一个阶段是软件测试阶段。 (　　)
17. 系统测试的任务是把模块在按照设计要求组装起来的同时进行测试，主要目的是发现与接口有关的错误。 (　　)
18. 计算机病毒按破坏程度可分为破坏性病毒和干扰性病毒两类。 (　　)
19. 磁盘镜像技术的缺点是浪费了磁盘资源，降低了服务器的运行速度。 (　　)
20. 树与二叉树都是典型的线性表数据结构形式。 (　　)

三、单选题

1. 下列设备中，属于输出设备的是（　　）。

A. 显示器　　B. 键盘　　C. 鼠标　　D. 手写板

2. 以下软件中，（　　）不是操作系统软件。

A. Windows 7　　B. UNIX　　C. Linux　　D. Microsoft Office

3. 用 1 字节最多能编出（　　）个不同的码。

A. 8　　B. 16　　C. 128　　D. 256

4. （　　）中的程序可以直接被 CPU 执行。

A. 磁盘　　B. 硬盘　　C. 内存　　D. 外存储器

5. 计算机中运算器的主要功能是进行（　　）。

A. 算术运算　　B. 逻辑运算

C. 算术和逻辑运算　　D. 函数运算

6. 在 Windows 的窗口菜单中，若某命令项后面有向右的黑三角，则表示该命令（　　）。

A. 有下级子菜单　　B. 单击可直接执行

C. 双击可直接执行　　D. 右键单击可直接执行

7. 计算机的 3 类总线中，不包括（　　）。

A. 控制总线　　B. 地址总线　　C. 传输总线　　D. 数据总线

8. 对处于还原状态的 Windows 应用程序窗口，不能实现的操作是（　　）。

A. 最小化　　B. 最大化　　C. 移动　　D. 旋转

9. 在计算机上插 U 盘的接口通常是（　　）标准接口。

A. UPS　　B. USP　　C. UBS　　D. USB

10. CPU 主要由运算器与控制器组成，下列说法中正确的是（　　）。

A. 运算器主要负责分析指令，并根据指令要求做相应的运算

B. 运算器主要完成对数据的运算，包括算术运算和逻辑运算

C. 控制器主要完成对数据的运算，包括算术运算和逻辑运算

D. 控制器不能控制计算机系统的输入与输出操作

11. 视频属于（　　）。

A. 表示媒体　　B. 表现媒体　　C. 存储媒体　　D. 感觉媒体

12. 以下（　　）是常用的声音文件格式。

A. GIF　　B. BMP　　C. MP3　　D. MP4

13. 以下（　　）是数字图形、图像的常用文件格式。

A. MP3　　B. WAV　　C. MOV　　D. BMP

14. 多媒体计算机系统中，打印机属于（　　）。

A. 感觉媒体　　B. 表现媒体　　C. 表示媒体　　D. 传输媒体

15. 以下是矢量图像特点的是（　　）。

A. 打印速度快　　B. 可以进行像素编辑

C. 位图文件大　　D. 真实感觉强

16. 各种网络传输介质（　　）。

A. 具有相同的传输速率和相同的传输距离

B. 具有不同的传输速率和不同的传输距离

C. 具有相同的传输速率和不同的传输距离

D. 具有不同的传输速率和相同的传输距离

17. 在计算机网络中，下列说法中正确的是（　　）。

A. 不同网络中的两台计算机的地址允许重复

B. 同一网络中的两台计算机的地址不允许重复

C. 同一网络中的两台计算机的地址允许重复

D. 两台不在同一城市的计算机的地址允许重复

18. OSI 模型的最底层和最高层分别是（　　）。

A. 网络层/应用层　　B. 物理层/应用层

C. 传输层/链路层　　D. 表示层/物理层

19. 关于调制解调器的说法，以下（　　）是错误的。

A. 调制解调器的英文名为 Modem

B. 调制解调器既是输入设备，也是输出设备

C. 调制解调器能将模拟信号转换成数字信号

D. 调制解调器不能将数字信号转换成模拟信号

20. TCP/IP 的中文名称分别是（　　）。

A. 局域网的传输协议　　B. 拨号入网的传输协议

C. 传输控制协议和网际协议　　D. OSI 协议集

21. 下列属于非线性数据结构的是（　　）。

A. 栈　　B. 队列　　C. 树　　D. 关系

22. 已知一个有序表（13，20，25，37，48，58，61，78，83，90，101），用二分法查找值为 48 的元素时，经过（　　）次比较后查找成功。

A. 1　　B. 2　　C. 3　　D. 4

23. 下列数据结构中，能用二分法进行查找的是（　　）。

A. 顺序存储的有序线性表　　B. 线性链表

C. 二叉链表　　D. 有序线性链表

24. 下列有关二叉树的说法中，正确的是（　　）。

A. 二叉树的度为 2

B. 任何一棵二叉树中至少有一个结点的度为 2

C. 度为 0 的树是一棵二叉树

D. 二叉树中任何一个结点的度都为 2

25. 数据结构中，与所使用的计算机无关的是数据的（　　）。

A. 存储结构　　B. 物理结构　　C. 逻辑结构　　D. 物理和存储结构

26. 关系数据库是以（　　）为基本结构而形成的数据集合。

A. 数据表　　B. 关系模型　　C. 数据模型　　D. 关系代数

27. 下列关于数据库系统的叙述中正确的是（　　）。

A. 数据库系统避免了一切冗余

B. 数据库系统减少了数据冗余

C. 数据库系统中数据的一致性是指数据类型一致

D. 数据库系统比文件系统能管理更多的数据

28. 数据管理技术的发展过程中，经历了人工管理阶段、文件系统阶段和数据库系统阶段。其中数据独立性最低的阶段是（　　）。

A. 人工管理　　B. 文件系统　　C. 数据库系统　　D. 数据项管理

29. 下列叙述中正确的是（　　）。

A. 数据库是一个独立的系统，不需要操作系统的支持
B. 数据库设计是指设计数据库管理系统
C. 数据库技术的根本目标是要解决数据共享的问题
D. 数据库系统中，数据的物理结构必须与逻辑结构一致

30. 数据库（DB）、数据库系统（DBS）和数据库管理系统（DBMS）之间的关系是（　　）。
A. DB 包含 DBS 和 DBMS　　B. DBMS 包含 DB 和 DBS
C. DBS 包含 DB 和 DBMS　　D. 没有任何关系

31. 程序设计语言按发展历程主要包括机器语言、（　　）和高级语言。
A. VB　　B. Java　　C. 汇编语言　　D. 面向对象

32. 当前主导的程序设计风格是（　　）。
A. 效率第一、清晰第二　　B. 效率第二、清晰第一
C. 算法为主　　D. 自下而上

33. 在面向对象的程序设计中，（　　）用于描述对象类型所具有的共性。
A. 消息　　B. 类　　C. 继承　　D. 多态性

34. 下面叙述正确的是（　　）。
A. 算法的执行效率与数据的存储结构无关
B. 算法的空间复杂度是指算法程序中指令（或语句）的条数
C. 算法的有穷性是指算法必须能在执行有限个步骤之后终止
D. 以上 3 种描述都不对

35. 下面对对象概念描述错误的是（　　）。
A. 任何对象都必须有继承性　　B. 对象是属性和方法的封装体
C. 对象间的通信靠消息传递　　D. 操作是对象的动态性属性

36. 检查软件的功能和性能是否符合需求定义的过程称为（　　）。
A. 确认测试　　B. 集成测试　　C. 系统测试　　D. 单元测试

37. 软件测试过程一般按 4 个步骤进行，即单元测试、集成测试、（　　）和系统测试。
A. 模块测试　　B. 确认测试　　C. 组装测试　　D. 性能测试

38. 在软件危机中表现出来的软件质量差的问题，原因是（　　）。
A. 没有软件质量标准
B. 软件研发人员不愿遵守软件质量标准
C. 用户经常干预软件系统的研发工作
D. 软件研发人员素质太差

39. 需求分析阶段的任务是确定（　　）。
A. 软件开发方法　　B. 软件开发工具
C. 软件开发费用　　D. 软件系统功能

40. 下面不属于软件工程的 3 个要素的是（　　）。
A. 工具　　B. 过程　　C. 方法　　D. 环境

41. 避免侵犯别人的隐私权，不能在网上随意发布、散布别人的（　　）。
A. 照片　　B. 电子信箱　　C. 电话　　D. 以上都是

42. 计算机病毒（　　）。
A. 是生产计算机硬件时不注意产生的

B. 是人为制造的

C. 都必须清除，计算机才能使用

D. 都是人们无意中制造的

43. 下列 4 条叙述中，正确的一条是（　　）。

A. 造成计算机不能正常工作的原因，若不是硬件故障就是计算机病毒

B. 发现计算机有病毒时，只要换上一张新软盘就可以放心操作了

C. 计算机病毒是由于硬件配置不完善造成的

D. 计算机病毒是人为制造的程序

44. 属于计算机犯罪类型的是（　　）。

A. 非法截获信息　　B. 复制与传播计算机病毒

C. A、B、D 都是　　D. 利用计算机技术伪造篡改信息

45. 常见的网络信息系统不安全因素包括（　　）。

A. 设备故障　　B. 拒绝服务　　C. 篡改数据　　D. 以上都是

46. 目前大多数计算机以科学家冯·诺依曼提出的（　　）设计思想为理论基础。

A. 存储程序原理　　B. 布尔代数　　C. 超线程技术　　D. 二进制计数

47. 在组成计算机的主要部件中，负责对数据和信息加工的部件是（　　）。

A. 运算器　　B. 内存储器　　C. 控制器　　D. 磁盘

48. 计算机的存储容量常以 KB 为单位，其中 1KB 表示的是（　　）。

A. 1024 字节　　B. 1024 个二进制位

C. 1000 字节　　D. 1000 个二进制位

49. （　　）是“裸机”。

A. 微机　　B. 工作站

C. 不装备任何软件的计算机　　D. 只装备操作系统的计算机

50. 数字符号 0～9 是十进制的数码，全部数码的个数称为（　　）。

A. 码数　　B. 基数　　C. 位权　　D. 符号数

51. 下列设备中，属于输入设备的是（　　）。

A. 声音合成器　　B. 激光打印机　　C. 光笔　　D. 显示器

52. 计算机内部信息的表示及存储往往采用二进制形式，采用这种形式的最主要原因是（　　）。

A. 计算方式简单　　B. 表示形式单一

C. 避免与十进制相混淆　　D. 与逻辑电路硬件相适应

53. CPU 不能直接访问的存储器是（　　）。

A. ROM　　B. RAM　　C. Cache　　D. CD-ROM

54. “Pentium Ⅱ350”和“Pentium Ⅲ450”中的“350”和“450”的含义是（　　）。

A. 最大内存容量　　B. 最大运算速度

C. 最大运算精度　　D. CPU 的时钟频率

55. 下列叙述正确的是（　　）。

A. 世界上第一台电子计算机 ENIAC 首次实现了“存储程序”方案

B. 按照计算机的规模，人们把计算机的发展过程分为 4 个时代

C. 微机最早出现于第 3 代计算机中

D. 冯• 诺依曼提出的计算机体系结构奠定了现代计算机的结构理论基础

56. 世界上第一台电子数字计算机采用的主要逻辑部件是（　　）。

A. 电子管　B. 晶体管　C. 继电器　D. 光电管

57. E-mail 是指（　　）。

A. 利用计算机网络及时地向特定对象传送文字、声音、图像或图形的一种通信方式

B. 电报、电话、电传等通信方式

C. 无线和有线的总称

D. 报文的传送

58. 最能准确反映计算机主要功能的是（　　）。

A. 计算机可以代替人的脑力劳动　B. 计算机可以存储大量信息

C. 计算机是一种信息处理机　D. 计算机可以实现高速度的运算

59. 为在计算机中正确表示有符号数，通常规定最高位为符号位，并用（　　）表示负数。

A. +　B. −　C. 0　D. 1

60. 下列存储器中，断电后信息将会丢失的是（　　）。

A. ROM　B. RAM　C. CD-ROM　D. 磁盘存储器

参考答案

一、填空题

1. 物理层　2. 局域网
3. 尾　4. 二叉
5. O（n^2）　6. 主键
7. 因特网　8. 位
9. LCD　10. 输入
11. 适配卡　12. 实时性
13. 模拟信号　14. 全双工
15. 主机地址　16. 度
17. 退栈　18. TCP/IP
19. 动画　20. 波特率

二、判断题

1	2	3	4	5	6	7	8	9	10
√	×	×	×	×	×	√	√	√	√
11	12	13	14	15	16	17	18	19	20
×	√	√	√	×	×	×	√	√	×

三、单选题

1. A　2. D　3. D　4. C　5. C
6. A　7. C　8. D　9. D　10. B
11. D　12. C　13. D　14. B　15. A
16. B　17. B　18. B　19. D　20. C
21. C　22. D　23. A　24. C　25. C

26. B	27. B	28. A	29. C	30. C
31. C	32. B	33. B	34. C	35. A
36. A	37. B	38. A	39. D	40. D
41. D	42. B	43. D	44. C	45. D
46. A	47. A	48. A	49. B	50. B
51. C	52. D	53. D	54. D	55. D
56. A	57. A	58. C	59. D	60. B

附录 1 ASCII 码表

信息在计算机上是用二进制表示的，这种表示法让人理解很困难。因此计算机上都配有输入和输出设备，这些设备的主要目的就是以一种人类可阅读的形式将信息在这些设备上显示出来供人阅读理解。为保证人类和设备，设备和计算机之间能进行正确的信息交换，人们编制了统一的信息交换代码，这就是 ASCII 码表，它的全称是“美国信息交换标准代码”。

八进制	十六进制	十进制	字符	八进制	十六进制	十进制	字符
00	00	0	nul	100	40	64	@
01	01	1	soh	101	41	65	A
02	02	2	stx	102	42	66	B
03	03	3	etx	103	43	67	C
04	04	4	eot	104	44	68	D
05	05	5	enq	105	45	69	E
06	06	6	ack	106	46	70	F
07	07	7	bel	107	47	71	G
10	08	8	bs	110	48	72	H
11	09	9	ht	111	49	73	I
12	0a	10	nl	112	4a	74	J
13	0b	11	vt	113	4b	75	K
14	0c	12	ff	114	4c	76	L
15	0d	13	er	115	4d	77	M
16	0e	14	so	116	4e	78	N
17	0f	15	si	117	4f	79	O
20	10	16	dle	120	50	80	P
21	11	17	dc1	121	51	81	Q
22	12	18	dc2	122	52	82	R
23	13	19	dc3	123	53	83	S
24	14	20	dc4	124	54	84	T
25	15	21	nak	125	55	85	U
26	16	22	syn	126	56	86	V
27	17	23	etb	127	57	87	W
30	18	24	can	130	58	88	X
31	19	25	em	131	59	89	Y
32	1a	26	sub	132	5a	90	Z
33	1b	27	esc	133	5b	91	[

续表

八进制	十六进制	十进制	字符	八进制	十六进制	十进制	字符
34	1c	28	fs	134	5c	92	\
35	1d	29	gs	135	5d	93	]
36	1e	30	re	136	5e	94	^
37	1f	31	us	137	5f	95	_
40	20	32	sp	140	60	96	'
41	21	33	!	141	61	97	a
42	22	34	"	142	62	98	b
43	23	35	#	143	63	99	c
44	24	36	$	144	64	100	d
45	25	37	%	145	65	101	e
46	26	38	&	146	66	102	f
47	27	39	`	147	67	103	g
50	28	40	(	150	68	104	h
51	29	41	)	151	69	105	i
52	2a	42	*	152	6a	106	j
53	2b	43	+	153	6b	107	k
54	2c	44	,	154	6c	108	l
55	2d	45	-	155	6d	109	m
56	2e	46	.	156	6e	110	n
57	2f	47	/	157	6f	111	o
60	30	48	0	160	70	112	p
61	31	49	1	161	71	113	q
62	32	50	2	162	72	114	r
63	33	51	3	163	73	115	s
64	34	52	4	164	74	116	t
65	35	53	5	165	75	117	u
66	36	54	6	166	76	118	v
67	37	55	7	167	77	119	w
70	38	56	8	170	78	120	x
71	39	57	9	171	79	121	y
72	3a	58	:	172	7a	122	z
73	3b	59	;	173	7b	123	{
74	3c	60	<	174	7c	124	|
75	3d	61	=	175	7d	125	}
76	3e	62	>	176	7e	126	~
77	3f	63	?	177	7f	127	del

附录 2
计算机英语常用词汇术语表

A

Access Control List（ACL）：访问控制列表

access token：访问令牌

access：访问

account lockout：账号封锁

account policies：记账策略

active file：活动文件

active：激活

adapter：适配器

adaptive speed leveling：自适应速率等级调整

Address Resolution Protocol（ARP）：地址解析协议

add watch：添加监视点

administrator account：管理员账号

algorithm：算法

allocation layer：应用层

allocation：分配、定位

all rights reserved：所有的权力保留

ANSI（American National Standards Institute）：美国国家标准协会

API（Application Program Interface）：应用程序编程接口

archive file attribute：归档文件属性

ARPANET：阿帕网（Internet 的前身）

ASP（Active Server Pages）：活动服务器页面，就是一个编程环境，在其中，可以混合使用 HTML、脚本语言以及组件来创建服务器端功能强大的 Internet 应用程序

assign to：指定到

ATM（Asynchronous Transfer Mode）：异步传递模式

attack：攻击

attribute：属性

audio policy：审记策略

auditing：审记、监察

authentication：认证、鉴别

authorization：授权
auto answer：自动应答
auto detect：自动检测
auto indent：自动缩进
auto save：自动存储
available on volume：该盘剩余空间

B

back up：备份
back-end：后端
backup browser：后备浏览器
bad command：命令错
bad command or file name：命令或文件名错
baseline：基线
batch parameters：批处理参数
BDC（backup domain controller）：备份域控制器
BGP（Border Gateway Protocol）：边界网关协议
binary file：二进制文件
binding：联编、汇集
BIOS（Basic Input/Output System）：基本输入/输出系统
BOOTP：引导协议
border gateway：边界网关
bottleneck：瓶颈
bottom margin：页下空白
breach：攻破、违反
breakable：可破密的
bridge：网桥、桥接器
browser：浏览器
browsing：浏览
by extension：按扩展名
bytes free：字节空闲

C

class A domain：A 类域
class B domain：B 类域
class C domain：C 类域
call stack：调用栈
case sensitive：区分大小写
CD-ROM：光盘驱动器（光驱）
CD-R（Compact Disk-Recordable）：可擦写光盘

CGI（Computer Graphics Interface）：计算机图形接口
change directory：更换目录
change drive：改变驱动器
change name：更改名称
channel：信道、通路
character set：字符集
checks a disk and displays a status report：检查磁盘并显示一个状态报告
checksum：校验和
chip：芯片
choose one of the following：从下列中选一项
cipher：密码
cipher text：密文
CIX（Commercial Internet Exchange）：两个商业 ISP 的连接点
classless addressing：无类地址分配
clear all breakpoints：清除所有断点
clears an attribute：清除属性
clears command history：清除命令历史
clear screen：清除屏幕
clear text：明文
click：点击
client：客户，客户机
client/server：客户机/服务器
close all：关闭所有文件
cluster：簇、群集
CMOS（Complementary Metal-Oxide-Semiconductor）：互补金属氧化物半导体
code generation：代码生成
color palette：彩色调色板
column：行
COM port：COM 口（通信端口）
command line：命令行
command prompt：命令提示符
component：组件
compressed file 压缩文件
computer language：计算机语言
configuration：配置
configures a hard disk for use with MS-DOS：配置硬盘为 MS-DOS 所用
conventional memory：常规内存
copies files with the archive attribute set：复制设置了归档属性的文件
copies one or more files to another location：把文件复制或搬移至另一地方
copies the contents of one floppy disk to another：把一个软盘的内容复制到另一个软盘上

copy diskette：复制磁盘

copyright：版权

CPU（Center Processor Unit）：中央处理单元

Crack：闯入

crash：崩溃，系统突然失效，需要重新引导

create DOS partition or logical DOS drive：创建 DOS 分区或逻辑 DOS 驱动器

create extended DOS partition：创建扩展 DOS 分区

create logical DOS drives in the extended DOS partition：在扩展 DOS 分区中创建逻辑 DOS 驱动器

create primary DOS partition：创建 DOS 主分区

creates a directory：创建一个目录

creates changes or deletes the volume label of a disk：创建、改变或删除磁盘的卷标

cruise：漫游

cryptanalysis：密码分析

CSU/DSU：信道服务单元/数字服务单元

current file：当前文件

current fixed disk drive：当前硬盘驱动器

current settings：当前设置

cursor position：光标位置

cursor：光标

cut：剪切

D

default route：默认路由

default share：默认共享

database：数据库

data link：数据链路

data-driven attack：数据驱动攻击，依靠隐藏或者封装数据进行的攻击，那些数据可不被察觉的通过防火墙

datagram：数据报

DBMS（database management system）：数据库管理系统，是一种操纵和管理数据库的大型软件，用于建立、使用和维护数据库

DDE（dynamic data exchange）：动态数据交换

Debug：调试

Decryption：解密

default document：缺省文档

default：默认

defrag：整理碎片

delete partition or logical DOS drive：删除分区或逻辑 DOS 驱动器

deletes a directory and all the subdirectories and files in it：删除一个目录和所有的子目录及其中

的所有文件

demo：演示

denial of service：拒绝服务

destination folder：目的文件夹

device driver：设备驱动程序

DHCP（Dynamic Host Configuration Protocol）：动态主机配置协议

dialog box：对话栏

dictionary attack：字典式攻击

digital key system：数字键控系统

direction keys：方向键

directory replication：目录复制

directory list argument：目录显示变量

directory structure：目录结构

disk mirroring：磁盘镜像

disk access：磁盘存取

disk copy：磁盘复制

disk space：磁盘空间

display options：显示选项

display partition information：显示分区信息

displays files in specified directory and all subdirectories：显示指定目录和所有目录下的文件

displays files with specified attributes：显示指定属性的文件

displays or changes file attributes：显示或改变文件属性

displays or sets the date：显示或设备日期

displays setup screens in monochrome instead of color：以单色而非彩色显示安装屏信息

displays the amount of used and free memory in your system：显示系统中已用和未用的内存数量

displays the full path and name of every file on the disk：显示磁盘上所有文件的完整路径和名称

displays the name of or changes the current directory：显示或改变当前目录

distributed file system：分布式文件系统

DLC（Data Link Control）：数据链路控制

DNS（Domain Name System）：域名系统，在 Internet 上查询域名或 IP 地址的目录服务系统

DNS spoofing：域名服务器电子欺骗，攻击者用来损害域名服务器的方法，可通过欺骗 DNS 的高速缓存或者内应攻击来实现

domain controller：域名控制器

domain name：域名

DOS shell DOS：外壳

E

Eavesdropping：窃听、窃取

edit menu：编辑选单

EGP：外部网关协议

E-mail：电子邮件
EMS（Expanded Memory System）：扩充内存
encrypted tunnel：加密通道
encryption：加密
end of file：文件尾
end of line：行尾
enter choice：输入选择
enterprise network：企业网
entire disk：转换磁盘
environment variable：境变量
Ethernet：以太网
every file and subdirectory：所有的文件和子目录
exception：异常
execute：执行
exit：退出
expand tabs：扩充标签
explicitly：明确地
extended memory：扩展内存
external security：外部安全性

F

Fastest：最快的
FAT：文件分配表
fax modem：传真猫
FDDI（Fiber Distributed Data Interface）：光纤分布式数据接口
file system：文件系统
file attributes：文件属性
file format：文件格式
file functions：文件功能
file selection：文件选择
file selection argument：文件选择变元
files in sub dir：子目录中文件
file specification：文件标识，缩写为 file spec
filter：过滤器
find file：文件查寻
firewall：防火墙，是加强 Internet 与 Intranet （内部网）之间安全防范的一个系统
firmware：固件
fixed disk：硬盘
fixed disk setup program：硬盘安装程序
fixes errors on the disk：解决磁盘错误

floppy disk：软盘
folder：文件夹
font：字体
form：格式
format diskette：格式化磁盘
formats a disk for use with MS-DOS：格式化用于 MS-DOS 的磁盘
form feed：进纸
fragments：分段
frame relay：帧中继
free memory：闲置内存
FTP（File Transfer Protocol）：文件传输协议
full screen：全屏
function：函数

G
Gateway：网关
GDI（graphical device interface）：图形设备界面
global account：全局账号
global group：全局组
graphical：图解的
graphics library：图形库
graphics：图形
group account：组账号
group identifier：组标识符
group directories first：先显示目录组
GSNW NetWare：网关服务
GUI（Graphical User Interface）：图形用户界面

H
hard disk：硬盘
hardware detection：硬件检测
hash：散列表
HCL：硬件兼容性表
help file：帮助文件
help index：帮助索引
help information：帮助信息
help path：帮助路径
help screen：帮助屏
help text：帮助说明
help topics：帮助主题

help window：帮助窗口
hidden file：隐含文件
hidden file attribute：隐含文件属性
home directory：主目录
homepage：主页
host：主机
HPFS：高性能文件系统
HTML：超文本标识语言
HTPASSWD：一种用密码来保护 WWW（UNIX）上的站点的系统
HTTP：超文本传送协议
HUB：集线器
Hyperlink：超级链接
Hypertext：超文本

I

ICMP（Internet Control Message Protocol）：网际控制报文协议
Icon：图标
IE（Internet Explorer）：探索者（微软公司的网络浏览器）
IGMP（Internet Group Management Protocol）：Internet 群组管理协议
ignore case：忽略大小写
IGP：内部网关协议
IIS：信息服务器
Image：图像
IMAP（Internet Message Access Protocol ）：Internet 消息访问协议
impersonation attack：伪装攻击
in both conventional and upper memory：在常规和上位内存
incorrect DOS version：DOS 版本不正确
index server：索引服务器
indicates a binary file：表示是一个二进制文件
indicates an ASCII text file：表示是一个 ASCII 文本文件
inherited rights filter：继承权限过滤器
interactive user：交互性用户
interface：界面
intermediate system：中介系统
internal security：内部安全性
Internet server：因特网服务器
Interpreter：解释程序
Intranet：内联网，企业内部网
Intruder：入侵者
in use：在使用

invalid directory：无效的目录
IP（Internet Protocol）：网际协议
IP address：IP 地址
IP masquerade：IP 伪装
IP spoofing：IP 欺骗
IP（Address）：互联网协议（地址）
IPC：进程间通信
IPX：互连网分组协议
IRQ：中断请求
ISA：工业标准结构
ISDN：综合业务数字网
ISO：国际标准化组织
ISP：网络服务提供者

J
jack in：一句黑客常用的口语，意思为破坏服务器安全的行为
JavaScript：基于 Java 语言的一种脚本语言
Java Virtual Machine：Java 虚拟机

K
K bytes：千字节
Kernel：内核
Keyboard：键盘
Keys：密钥
key space：密钥空间
keystroke recorder：按键记录器，一些用于窃取他人用户名和密码的工具

L
label disk：标注磁盘
LAN：局域网
LAN Server：局域网服务器
Laptop：便携式电脑，笔记本电脑
largest executable program：最大可执行程序
largest memory block available：最大内存块可用
left handed：左手习惯
left margin：左边界
license：许可（证）
line number：行号
line spacing：行间距
list by files in sorted order：按指定顺序显示文件

list file：列表文件
local security：局部安全性
locate file：文件定位
log：日志、记录
logging：登录
logic bomb：逻辑炸弹，一种可导致系统加锁或者故障的程序或代码
logical port：逻辑端口
logoff：退出、注销
logon script：登录脚本
logon：注册
lookup：查找
LPC：局部过程调用

M
Mac OS：苹果公司开发的操作系统，是一套运行于苹果 Macintosh 系列电脑上的操作系统
macro name：宏名字
mainboard：主板
make directory：创建目录
manual：指南
MAPI（Mail Application Programming Interface）：邮件应用程序接口
mass browser：主浏览器
member server：成员服务器
memory info：内存信息
memory model：内存模式
menu bar：菜单条
menu command：菜单命令
message window：信息窗口
Microsoft corporation：微软公司
MIME：多媒体互联网邮件扩展
Modem：调制解调器
Module：模块
monitor mode：监控状态
monitor：监视器
monochrome monitor：单色监视器
mouse：鼠标
MPR：多协议路由器
MUD（Multiple User Dimension、Multiple User Dialogue）：一种通过网络让多人参与交谈式、探险式的角色扮演游戏
Multi：多
Multilink：多链接

Multimedia：多媒体
Multiprocessing：多重处理

N

named pipes：命名管道
Navigator：引航者（网景公司的浏览器）
NDIS：网络驱动程序接口规范
NetBEUI：扩展用户接口
NetBIOS：网络基本输入/输出系统
NetDDE：网络动态数据交换
NetWare：Novell 公司出的网络操作系统
network layer：网络层
network monitor：一个网络监控程序
network operating system：网络操作系统
network printer：网络打印机
network security：网络安全
network user：网络用户
NFS：网络文件系统
NIC：网络接口卡
NNTP：网络新闻传送协议
Node：节点

O

OA（Office Automation）：办公自动化
ODBC：开放数据库连接
online help：联机求助
OO（Object-Oriented）：面向对象
OpenGL（Open Graphics Library）：开放图形程序接口
option pack：功能补丁
optionally：可选择地
OS（Operation System）：操作系统
OSI Model：开放系统互连模式
OSPF（Open Shortest-Path First）：开放式最短路径优先协议
out-of-band attack：带外攻击

P

packet filter：分组过滤器
page setup：页面设置
page frame：页面
page length：页长

pan：漫游
paragraph：段落
pseudo random：伪随机
password：口令
paste：粘贴
path：路径
pauses after each screen full of information：在显示每屏信息后暂停一下
payload：净负荷
PBX：专用交换机
PCI：外设连接接口
PCS：个人通信业务
PDC：主域控制器
Peer：对等
Permission：权限
Plaintext：明文
POP：互联网电子邮件协议标准
Port：端口
POST（power-on-self-test）：电源自检程序
Postscript：附言
potential browser：潜在浏览器
P-P（Plug and Play）：即插即用
PPP：点到点协议
PPTP：点到点隧道协议
prefix to reverse order：反向显示的前缀
press a key to resume：按一键继续
press any key for file functions：按任意键执行文件功能
press Esc to continue：按 Esc 键继续
press Esc to exit：按 Esc 键退出
previous：前一个
print preview：打印预览
print all：全部打印
print device：打印设备
printer port：打印机端口
process：进程
processes files in all directories in the specified path：在指定的路径下处理所有目录下的文件
program：程序
program file：程序文件
programming environment：程序设计环境
prompts you before creating each destination file：在创建每个目标文件时提醒
prompts you to press a key before copying：在复制前提示按一下键

priority：优先权
protocol：协议
proxy server：代理服务器
proxy：代理
pull down：下拉
pull down menus：下拉式选单

Q

quick format：快速格式化
quick view：快速查看

R

R.U.P：路由更新协议
RAM（random access memory）：随机存取内存，随机存取存储器
RAS：远程访问服务
read only file：只读文件
read only mode：只读方式
redial：重拨
release：发布
remote boot：远程引导
remote control：远程控制
repeat last find：重复上次查找
replace：替换
report file：报表文件
resize：调整大小
restart：重新启动
right click：鼠标右键单击
right margin：右边距
RIP：路由选择信息协议
ROM（Read Only Memory）：只读存储器
root directory：根目录
route：路由
routed daemon：一种利用 rip 的 Unix 寻径服务
router：路由器
routing table：路由表
routing：路由选择
row：列
RPC：远程过程调用
RSA：一种公共密钥加密算法
runs debug a program testing and editing tool：运行 debug，它是一个测试和编辑工具

runtime error：运行时出错

S

S/Key：安全连接的一次性密码系统，在 S/Key 中，密码从不会经过网络发送，因此不可能被窃取

SACL：系统访问控制表

save all：全部保存

save as：另存为

scale：比例

scandisk：磁盘扫描程序

screen colors：屏幕色彩

screen options：屏幕任选项

screensaver：屏幕暂存器

screensavers：屏幕保护程序

screen size：屏幕大小

script：脚本

scrollbars：滚动条

scroll lock off：滚屏已锁定

SCSI：小型计算机系统接口

search engine：搜索引擎

sectors per track：每道扇区数

secure：密码

select all：全选

select group：选定组

selection bar：选择栏

sender：发送者

server：服务器

server-based network：基于服务器的网络

service pack：服务补丁

session layer：会话层

set active partition：设置活动分区

settings：设置

setup：安装

setup options：安装选项

share/sharing：共享

share-level security：共享级安全性

shortcut：快捷方式

shortcut keys：快捷键

SID：安全标识符

single side：单面

site：站点

SLIP：串行线网际协议

SMTP：简单邮件传送协议

sniffer（嗅探器）：秘密捕获穿过网络的数据报文的程序，黑客一般用它来设法盗取用户名和密码

SNMP：简单网络管理协议

Snooping：探听

sort order：顺序

specifies drive directory and or files to list：指定要列出的驱动器、目录和文件

specifies that you want to change to the parent directory：指定把父目录作为当前目录

specifies the file or files to be copied：指定要复制的文件

spoofing（电子欺骗）：任何涉及假扮其他用户或主机以对目标进行未授权访问的过程

SQL：结构化查询语言

SSL：安全套接层

stack overflow：栈溢出

standalone server：独立服务器

startup options：启动选项

status bar：状态条

status line：状态行

step over：单步

stream cipher：流密码

strong cipher：强密码

strong password：强口令

style：样式

subdirectory：子目录

subnet mask：子网掩码

subnet：子网

swap file：交换文件

switches may be preset in the dircmd environment variable：开关可在 dircmd 环境变量中设置

sync：同步

system file：系统文件

system info：系统信息

T

Table：表

table of contents：目录

TCP/IP：传输控制协议/网际协议

telnet：远程登录

template：模板

terminal emulation：终端仿真

terminal settings：终端设置
test file：测试文件
TFTP：普通文件传送协议
The active window：激活窗口
The two floppy disks must be the same type：两个软磁盘必须是同种类型的
thin client：瘦客户机
thread：线程
throughput：吞吐量
time bomb（时间炸弹）：等待某一特定时间或事件出现才激活，从而导致机器故障的程序
toggle breakpoint：切换断点
tool bar：工具条
top margin：页面顶栏
trace route：一个 Unix 上的常用 TCP 程序，用于跟踪本机和远程主机之间的路由
transport layer：传输量
transport protocol：传输协议
Trojan horse：特洛伊木马
Tunnel：安全加密链路
Turnoff：关闭

U
UDP：用户数据报协议
Undo：撤销
Uninstall：卸载
Unix：用于服务器的一种操作系统
Unmark：取消标记
Unselect：取消选择
Update：更新
UPS（Uninterruptable Power Supply）：不间断电源
URL：统一资源定位器
USENET：世界性的新闻组网络系统
user account：用户账号
user name：用户名
uses bare Format：使用简洁方式
uses lowercase：使用小写
uses wide list Format：使用宽行显示

V
VDM：虚拟 DOS 机
vector of attack：攻击向量
verifies that new files are written correctly：校验新文件是否正确写入

video mode：显示方式
view window：内容浏览
view：视图
Virtual directory：虚目录
Virtual Machine：虚拟机
Virtual server：虚拟服务器
virus：病毒
vision：景象
vollabel：卷标
volume：文件集
volume label：卷标
volume serial number：卷序号
VRML：虚拟现实模型语言

W
WAN：广域网
weak password：弱口令
web page：网页
website：网站
well-known ports：通用端口
Windows NT：微软公司的网络操作系统
Wizzard：向导
word wrap：整字换行
working directory：正在工作的目录
workstation：工作站
worm：蠕虫
write mode：写方式
WWW（World Wide Web）：万维网

X
X.25：一种分组交换网协议
XMS memory：扩充内存

Z
zone transfer：区域转换
zoom in：放大
zoom out：缩小

附录3

全国计算机等级考试二级考试大纲（2013年版）

公共基础知识考试大纲

基本要求

1. 掌握算法的基本概念。
2. 掌握基本数据结构及其操作。
3. 掌握基本排序和查找算法。
4. 掌握逐步求精的结构化程序设计方法。
5. 掌握软件工程的基本方法，具有初步应用相关技术进行软件开发的能力。
6. 掌握数据库的基本知识，了解关系数据库的设计。

考试内容

一、基本数据结构与算法

1. 算法的基本概念；算法复杂度的概念和意义（时间复杂度与空间复杂度）。
2. 数据结构的定义；数据的逻辑结构与存储结构；数据结构的图形表示；线性结构与非线性结构的概念。
3. 线性表的定义；线性表的顺序存储结构及其插入与删除运算。
4. 栈和队列的定义；栈和队列的顺序存储结构及其基本运算。
5. 线性单链表、双向链表与循环链表的结构及其基本运算。
6. 树的基本概念；二叉树的定义及其存储结构；二叉树的前序、中序和后序遍历。
7. 顺序查找与二分法查找算法；基本排序算法（交换类排序、选择类排序、插入类排序）。

二、程序设计基础

1. 程序设计方法与风格。
2. 结构化程序设计。
3. 面向对象的程序设计方法、对象、方法、属性及继承与多态性。

三、软件工程基础

1. 软件工程基本概念，软件生命周期概念，软件工具与软件开发环境。
2. 结构化分析方法，数据流图，数据字典，软件需求规格说明书。
3. 结构化设计方法，总体设计与详细设计。

4. 软件测试的方法，白盒测试与黑盒测试，测试用例设计，软件测试的实施，单元测试、集成测试和系统测试。

5. 程序的调试，静态调试与动态调试。

四、数据库设计基础

1. 数据库的基本概念：数据库，数据库管理系统，数据库系统。

2. 数据模型，实体联系模型及E-R图，从E-R图导出关系数据模型。

3. 关系代数运算，包括集合运算及选择、投影、连接运算，数据库规范化理论。

4. 数据库设计方法和步骤：需求分析、概念设计、逻辑设计和物理设计的相关策略。

考试方式

1. 公共基础知识不单独考试，与其他二级科目组合在一起，作为二级科目考核内容的一部分。

2. 考试方式为上机考试，10道选择题，占10分。

C语言程序设计考试大纲

基本要求

1. 熟悉Visual C++ 6.0集成开发环境。

2. 掌握结构化程序设计的方法，具有良好的程序设计风格。

3. 掌握程序设计中简单的数据结构和算法并能阅读简单的程序。

4. 在Visual C++6.0集成环境下，能够编写简单的C程序，并具有基本的纠错和调试程序的能力。

考试内容

一、C语言程序的结构

1. 程序的构成，main函数和其他函数。

2. 头文件，数据说明，函数的开始和结束标志以及程序中的注释。

3. 源程序的书写格式。

4. C语言的风格。

二、数据类型及其运算

1. C的数据类型（基本类型、构造类型、指针类型、无值类型）及其定义方法。

2. C运算符的种类、运算优先级和结合性。

3. 不同类型数据间的转换与运算。

4. C表达式类型（赋值表达式、算术表达式、关系表达式、逻辑表达式、条件表达式、逗号表达式）和求值规则。

三、基本语句

1. 表达式语句，空语句，复合语句。

2. 输入输出函数的调用，正确输入数据并正确设计输出格式。

四、选择结构程序设计

1. 用if语句实现选择结构。

2. 用 switch 语句实现多分支选择结构。

3. 选择结构的嵌套。

五、循环结构程序设计

1. or 循环结构。

2. while 和 do-while 循环结构。

3. continue 语句和 break 语句。

4. 循环的嵌套。

六、数组的定义和引用

1. 一维数组和二维数组的定义、初始化和数组元素的引用。

2. 字符串与字符数组。

七、函数

1. 库函数的正确调用。

2. 函数的定义方法。

3. 函数的类型和返回值。

4. 形式参数与实在参数，参数值的传递。

5. 函数的正确调用，嵌套调用，递归调用。

6. 局部变量和全局变量。

7. 变量的存储类别（自动、静态、寄存器、外部），变量的作用域和生存期。

八、编译预处理

1. 宏定义和调用（不带参数的宏、带参数的宏）。

2. “文件包含”处理。

九、指针

1. 地址与指针变量的概念，地址运算符与间址运算符。

2. 一维、二维数组和字符串的地址以及指向变量、数组、字符串、函数、结构体的指针变量的定义。通过指针引用以上各类型数据。

3. 用指针作函数参数。

4. 返回地址值的函数。

5. 指针数组，指向指针的指针。

十、结构体（即“结构”）与共同体（即“联合”）

1. 用 typedef 说明一个新类型。

2. 结构体和共用体类型数据的定义和成员的引用。

3. 通过结构体构成链表，单向链表的建立，结点数据的输出、删除与插入。

十一、位运算 254

1. 位运算符的含义和使用。

2. 简单的位运算。

十二、文件操作

只要求缓冲文件系统（即高级磁盘 I/O 系统），对非标准缓冲文件系统（即低级磁盘 I/O 系统）不要求。

1. 文件类型指针（FILE 类型指针）。

2. 文件的打开与关闭（fopen、fclose）。

3. 文件的读写（fputc、fetc、fputs、fgets、fread、fwrite、fprintf、fscanf 函数的应用），文件的定位（rewind、fseek 函数的应用）。

考试方式

上机考试，考试时长 120 分钟，满分 100 分。

1. 题型及分值

单项选择题 40 分（含公共基础知识部分 10 分）、操作题 60 分（包括填空题、改错题及编程题）。

2. 考试环境

Visual C++6.0。

Visual Basic 语言程序设计考试大纲

基本要求

1. 熟悉 Visual Basic 集成开发环境。
2. 了解 Visual Basic 中对象的概念和事件驱动程序的基本特性。
3. 了解简单的数据结构和算法。
4. 能够编写和调试简单的 Visual Basic 程序。

考试内容

一、Visual Basic 程序开发环境

1. Visual Basic 的特点和版本。
2. Visual Basic 的启动与退出。
3. 主窗口。

（1）标题和菜单。

（2）工具栏。

4. 其他窗口。

（1）窗体设计器和工程资源管理器。

（2）属性窗口和工具箱窗口。

二、对象及其操作

1. 对象。

（1）Visual Basic 的对象。

（2）对象属性设置。

2. 窗体。

（1）窗体的结构与属性。

（2）窗体事件。

3. 控件。

（1）标准控件。

（2）控件的命名和控件值。

4. 控件的画法和基本操作。

5. 事件驱动。

三、数据类型及其运算

1. 数据类型。

（1）基本数据类型。

（2）用户定义的数据类型。

2. 常量和变量。

（1）局部变量与全局变量。

（2）变体类型变量。

（3）缺省声明。

3. 常用内部函数。

4. 运算符与表达式如下。

（1）算术运算符。

（2）关系运算符与逻辑运算符。

（3）表达式的执行顺序。

四、数据输入、输出

1. 数据输出。

（1）Print 方法。

（2）与 Print 方法有关的函数（Tab、Spc、Space $ ）。

（3）格式输出（Format $ ）。

2. InputBox 函数。

3. MsgBox 函数和 MsgBox 语句。

4. 字形。

5. 打印机输出。

（1）直接输出。

（2）窗体输出。

五、常用标准控件

1. 文本控件。

（1）标签。

（2）文本框。

2. 图形控件：410。

（1）图片框，图像框的属性，事件和方法。

（2）图形文件的装入。

（3）直线和形状。

3. 按钮控件。

4. 选择控件：复选框和单选按钮。

5. 选择控件：列表框和组合框。

6. 滚动条。

7. 计时器。

8. 框架。

9. 焦点与Tab顺序。

六、控制结构

1. 选择结构。

（1）单行结构条件语句。

（2）块结构条件语句。

（3）If函数。

2. 多分支结构。

3. For循环控制结构。

4. 当循环控制结构。

5. Do循环控制结构。

6. 多重循环。

七、数组

1. 数组的概念。

（1）数组的定义。

（2）静态数组与动态数组。

2. 数组的基本操作。

（1）数组元素的输入、输出和复制。

（2）ForEach…Next语句。

（3）数组的初始化。

3. 控件数组。

八、过程

1. Sub过程。

（1）Sub过程的建立。

（2）调用Sub过程。

（3）通用过程与事件过程。

2. Function过程。

（1）Function过程的定义。

（2）调用Function过程。

3. 参数传送：411。

（1）形参与实参。

（2）引用。

（3）传值。

（4）数组参数的传送。

4. 可选参数与可变参数。

5. 对象参数。

（1）窗体参数。

（2）控件参数。

九、菜单与对话框

1. 用菜单编辑器建立菜单。

2. 菜单项的控制。
（1）有效性控制。
（2）菜单项标记。
（3）键盘选择。
3. 菜单项的增减。
4. 弹出式菜单。
5. 通用对话框。
6. 文件对话框。
7. 其他对话框（颜色、字体、打印对话框）。
十、多重窗体与环境应用
1. 建立多重窗体应用程序。
2. 多重窗体程序的执行与保存。
3. Visual Basic 工程结构。
（1）标准模块。
（2）窗体模块。
（3）SubMain 过程。
4. 闲置循环与 DoEvents 语句。
十一、键盘与鼠标事件过程
1. KeyPress 事件。
2. KeyDown 与 KeyUp 事件。
3. 鼠标事件。
4. 鼠标光标。
5. 拖放。
十二、数据文件
1. 文件的结构和分类。
2. 文件操作语句和函数。
3. 顺序文件：412。
（1）顺序文件的写操作。
（2）顺序文件的读操作。
4. 随机文件。
（1）随机文件的打开与读写操作。
（2）随机文件中记录的增加与删除。
（3）用控件显示和修改随机文件。
5. 文件系统控件。
（1）驱动器列表框和目录列表框。
（2）文件列表框。
6. 文件基本操作。

考试方式

上机考试，考试时长 120 分钟，满分 100 分。

1. 题型及分值

单项选择题40分（含公共基础知识部分10分）。

基本操作题18分。

简单应用题24分。

综合应用题18分。

2. 考试环境

Microsoft Visual Basic 6.0。

MS Office 高级应用考试大纲

基本要求

1. 掌握计算机基础知识及计算机系统组成。
2. 了解信息安全的基本知识，掌握计算机病毒及防治的基本概念。
3. 掌握多媒体技术基本概念和基本应用。
4. 了解计算机网络的基本概念和基本原理，掌握因特网网络服务和应用。
5. 正确采集信息并能在文字处理软件Word、电子表格软件Excel、演示文稿制作软件PowerPoint中熟练应用。
6. 掌握Word的操作技能，并熟练应用编制文档。
7. 掌握Excel的操作技能，并熟练应用进行数据计算及分析。
8. 掌握PowerPoint的操作技能，并熟练应用制作演示文稿。

考试内容

一、计算机基础知识

1. 计算机的发展、类型及其应用领域。
2. 计算机软硬件系统的组成及主要技术指标。
3. 计算机中数据的表示与存储。
4. 多媒体技术的概念与应用。
5. 计算机病毒的特征、分类与防治。
6. 计算机网络的概念、组成和分类;计算机与网络信息安全的概念和防控。
7. 因特网网络服务的概念、原理和应用。

二、Word的功能和使用

1. Microsoft Office应用界面使用和功能设置。
2. Word的基本功能，文档的创建、编辑、保存、打印和保护等基本操作。
3. 设置字体和段落格式、应用文档样式和主题、调整页面布局等排版操作。
4. 文档中表格的制作与编辑。
5. 文档中图形、图像（片）对象的编辑和处理，文本框和文档部件的使用，符号与数学公式的输入与编辑。
6. 文档的分栏、分页和分节操作，文档页眉、页脚的设置，文档内容引用操作。
7. 文档审阅和修订。
8. 利用邮件合并功能批量制作和处理文档。
9. 多窗口和多文档的编辑，文档视图的使用。

10. 分析图文素材，并根据需求提取相关信息引用到 Word 文档中。

三、Excel 的功能和使用

1. Excel 的基本功能，工作簿和工作表的基本操作，工作视图的控制。
2. 工作表数据的输入、编辑和修改。
3. 单元格格式化操作、数据格式的设置。
4. 工作簿和工作表的保护、共享及修订。
5. 单元格的引用、公式和函数的使用。
6. 多个工作表的联动操作。
7. 迷你图和图表的创建、编辑与修饰。
8. 数据的排序、筛选、分类汇总、分组显示和合并计算。
9. 数据透视表和数据透视图的使用。
10. 数据模拟分析和运算。
11. 宏功能的简单使用。
12. 获取外部数据并分析处理。
13. 分析数据素材，并根据需求提取相关信息引用到 Excel 文档中。

四、PowerPoint 的功能和使用

1. PowerPoint 的基本功能和基本操作，演示文稿的视图模式和使用。
2. 演示文稿中幻灯片的主题设置、背景设置、母版制作和使用。
3. 幻灯片中文本、图形、SmartArt、图像（片）、图表、音频、视频、艺术字等对象的编辑和应用。
4. 幻灯片中对象动画、幻灯片切换效果、链接操作等交互设置。
5. 幻灯片放映设置，演示文稿的打包和输出。
6. 分析图文素材，并根据需求提取相关信息引用到 PowerPoint 文档中。

考试方式

采用无纸化考试，上机操作。

考试时间：120 分钟。

软件环境：操作系统 Windows 7。

办公软件 Microsoft Office 2010。

在指定时间内，完成下列各项操作。

1. 选择题（计算机基础知识）（20 分）。
2. Word 操作（30 分）。
3. Excel 操作（30 分）。
4. PowerPoint 操作（20 分）。

参 考 文 献

王移芝．2013．大学计算机学习与实验指导．4 版．北京：高等教育出版社.
李凤霞．2013．大学计算机实验．北京：高等教育出版社.
龚沛曾，等．2013．大学计算机上机实验指导与测试．6 版．北京：高等教育出版社.
朱凤文，等．2013．计算机应用基础实训教程．天津：南开大学出版社.
顾玲芳．2014．大学计算机基础上机实验指导与习题．北京：中国铁道出版社.
贾宗福，等．2009．新编大学计算机基础实践教程．2 版．北京：中国铁道出版社.
董卫军，等．2013．大学计算机基础实践指导．2 版．北京：高等教育出版社.
孙淑霞，等．2013．大学计算机基础实验指导．3 版．北京：高等教育出版社.
李丕贤，等．2013．大学计算机基础学习指导与上机实践．北京：科学出版社.